大数据与人工智能系列

Python 商业数据分析

张　瑾　翁张文　编著

中国人民大学出版社
·北京·

前　言

当前，随着人工智能、区块链、云计算、大数据等技术的深入应用，技术与管理的融合达到了一个前所未有的深度。在这样一个技术与管理高度耦合的数字经济时代，对于企业管理而言，我们需要关注和回答两类重要的问题：一类是“管理驱动的技术创新”问题，另外一类则是“技术使能的管理创新”问题。前一类问题是站在企业管理的视角来看待技术创新，明确技术创新以解决企业管理问题、提升企业管理能力为核心目标；后一类问题是站在技术的视角来看待企业管理创新，其要义是解决现代企业管理问题的有效路径是技术赋能。

“商业数据分析”是数字经济时代回答上述两类创新问题的有效途径，因此，不能狭义地将商业数据分析看作是一类技术方法，或是一项商业管理应用，而应该将其看作是技术与管理相结合的产物。为了更准确地定义和讨论商业数据分析，我们应当以技术与管理交叉的视角来看待它，这也是本书在阐释商业数据分析过程中努力尝试的一个视角。

当前，商业数据分析已经成为数字经济时代企业的必修课，如何培养能够胜任企业商业数据分析需求的高质量的数据分析人才也成为我国高等教育在商科人才培养方面的重点。在这样的背景下，本书在中国人民大学出版社的支持下得以出版，希望可以为我国的商业数据分析人才的教育和培养做出贡献。

支撑商业数据分析的工具有很多，在众多的技术工具中，Python 作为一种解释型编程语言，已成为近年来商业数据分析中最热门的工具。其以开源、可移植、面向对象、可扩展、可嵌入、有丰富的库等优点成为商业数据分析人员的首选，越来越多的商业数据分析人员开始学习 Python，并使用 Python 进行数据分析工作。为满足这些人群的学习需求，本书选择了“Python 商业数据分析”作为内容主题，并着重以 Python 为平台介绍商业数据分析的相关知识。

本书的内容是基于作者团队多年在相关教学实践和素材上的积累完成的，同时参考了部分公开的资料和数据，也部分反映了作者团队的若干相关研究成果。在此，我们衷心感谢中国人民大学商学院为本书的编写和书中介绍的研究工作提供的工作条件，衷心感谢国家自然科学基金项目（71772177/72072177）为本书提供的基金资助。本书在编写过程中得到了许多专家学者的关注和支持，包括清华大学经济管理学院讲席教授陈国青教授，中国人民大学商学院毛基业院长，中国人民大学商学院管理科学与工程系王刊良教授等，在此我们深表谢意。我们要特别感谢中国人民大学商学院的同学们在本书编写过程中的高水平工作，他们也都是本书作者研究团队的成员，包括王黎烨、张继龙、杨婷、巩芳哲、杜凌志、沈欣怡、阎锦、邓娜雯，华梓蒙、李佳阳等同学。这些同学中有的是在读博士研究生，有的已经毕业并从事数据分析工作，有的即将开始研究生的学习，希望这本书的出版能够成为他们人生中的一笔财富。最后，我们由衷地感谢中国人民大学出版社李丽娜编辑在本书策划、协调和出版发行中所做出的大量出色工作。

由于时间和水平有限，本书难免存在不足之处，恳请广大读者批评指正。

张　瑾　翁张文

2021 年 4 月于中国人民大学

目　录

第1章 引言

对于初次拿到本书的读者，我们希望在引言中回答如下四个问题来帮助读者更好地选择、理解和使用这本书。

为什么要写这样的一本书

想写这本书的计划由来已久，最初的想法要回溯到四年前第一次在中国人民大学商学院为本科生开设商业数据分析的时候。在中国人民大学商学院这是一门面向管理科学与工程系本科三年级学生的必修课，在这门课的教学过程中，我们发现非常需要一本能够将Python基本语法、常见的数据挖掘和机器学习方法，以及典型的商业数据分析案例串联起来的书。本书不仅会有利于开设类似课程的教师，也将有助于学习这门课程的学生，基于此，我们也就产生了编写本书的想法。

本书的出版是基于我们近年来在中国人民大学商学院的教学积累，以及在大数据分析领域的科研探索成果。书中的内容力求以一种简单的方式将基于Python的商业数据分析内容系统化地展现出来，同时也希望从“管理＋技术”的交叉视角将商业数据分析全面完整地呈现给读者。

本书的受众是什么

对于这个问题的回答也是本书想要特别强调的地方。首先，本书的受众是商学或者管理学等专业中对商业数据分析感兴趣的学生。那么为什么要强调商学和管理学等专业，而不是计算机专业呢？在我们的教学过程中，也有很多同学会提出类似疑问，他们会问：相比于计算机专业的学生，商科学生在从事商业数据分析中的优势是什么？

商业数据分析是一个交叉学科，因此会有不同专业背景的学生从事这一方面的实践工作或科学研究。但是，对于不同专业背景的同学而言，大家的技能需求是不同的，或者说不同专业背景的学生在商业数据分析领域扮演的角色不完全相同。对于商学和管理学等社会科学专业的学生而言，商业数据分析应该是一个“管理＋技术”的问题，这意味着不能将商业数据分析等同于单纯的技术问题，即不能仅仅从“数据分析方法”或者“计算机程序”的视角看待商业数据分析，而要以数据分析是要为企业管理服务的思维来看待商业数据分析。因此，本书在介绍Python基本语法和常见数据分析方法之后，重点补充了几个具有商业情景的案例。这些案例都具有明确的商业意义和场景，对这些案例的学习能够帮助商科背景的学生将自己专业所学的各种管理理论融入商业数据分析情景当中，做到商业数据分析最终为管理服务。

本书的内容都包含什么

围绕“管理＋技术”展开，本书的核心内容包含三大方面，分别是基础篇、方法篇和应用篇。基础篇主要围绕 Python 的基本语法展开，为了突出本书受众的需求特征，本书精选了一些常用于商业数据分析的 Python 基本语法，而没有从技术的角度全面介绍 Python 的各方面编程语言和语法。此外，在基础篇中，考虑到在商业数据分析中经常需要用到一些第三方的模块，本书也精选了一些常用模块的代表性方法并进行了介绍。

方法篇侧重于从数据挖掘和机器学习的角度进行介绍，并以 Python 为实现主体介绍了如何利用 Python 实现数据挖掘和机器学习中的常见算法。在商业数据分析中，常用的方法包括数据挖掘方法、机器学习方法以及统计分析方法等。在这些方法中，使用 Python 进行数据挖掘和机器学习较为方便，而统计分析方法一般采用 R 来实现，因此，本书没有将统计分析方法纳入方法篇。有这方面需求的读者可以参阅其他 R 语言方面的书籍。

应用篇也是本书针对受众设计的内容，主要围绕商业数据分析中常见的几类场景和常用的几种方法介绍了五个完整的案例。希望可以通过这些案例的介绍，从问题提出、数据收集、分析方法以及分析结论这几个层面系统地介绍如何进行商业数据分析实战。同时也希望通过这些案例，读者可以在脑海中对本书基础篇和方法篇中介绍的内容进行系统性的串联，形成商业数据分析的知识网。

本书的特点是什么

本书在编写过程中力求突出如下几方面特点：

1. 受众的特点

如前所述，本书的受众是商学、管理学以及其他相关社会学专业的学生，并重点为这些学生量身打造相适应的内容。考虑到受众的特点，全书的风格突出“简洁性”。首先，在内容安排上本书尽量做到精选，而不是面面俱到地介绍所有的技术环节。此外，本书在介绍商业数据分析知识点时，尽量采用简单的例子和图表等形象化表达方式，以帮助读者在较短的时间内抓住商业数据分析中的重要知识点。

2. 内容的特点

本书内容安排突出“系统性”，围绕商业数据分析，从 Python 基本语法、常用分析方法以及实战案例三个方面，力求在一本书的框架内将这三方面内容串联起来，也希望可以让读者通过本书的介绍，对商业数据分析领域的知识点有系统的了解和掌握。同时，本书使用的数据均为第三方公开数据，或是可通过数据抓取获得的前台数据，这也为读者学习本书提供了便利。此外，本书介绍和使用的所有程序也已单独整理完成，未来将会以适当的方式提供给广大读者使用。

3. 案例教学的特点

在商科教育中，案例教学是非常重要的一种教学方式，也是非常有效的一种教学方式。本书在应用篇提供的五个教学案例能够为商业数据分析领域的案例教学提供有效的参考和借鉴。这些案例在介绍过程中尽量突出与商业管理问题的结合，这也是本书重点突出的“实战性”。案例的内容部分来自教学实践，也有一部分来自作者团队的科研成果，这保证了案例内容的普适性，同时也突出了案例内容的前沿性。

基础篇

基于 Python 的商业数据分析的基础是对 Python 编程语言的掌握，具体包括：Python 的基本特征，不同数据类型的区别，条件与循环语句，函数与类，异常与文件流的使用等。这里需要指出的是对于商业数据分析人员而言，Python 编程语言的掌握应主要侧重于应用，这一点并不同于企业的编程人员，他们更多会从技术的角度切入。因此，本书在介绍 Python 基础时也做了适当的精选，挑选出一些对于商业数据分析有用的基础知识进行介绍，而不是面面俱到地介绍所有内容。此外，因为 Python 中有数量众多的模块资源可供调用，因此本书在基础篇也将会围绕商业数据分析中常用的几个代表性模块进行介绍，详细分析模块中的常见方法以及相应的调用细节。

第 2 章　Python 简介

在大数据价值攀升的时代背景下，数据分析能力变得不可或缺，编程能力作为其基础也愈加重要。在众多编程语言中，Python 语法简洁，且在科学计算方面有丰富的库和社区，数据分析能力强大，因而被广泛应用。本章将从 Python 的发展历程、特点、语言标准以及 Python 3 的安装与运行等方面进行介绍，使读者初步了解 Python。

2.1　发展历程

Python 由荷兰人吉多・范罗苏姆（Guido van Rossum）于 1989 年发明，其取名源于 20 世纪 70 年代英国喜剧《蒙提・派森的飞行马戏团》（*Monty Python's Flying Circus*），而幽默也正是 Python 社区的风格。在开发 Python 之前，范罗苏姆曾参与设计 ABC 语言，这种语言专门为非专业程序员设计，但由于它的非开放性而没有成功。范罗苏姆在开发 Python 时弥补了这一缺陷并落实了其他新的想法，同时，Python 的设计也受到了 Module-3 等语言的影响。

近 20 年来，Python 语言受到广泛关注，其使用率不断上升。从 2005 年起，Python 逐渐进入 TIOBE 等编程语言排行榜前列，2019 年已成为位列 Java、C 之后的第三大编程语言，并由于其丰富的科学计算库从而在数据分析领域独树一帜。Python 语言经历了从 1. x 版本、2. x 版本到 3. x 版本的变革，它的第一个公开发行版本发布于 1991 年，2000 年 10 月 Python 2 发布。Python 2 在不断优化的过程中应用越来越广，但也遇到了新的问题，例如它默认使用 ASCII 编码，不支持中文等语言，而 Python 3 解决了这一问题，它采用 UTF-8 编码，支持中文等多种语言。Python 3 发布于 2008 年 12 月，其不完全兼容 Python 2，除字符编码上的差异外，Python 3 与 Python 2 在数据类型、字符串类型、除法运算等方面也有一些差异。目前 Python 已经更新到了 3. 9 版本，而 Python 2 的稳定版本 2. 7 也已于 2020 年 1 月 1 日停止支持和维护，因此本书选取 Python 3 进行讲解。

Python 目前在计算机、生物信息、金融等多领域都有所应用，可实现的功能涉及系统管理、WEB 开发、网络编程、科学计算、网络爬虫等多方面，尤其在云计算、爬虫、自动化运维、金融分析方面，Python 的应用率已位居首位，未来发展前景良好。

2.2　特点

Python 是一种解释型的、面向对象的、带有动态语义的高级程序设计语言，它最直观的特点就是简洁易懂。此外，Python 还具有开源、可移植、面向对象、可扩展、可嵌入、有丰富的库等优点。

2.2.1 开源与可移植性

开源意味着用 Python 语言编写的程序的源代码是公开、可获得的，可移植性是指同一段 Python 代码在不同的系统平台上具有相同的执行效果，这两点都与 Python 是解释型语言相关。

解释型语言使用解释器逐行解释每一句源代码，每次执行由解释型语言写的程序时都要重新转换源代码，所以由解释型语言开发的程序一般是开源的。Python 支持包括 Linux、Windows、Mac OS、Android 等多个平台，不同平台使用不同的解释器来转换源代码，这些解释器能使得同一代码在不同平台上的执行效果相同。Python 的解释器有很多种，如 CPython、IPython、PyPy、Jyphon 等。最常用的为 CPython，其由 C 语言开发，在用户从官方网站下载 Python 的同时自动下载。IPython 是基于 CPython 的交互式解释器，内置了很多有用的功能与函数，是进行科学计算、交互可视化的理想平台。

2.2.2 面向对象

面向对象编程（object-oriented programming）将对象作为程序的基本单元，对象将属性与方法封装起来供外界访问，相比于函数式编程、过程式编程等其他编程范式，面向对象编程的代码的可重用性、灵活性增加。Python 是面向对象语言，意味着它支持将代码封装在对象中的编程技术，并且支持继承、重载、派生、多继承等，具有面向对象编程的优点。虽然 Python 也支持过程式编程和函数式编程，但相比于其他函数式编程语言，其支持较为有限。

2.2.3 其他特点

Python 除了以上特点外，还具有以下几大特点：

（1）可扩展性：Python 是一种可以连接 C/C++等其他语言的胶水语言。Python 开发的程序运行速度较慢，所以在编写对运行速度要求高的程序时，可用 C/C++等语言编写部分程序，然后在 Python 程序中调用它们。同样地，由于 Python 是开源的，在处理不希望公开的代码时也可采用上述方法。

（2）可嵌入性：可嵌入性指 Python 代码可嵌入 C/C++等语言，从而简化程序。

（3）丰富的库：Python 有很多功能强大的科学计算扩展库，如进行快速数组处理的 Numpy、进行数值运算的 Scipy、绘图功能强大的 Matplotlib 等，这些常用库将在后面进行详细介绍。除了这些 Python 专用的库外，著名的计算机视觉库 OpenCV、三维可视化库 VTK、医学图像处理库 ITK 等开源的科学计算库也提供了 Python 的调用接口。

（4）代码规范：Python 开发时的中心思想是，解决某个问题的方法只要有最好的一种就可以了。Python 的语法限制性较强，如在 if、for、函数定义等模块出现的地方强制缩进，不规范的代码无法成功运行。因此，Python 代码明确美观、易读性更强。

2.3　语言标准

Python 编码风格指南《Python Enhancement Proposal #8》（简称 PEP8）为规范代码提供了参考，该指南从代码布局、表达式和语句中的空格、注释、命名规范等方面对 Python 编码进行规范[①]。下面列举部分代码规范。

表 2-1　Python 代码规范（部分）

规范项	具体要求
代码布局	每一级缩进使用 4 个空格； 空格是首选的缩进方式，Python 3 不允许同时使用空格和制表符的缩进； 所有行限制的最大字符数为 79（文档字符或注释限制在 72）； 导入多个模块时分开导入； 三引号字符串总是使用双引号字符。
表达式和语句中的空格	紧跟在小括号、中括号或者大括号后； 紧跟在逗号、分号或者冒号之前； 紧跟在函数参数的左括号之前； 总在二元运算符两边加一个空格。
注释	行内注释与代码间至少由两个空格分隔，注释由一个 # 和一个空格开始； 块注释每一行开头都使用一个 # 和一个空格（除非块注释内部缩进文本），块注释内部的段落通过只有一个 # 的空行分隔。
命名规范	类名的首字母大写； 内置变量命名使用单个单词或两个单词连在一起； 函数名应小写，为提高可读性可以使用下划线分隔； 常量由全大写字母命名。

2.4　Python 3 的安装与运行

2.4.1　Windows

（1）安装

在 Windows 系统中安装 Python 的步骤如下：

①进入 Python 官网（http：//www.python.org），如图 2-1 所示，点击导航栏的“Downloads”。

②选择“Windows”，并根据系统类型及所需 Python 版本点击下载相应的安装包[②]。

---

① 若想了解关于 Python 语言规范的相关信息，可参阅：http：//www.python.org/dev/peps/pep-0008.

② Windows x86 为 32 位安装包，Windows x86-64 为 64 位安装包，应根据电脑上 Windows 操作系统类型进行选择，系统类型可右击“我的电脑”，点击“属性”进行查看。“web-based installer”是通过联网来完成安装，“executable installer”是以可执行文件（.exe）的方式完成安装，“embeddable zip file”为嵌入式版本，可以集成到其他应用中，一般选取“executable installer”方式。

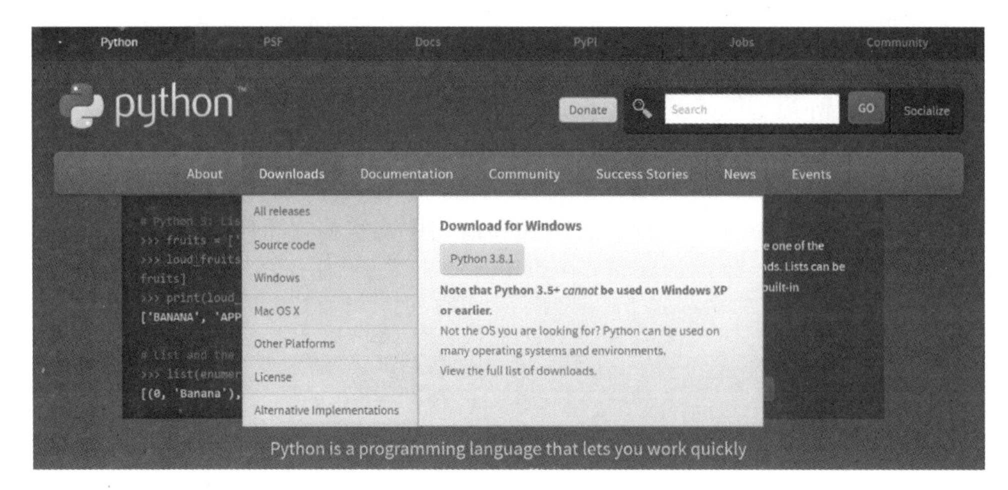

图 2-1 Python 官网界面

③下载完安装包后，双击打开 Python 的安装向导，根据相应提示进行操作，一般接受默认设置即可。

（2）运行

完成安装后可通过以下操作运行 Python 集成开发环境（Python Integrated Development Environment，IDLE）：Windows 的开始菜单>程序>Python>IDLE。打开的 Python Shell 界面如图 2-2 所示，在这里你可以编写 Python 代码，试着输入以下命令并按回车键，若输出“Hello，World!”，则说明安装成功。

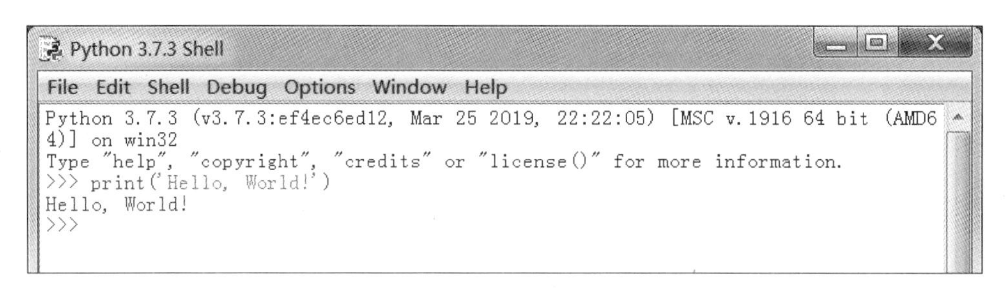

图 2-2 Python Shell 交互式解释器

在系统的命令提示符中也可运行 Python，需要设置系统环境变量，步骤如下：

① 右击“我的电脑”选择“属性”；

② 点击“高级系统设置”>“环境变量”；

③ 在“Path”中添加 Python 安装的路径，点击“确定”即可。

设置完后，打开系统的命令提示符，输入“python”即可运行 Python。

当代码行数较多时，可以保存为“.py”文件，通过命令提示符切换到文件所在目录，执行以下命令即可运行 Python 代码：

```
C:\>python hello.py
```

其中，hello. py 为“. py”文件的具体名称。

除此之外，还可以在集成开发环境 IDE 中编写 Python 代码，如 Pycharm、Sublime、Anaconda 等，感兴趣的读者可以自行了解。

2.4.2　Linux/Unix

绝大多数 Linux、Unix 系统中（包括 Mac OS X）已有 Python 解释器，在提示符中输入 python 即可启动交互式 Python 解释器，使用 Ctrl＋D 可以退出。若显示未安装 Python，则可以使用包管理器进行安装，输入以下命令：

```
Debian Linux 系统:apt- get install python
Gentoo Linux 系统:emerge python
```

若没有包管理器，则可以采用与 Windows 类似的下载方法从 Python 官网中下载，步骤如下：

①进入 Python 官网（http：//www. python. org），点击导航栏的“Downloads”。

②选择“Source Code”，进入后选择想要下载的版本。

③使用“tar-xzvf Python-3. 8. tgz”（3. 8 为下载的版本号）解压缩文件。若 tar 版本不支持 z 选项，可以先用 gunzip 解压缩，再用 tar-xvf 命令。

④进入解压缩好的文件，并执行下面的命令即可安装。

```
/configure - prefix = $ (pwd)
make
make install
```

⑤设置环境变量，在 bash shell 中输入命令“PATH＝‘$PATH：/usr/local/bin/python”即可。其中，“/usr/local/bin/python”为 Python 的安装目录。

2.4.3　Mac OS

若已安装 Python，则在终端应用程序中输入 Python 命令即可。若未安装，则可通过 MacPorts（http：//macports. org）或 Fink（http：//finkproject. org）进行安装，也可以从 Python 官网上进行安装：

①进入 Python 官网，点击导航栏的“Downloads”。

②点击“Mac OS X”，进入后选择相应版本的安装文件。

③下载“. dmg”安装文件，若未自动安装，则双击文件。在已安装的磁盘映像中，双击安装包文件（. mpkg）可以打开安装向导，根据提示操作即可。

2.5 思考练习题

1. 使用 Python 进行商业数据分析具有哪些优点？
2. 什么是面向对象编程？
3. 使用 Python 进行商业数据分析的代码规范有哪些？

第3章　数据类型

Python 语言是如何告诉计算机去"做某事"的呢？它的两个基础概念是表达式与语句，可以将表达式理解为"某事"，将语句理解为"做某事"。表达式由值、变量和运算符组成，单一的值或变量也可当作表达式，在代码 print（'Hello，world!'）中，print( ) 是语句，'Hello，world!' 是表达式，也是一个数据类型为字符串的值。本章将介绍变量及 Python 的数据类型，其中主要介绍数字类型、序列（包括列表、元组、字符串）、字典、集合的创建、基本操作、方法等，并在最后介绍几类基本运算符。

3.1　概述

3.1.1　变量

Python 中的变量（variable）表示某值的名字，每创建一个变量，计算机就根据对应值的类型分配一定的内存空间来储存该值。

(1) 变量的创建与删除

Python 通过变量赋值来创建变量。变量赋值通过等号"＝"来实现，等号左边为变量名，右边为储存在变量中的值。

Python 中的变量命名可用大小写英文、数字、"_"的任意组合，但数字不能放在开头，同时在命名时也应当注意避开 Python 中的保留字。保留字是 Python 中已被赋予特殊含义的单词，详见表 3－1。

表 3－1　Python 保留字

保留字	说明
and	用于表达式运算，表示逻辑"与"
as	用于类型转换
assert	断言，用于判断变量或条件表达式的值是否为真
break	终止循环的进行
class	用于定义类
continue	跳出当前循环，继续执行下一次循环
def	用于定义函数或方法
del	用于删除变量
elif	条件语句，与 if、else 结合使用

续表

保留字	说明
else	条件语句，与 if、elif 结合使用，也可用于异常和循环语句
except	包含捕获异常后的操作代码块，与 try、finally 结合使用
exec	执行字符串形式的 python 语句
False	布尔值“假”
for	循环语句
finally	用于异常语句中指定始终执行的代码，与 try、except 结合使用
from	用于导入模块，与 import 结合使用
global	用于定义全局变量
if	条件语句
import	用于导入模块
in	判断变量是否在某个序列中
is	判断两个对象是否为同一个对象（内存地址是否相同）
lambda	用于定义匿名函数
None	表示空
nonlocal	用于在函数或其他作用域中使用外层变量
not	用于表达式运算，表示逻辑“非”
or	用于表达式运算，表示逻辑“或”
pass	空的类、方法或函数的占位符
print	打印语句
raise	用于抛出异常
return	返回函数的返回值
True	布尔值“真”
try	用于处理异常，与 except、finally 联合使用
while	循环语句
with	控制流语句，可以用来简化 try…finally 语句
yield	用于从函数返回生成器

赋值的原理通过下面一个例子来说明（“>>>”为交互式解释器中的输入提示符）：

```
1. >>>a ='abc'
2. >>>b = a
3. >>>a ='def'
4. >>>b
5. abc
```

Python 解释器在处理语句“a='abc'”时，先在内存中创建了字符串“'abc'”，再创建名为“a”的变量（变量名 a 并不占内存），并将“a”指向字符串“'abc'”。在处理语句“b=a”时，创建名为“b”的变量，并将其指向“a”所指的内存，此时“a”的“中介”作用已完成，之后“a”的变化与“b”无关。故而在“a='def'”之后，“b”仍指向“'abc'”。

删除变量可以使用 del（变量名），若要同时删除多个变量，用英文逗号隔开多个变量即可。

（2）多重赋值

Python允许同时为多个变量赋予同一值，如：

```
1.>>>a = b = c = 1
2.>>>print(a, b, c) # 打印出变量a,b,c的值
3.1 1 1
```

也可以将多个值赋予多个变量，这些值的类型可以不相同，如：

```
1.>>>a, b, c = 1, 2, 'python'
2.>>>print(a, b, c)
3.1 2 python
```

（3）增量赋值

增量赋值通过将表达式运算符放在赋值运算符“=”的左边来实现，如：

```
1.>>>x = 1
2.>>>x + = 2
3.>>>x
4.3
```

此处，x+=2就等价于x=x+2。对其他数据类型来说，只要相应的二元运算符（关于运算符的更多内容可参见3.7节）本身适用于该数据类型，就可以进行增量赋值，如：

```
1.>>>x ='py'
2.>>>x + ='thon'
3.>>>x
4.python
```

3.1.2　数据类型框架

Python中主要有六个标准的数据类型：数字、字符串（str）、列表（list）、元组（tuple）、字典（dict）、集合（set）。其中，数字、字符串、元组为不可变数据类型，即当值改变时，变量名所指向的内存地址会改变（查看内存地址可用id（变量名））。而列表、字典、集合（指可变集合set，另有不可变集合frozenset）为可变数据类型，值改变时对应的内存地址不变。查看变量的值的类型可使用type（变量名）。

数据结构指相互之间存在关系的数据元素的集合，从储存数据的角度看，Python中常见

的数据结构都可称作容器（container）。序列、映射、集合是 Python 中主要的容器，其中，最基本的容器为序列（sequence），序列中元素的位置称为索引，以 0，1，2，… 的方式递增，字符串、列表、元组都属于序列。映射中每个元素都有一个名字，互不相同，也称为键，字典就属于映射。Python 的数据类型框架示意图如图 3－1 所示：

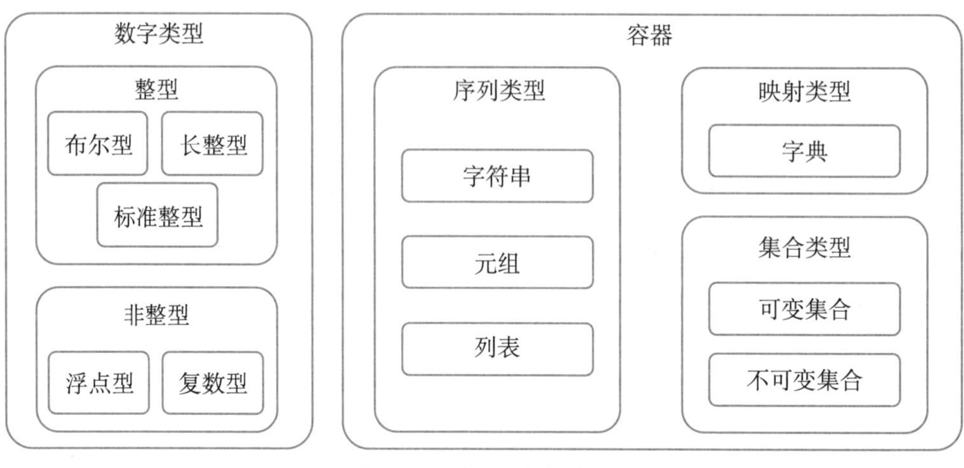

图 3－1　Python 数据类型

3.2　数字类型

3.2.1　分类

Python 3 的数字类型分为整型和非整型，本节重点介绍整数型（int）、浮点型（float）和复数型（complex）。

（1）整数

整数可用十进制、二进制（0b 或 0B 开头）、八进制（0o 或 0O 开头）、十六进制（0x 或 0X 开头）进行表示，如十进制整数 17 可分别表示为二进制数 0b10001、八进制数 0o21、十六进制数 0x11。

（2）浮点数

浮点数可以近似表示任意一个实数，如 1.56、－2.01、2.、.2 等。对于用科学计数法表示的小数，Python 中用 e 代替 10，如 1.2e8 即为 1.2×10^{8}，1.2e^{-8} 即为 1.2×10^{-8}。浮点数与整数在内存中储存方式不同，整数能够进行完全精确的运算，但浮点数运算会存在小的误差，举例如下：

```
1.>>>A = 1.1
2.>>>b = 2.2
3.>>>c = a + b
4.>>>c
5.3.3000000000000003
```

```
6.>>>print(c == 3.3)
7.False
```

(3) 复数

复数由实数（整数、浮点数）和虚数组成。虚数单位用j表示，如3.14j、2e3j、3+1j等，注意3+1j中的1不能省略。使用普通math模块中的函数处理复数时可能会报错，举例如下，其中sqrt( )为求平方根的函数：

```
1.>>>from math import sqrt
2.>>>print(sqrt(-1))
```

```
    Traceback (most recent call last):
      File "<pyshell#1>", line 1, in <module>
        print(sqrt(-1))
    ValueError: math domain error
```

处理复数时一般使用cmath模块。

```
1.>>>import cmath
2.>>>print(cmath.sqrt(-1))
3.1j
```

3.2.2　相关函数

(1) 数字类型转换（见表3-2）

表3-2　数字类型转换

转换函数	说明
int(x)	将浮点数x转换为整数，保留其整数部分
float(x)	将整数转换为浮点数
complex(x, y)	将x作为实数部分、y作为虚数部分转化为一个复数，其中x、y为数字表达式，若虚数部分为0，则y可省略不写。

举例如下：

```
1.>>>int(1.9)
2.1
3.>>>float(2)
4.2.0
```

```
5. >>>complex(1 + 2, 3.2)
6. (3+3.2j)
```

(2) 数学函数

表 3－3 列举了一些常用的数学函数。

表 3－3　Python 内置数学函数

函数	说明
abs(x)	取绝对值
max(x1，x2，…)	返回参数 x1，x2，…中的最大值，参数可为序列
min(x1，x2，…)	返回参数 x1，x2，…中的最小值，参数可为序列
pow(x，y)	返回 x**y（即 x 的 y 次方）的值
round(x，n)	将浮点数 x 四舍五入，参数 n 表示舍入到小数点后第 n 位，可以省略不写
sqrt(x)	取平方根，x 不可为复数

此外，math 模块中还有许多数学函数（见表 3－4），可通过“math. 函数名（ ）”来调用函数，如：

表 3－4　math 模块数学函数

函数	说明
exp(x)	返回自然常数 e 的 x 次幂
abs(x)	返回 x 的绝对值
log(x，y)	返回以 y 为底的 x 的对数
cos(x)	返回 x 的正弦值，参数 x 为弧度值

举例如下：

```
1. >>>abs( - 10)
2. 10
3. >>>sqrt(4)
4. 2.0
5. >>>math.log(100, 10)
6. 10.0
```

3.3　列表与元组

3.3.1　序列通用操作

前文提到，序列是 Python 中最基本的数据结构，索引是序列中元素的位置，从 0 开始以 0，1，2，…的方式递增，即第一个元素的索引为 0。字符串、列表、元组都属于序列，列表形如［2，4，6］，元组形如（1，2，3），字符串由字符组成，形如'python3.0'。列表与元组的区别在于列表可以修改，而元组不能修改。列表适用范围较广，它在多数情况下都可以替代元组，但在某些严格要求数据元素不可变动的情况下只能使用元组，如元组可以作为字典的键，因为键是不可修改的。

所有类型的序列有通用的操作，包括索引（indexing）、切片（sliceing）、加（adding）、乘（multiplying）、审查成员资格（即检查某个元素是否在该序列内）和迭代（iteration），此外还有求序列长度、找最大元素和最小元素的内置函数。迭代将在 4.2 节“循环”部分讲解。

（1）索引与切片

索引指通过序列中元素的编号（即索引值）访问该元素，注意第一个元素的编号为 0，如：

```
1. >>>sentence ='Hello,world!'
2. >>>sentence[4]
3. 'o'
```

也可使用负数索引，此时编号由后往前递减，最后一个元素的编号为－1，如：

```
4. >>>sentence[ -2]
5. 'd'
```

若索引超过了序列长度减 1，则会发生 IndexError，对于负数索引也有类似结论。

除了通过变量进行索引外，还可以直接通过序列或函数返回结果进行索引，如（下列代码中，input 函数获取输入并返回字符串类型的输入内容）：

```
1. >>>sixth = input('Date:')[6]
2. Date:2020.02.10
3. >>>print(sixth)
4. 2
```

索引只能访问某一个元素，而切片可以访问一定范围内连续的元素，通过［索引 1：索引 2］来实现，其中索引 1 表示访问的第一个元素的编号，索引 2 表示访问的最后一个元素的后一个元素的编号，即索引 2 对应的元素不在访问范围内。如：

```
1. >>>sentence ='Hello,world!'
2. >>>sentence[6:11]
3. 'world'
```

与负数索引类似，切片也可以用负数编号表达，注意，索引 2 对应的元素仍不在访问范围内，如：

```
4. >>>sentence[ -6: -1]
5. 'world'
```

索引 1 和索引 2 也可以省去，如［5：］表示访问编号为 5 的元素及之后的所有元素，［：5］表示访问编号为 5 的元素之前的所有元素，［：］表示访问序列中所有元素。上述切片操作中，访问的相邻元素编号差值为 1，即步长为 1，实际上，步长可以通过显式设置改变，形式为［索引 1：索引 2：步长］，如：

```
1. >>>numbers = [0, 1, 2, 3, 4, 5, 6, 7, 8, 9]
2. >>>numbers[1 : 8 : 2]
3. [1, 3, 5, 7]
```

步长不能取零，但可以取负数，表示从后往前提取元素。当步长为正数时，索引 1 应小于索引 2；当步长为负数时，索引 1 应大于索引 2，如：

```
1. >>>numbers = [0, 1, 2, 3, 4, 5, 6, 7, 8, 9]
2. >>>numbers[8 : 3 : -1]
3. [8, 7, 6, 5, 4]
4. >>>numbers[5 : : -2]
5. [5, 3, 1]
6. >>>numbers[ : 5 : -2]
7. [9, 7]
```

（2）加法

多个序列可以通过“+”连在一起，但这些序列的类型必须相同，如：

```
1. >>>'python' + '3.0'
2. 'python3.0'
```

```
1. >>>a = [1, 2, 3] + ['x', 'y', 'z']
2. >>>a
3. [1, 2, 3,'x', 'y', 'z']
```

（3）乘法

这里的乘法表示序列的重复，如：

```
1. >>>'Hello World' * 3
2. Hello WorldHello WorldHello World
```

创建占用一定空间的空列表也可使用乘法，如（None 在 Python 中表示空值）：

```
1. >>> [None] * 3
2. [None, None, None]
```

(4) 审查成员资格

布尔运算符“in”用来判断某个条件是否为真，若为真，则返回 True，若为假，则返回 False。序列的成员资格审查举例如下：

```
1. >>>'y' in 'python'
2. True
```

求序列长度、最大值、最小值使用相应的 len( )、max( )、min( ) 函数即可。

3.3.2　列表

(1) 创建列表

创建列表即创建一个值为列表的变量，通过赋值运算符“=”实现。创建一个空列表如下：

```
1. >>>nothing = []
2. >>>nothing
3. []
```

创建列表能够将数据有序地储存起来，通过索引进行区分。如创建一个记录某金融产品的用户信息的列表如下（其中的数据元素分别表示年龄、职业、学历、是否有房贷、上次营销活动中是否购买产品，注意各元素之间用逗号隔开）：

```
1. >>>item_1 = [30,'blue-collar', 'basic.9y', 'yes', 'no']
```

列表中也可以再包含列表，如果再创建一个类似的用户信息列表，并以这两条用户信息列表为数据元素创建新的列表，则这个新的列表可以看作数据集，如下：

```
2. >>>item_2 = [39,'services', 'university.degree', 'yes', 'yes']
3. >>>database = [item_1, item_2]
4. >>>database
5. [[30,'blue-collar', 'basic.9y', 'yes', 'no'], [39, 'services', 'university.degree', 'yes', 'yes']]
```

列表的特点在于其可以被修改，因此有时需要将字符串、元组等转换成列表，list( ) 函数可以实现这一转换，并且适用于所有类型的序列，如：

```
1. >>>list('string')
2. ['s', 't', 'r', 'i', 'n', 'g']
```

```
1. >>>list((1, 2, 3))
2. [1, 2, 3]
```

(2) 列表操作

除了序列通用的操作（索引、分片等）外，由于列表的可变性，它还可以进行元素赋值、元素删除、分片赋值等。

①元素赋值。列表能够通过元素赋值改变某个元素的值，如：

```
1. >>>item_1 = [30,'blue-collar', 'basic.9y', 'yes', 'no']
2. >>>item_1[0] = 35
3. >>>item_1
4. [35,'blue-collar', 'basic.9y', 'yes', 'no']
```

但对于位置不存在的元素无法进行赋值，如对长度为 5 的列表，不能对索引为 5 的元素赋值，若索引对应的位置的值为 None，则可以进行赋值。

②元素删除。删除元素与删除变量类似，使用 del( ) 函数即可，函数的参数形如 a[1] 时，表示删除列表 a 的索引为 1 的元素，函数参数形如 a[1：4] 时，表示删除列表 a 中索引值在 1 到 4 之间的元素。删除元素时列表的长度会随之发生改变。如：

```
1. >>>item_2 = [39,'services', 'university.degree', 'yes', 'yes']
2. >>>del(item_2[-2 : ])
3. >>>print(item_2, len(item_2))
4. [39,'services', 'university.degree'] 3
```

③分片赋值。分片赋值可以用与原序列不等长的序列进行替换，如：

```
1. >>>name = list('play')
2. >>>name[1 : 3] = []
3. >>>name[2 : ] = list('hon')
4. >>>name[2 : 2] ='t'
5. >>>name
6. ['p', 'y', 't', 'h', 'o', 'n']
```

由上述代码可看出，分片赋值可以实现列表中元素的删除、增加等，此外，这里也可以自己设置步长或使用负数进行分片，但应注意步长不为1时，必须用与原序列长度相同的序列进行替换，如：

```
1. >>>numbers = [0, 1, 2, 3, 4, 5, 6, 7, 8, 9]
2. >>>numbers[1 : 9 : 2] = [1, 2, 4, 6]
3. >>>numbers
4. [0, 1, 2, 2, 4, 4, 6, 6, 8, 9]
```

（3）列表方法

方法与函数不同，函数单独存在于文件中，而方法的调用离不开对象，其调用格式为：对象．方法（参数）。其中，对象可以为数字、字符串、列表等，可以通过变量表示，也可以直接表示。下面是列表的方法。

①添加一个元素：append( )。该方法用于在原列表后添加新的元素，每次只能添加一个元素，如：

```
1. >>>sentence = ['I', 'love', 'ba', 'na', 'na']
2. >>>sentence.append('!')
3. >>>sentence
4. ['I', 'love', 'ba', 'na', 'na', '!']
```

②统计元素次数：count( )。count方法用于统计列表中某个元素出现的次数，如：

```
1. >>> ['I', 'love', 'ba', 'na', 'na'].count('na')
2. 2
3. >>> ['I', 'love', ['ba','na'], 'na'].count('na')
4. 1
```

③扩展原列表：extend( )。extend方法能够使用新列表扩展原列表，前面提到的序列相加有类似的作用，两者的区别在于序列相加不会改变原序列，而是返回一个新序列，而extend方法则改变了原列表，如：

```
1. >>>a = [1, 2, 3]
2. >>>b = ['x', 'y', 'z']
3. >>>a.extend(b)
4. >>>a
5. [1, 2, 3, 'x', 'y', 'z']
```

④找出元素索引：index( )。index方法用于找出列表中某个值第一次出现的索引位

置，如：

```
1. >>>sentence = ['I', 'love', ['ba','na'], 'na']
2. >>>sentence. index('na')
3. 3
```

⑤插入元素：insert( )。insert 方法用于在列表某个位置插入某个对象，该位置及之后的元素相应后移，代码形如：对象 . insert（索引号，被插入的对象），如：

```
1. >>>numbers = [0, 1, 2, 3, 5]
2. >>>numbers. insert(4,'four')
3. >>>numbers
4. [0, 1, 2, 3,'four', 5]
```

⑥删除元素：pop( )。与 append 方法相反，pop 方法用于删除列表中的元素，同时它也返回被删除的元素的值（除了 None）。在这一点上，pop 方法是唯一既能修改列表又会返回元素值的列表方法。pop 方法默认删除列表中最后一个元素，若要删除其他元素，可通过“对象 . pop（索引号）”的形式实现，如：

```
5. >>>numbers. pop(4)
6. 'four'
```

pop 方法与 append 方法可以实现后进先出（last-in，first-out，LIFO）原则，即最后加入的对象最先被移出，这也正是“栈”这种数据结构的原理，相应的两个操作称为“入栈（push）”与“出栈（pop）”，Python 中实现这两个操作的方法就是 append 与 pop。与栈相反，队列（queue）是一种有先进先出（FIFO）特征的数据结构，可以通过 insert(0，对象名）和 pop(）结合或 append(）和pop(0)结合来实现，也可以使用 collection 模块中的 deque 对象，如：

```
1. >>>from collections import deque
2. >>>queue = deque(['A', 'B', 'C'])
3. >>>queue. append('D')
4. >>>queue. append('E')
5. >>>queue. popleft()
6. 'A'
7. >>>queue. popleft()
8. 'B'
9. >>>print(queue)
```

```
10. deque(['C', 'D', 'E'])
```

⑦删除元素：remove( )。remove 方法用于删除列表中某个值的第一个匹配项，如：

```
1. >>>x = [1, 2, 3, 2, 1]
2. >>>x.remove(1)
3. >>>x
4. [2, 3, 2, 1]
```

⑧倒置列表：reverse( )。reverse 方法用于将列表中的元素前后倒置，如：

```
1. >>>x = [1, 2, 3, 4, 5]
2. >>>x.reverse()
3. >>>x
4. [5, 4, 3, 2, 1]
```

reverse 方法只限于列表，若要实现对序列的反向迭代，可以使用 reversed( ) 函数，此函数返回一个迭代器（iterator）对象，举例如下（for 语句为循环语句，详见 4.2 节）：

```
1. >>>x ='abc'
2. >>>reversed(x)
3. <reversed at 0x222ef3da2e8>
4. >>>for i in reversed(x):
5. print(i)
6. c
7. b
8. a
```

⑨列表排序：sort( )。sort 方法用于对列表进行排序，它改变原列表并且不返回值。使用 sort 方法要求列表的元素类型相同，数字、字符串、列表、元组等都可进行排序，但若列表中同时有不同类型的数据，则会报错。特殊符号与字符（包括大小写英文字母、数字等）在计算机中是编码储存的，Python 3 采用 UTF-8 编码，其兼容了 ASCII 编码，两种编码中的 48～57 为阿拉伯数字 0～9，编码 65～90 为 26 个大写英文字母，编码 97～122 为 26 个小写英文字母，比较字符之间的大小时就是按照编码进行比较。sort 方法的使用如下：

```
1. >>>x = [1, 6, 3, 7, 11, 4]
2. >>>x.sort()
```

```
3. >>>x
4. [1, 3, 4, 6, 7, 11]
```

有时需要对列表进行排序且不改变原列表，即得到一个排序后的列表副本，对此可以先复制列表得到列表副本，再对副本进行排序，如：

```
1. >>> x = [1, 6, 3, 7, 11, 4]
2. >>> y = x[ : ]
3. >>> y.sort()
4. >>> x
5. [1, 6, 3, 7, 11, 4]
6. >>> y
7. [1, 3, 4, 6, 7, 11]
```

但直接 y=x 不会产生列表副本，而是让两个变量指向同一个列表，在执行 y. sort( ) 时，x 也改变了，如：

```
1. >>> x = [1, 6, 3, 7, 11, 4]
2. >>> y = x
3. >>> y.sort()
4. >>> x
5. [1, 3, 4, 6, 7, 11]
6. >>> y
7. [1, 3, 4, 6, 7, 11]
```

sort 方法有两个关键字参数：key 和 reverse，使用时要通过名字来指定参数值。reverse 指排序规则，取值为布尔值（False 或 True），默认为“reverse=False”，即升序。key 指在排序中使用的函数，该函数只有一个参数并返回一个值，以列表中每个元素分别作为参数调用该函数，得到相应的返回值作为列表中该元素的键，再根据键进行排序，默认为“key=None”。函数可以为内置函数，如“key=len”表示根据元素长度排序，“key=str. lower”表示将字符串中所有大写字符转换为小写字符后再进行排序，如：

```
1. >>>strlist = ['age', 'job', 'marital', 'education']
2. >>>strlist.sort(key = len, reverse = True)
3. >>>strlist
4. ['education', 'marital', 'age', 'job']
```

key也可以取自定义函数，如：

```
1. >>>database = [[30,'blue-collar', 'basic.9y'],
2. [39,'services', 'high.school'],
3. [47,'admin.', 'basic.9y'],
4. [25,'services', 'basic.9y']]
5. >>>def takejob(x):
6.         return x[1]
7. >>>database.sort(key = takejob)
8. >>>database
9. [[47, 'admin.', 'basic.9y'], [30, 'blue-collar', 'basic.9y'], [39, 'services',
   'high.school'], [25, 'services', 'basic.9y']]
```

上述代码中，def部分定义了一个名为takejob的函数，其返回值为每条用户记录中的职位信息（函数部分详见5.1节）。与列表的sort方法类似，函数sorted( )能对字符串、列表、元组、字典等所有可迭代对象进行排序，并且返回一个列表，其关键字参数reverse和key的含义与sort方法相同，如：

```
1. >>>string ='python'
2. >>>sorted(string)
3. ['h', 'n', 'o', 'p', 't', 'y']
```

3.3.3　元组

元组与列表的区别在于元组一旦创建就不能修改。创建一个空元组如下：

```
1. >>>nothing = ()
2. >>>nothing
3. ()
```

逗号对于元组的创建很重要，每两个元素之间以逗号隔开。

```
1. >>>x = (1, 2, 3)
2. >>>x
3. (1, 2, 3)
```

注意，在创建只有一个元素的元组时，该元素后的逗号不可省略。

```
1.>>>x = 2 * (3)
2.>>>x
3.6
```

```
1.>>>x = 2 * (3,)
2.>>>x
3.(3, 3)
```

tuple 函数与 list 函数类似，它能将一个序列转换为元组，如：

```
1.>>>tuple('python')
2.('p', 'y', 't', 'h', 'o', 'n')
```

元组的基本操作即为序列的通用操作中的索引、分片等，方法有 index( )、count( ) 等不修改序列的方法，但由于它的不可修改，元组也有着列表不可替代的作用，如可以作为集合的成员或作为映射（如字典）中的键，并且很多内置函数和方法的返回值都为元组，所以元组也是很重要的结构。

3.4 字符串

3.4.1 概述

字符串是由字符组成的不可变序列，可以用单引号或双引号括起来，创建一个空字符串如下：

```
1.>>>nothing = ''
2.>>>nothing
3.''
```

这在 Python 中没有区别，但对于本身包含了双引号或单引号的字符串，创建时应使用相应的另一种引号将该字符串括起来加以区分，如：

```
1.>>>sentence_1 = '" Hello!" he said'
2.>>>sentence_2 = " let's go"
3.>>>print(sentence_1,'\n',sentence_2)
4." Hello!" he said
5. let's go
```

上述代码中的'\n'没有被打印出来，却实现了换行，这种字符称为转义字符，即使用反斜线（\）对特殊字符进行转义。转义字符如表 3－5 所示。

表 3－5　转义字符及说明

转义字符	说明	转义字符	说明
\	续行符	\n	换行
\\	反斜杠符号	\v	纵向制表符
\'	单引号	\t	横向制表符
\"	双引号	\r	回车
\a	响铃	\f	换页
\b	退格	\o	八进制数
\e	转义	\x	十六进制数
\000	空	\other	其他的字符以普通格式输出

转义字符也可被用于内容中有特殊字符的字符串的表示中，如：

```
1. >>>sentence = 'let\'s play games'
2. >>>sentence
3. let's play games
```

要输出 let's go 的内容，还可以通过字符串的拼接实现，可以将两个字符串用加号“+”连接或直接放在一起，如：

```
1. >>>print('let\'s','play games')
2. let's play games
```

逗号在这里起到了空格的作用，否则两个字符串就会紧连在一起，但此处至多有一个逗号。

①str 函数。str 是一种将值转换成字符串形式的函数，它以需要转换的值为参数，返回相应的字符串形式的值，并不改变原值的类型。

```
1. >>>a = 1.23
2. >>>b = str(a)
3. >>>print(type(a),type(b))
4. <class 'float'> <class 'str'>
```

②输入与输出。input 函数用于获取用户的输入，无论输入值为什么类型，返回值都为字符串类型，括号中可以写提示性文本或直接用空括号，如：

```
1. >>>age = input('enter your age:')
2. enter your age:25
3. >>>print(type(age))
4. <class 'str'>
```

上述代码中，25 为用户输入的值，“str”类型表示 25 被以字符串的形式储存在变量 age 中。

print 语句用于输出，形式为 print( )，括号中可以为一个或多个表达式，多个表达式之间用逗号隔开，print 依次处理每个表达式，并进行相应的运算，遇到逗号即输出一个空格。如：

```
1. >>>print('I \ 'm', 10 + 8, 'years old. ')
2. I'm 18 years old.
```

③其他。在编写跨多行的字符串时，可以利用转义字符“\ n”进行换行，如：

```
1. >>>print('first \ nsecond \ nthird')
2. first
3. second
4. third
```

也可以直接在字符串中用键盘的 Enter 键进行换行，但注意此时字符串外的引号必须为三个双引号或三个单引号，如：

```
1. >>>print('''first
2. second
3. third''')
4. first
5. second
6. third
```

对于字符串中有与转义字符形式相同的字符的情况，如文件地址“C:\ Program Files \ nothing”中含有“\ n”，在 print 语句执行时会被看作换行符，对此可以使用反斜线“\ ”进行转义，如：“C: \\ Program Files \\ nothing”，可以输出期望的字符串内容。但当字符串中含有很多类似字符时，使用“\ ”就会比较麻烦，对此可以在字符串前加“r”，不再将反斜线作为特殊字符，原字符串中每个字符都会被直接输出，不再有特殊意义，如：

```
1. >>>path = r'C: \ Program Files \ nothing'
2. >>>print(path)
3. C: \ Program Files \ nothing
```

但应注意，在这种情况下，字符串的最后一个字符不能是反斜线“\ ”，否则 Python 会不清楚是否结束该字符串。

字符串的基本操作与序列通用操作基本相同，索引、分片、求最值等都适用。

3.4.2 字符串格式化

字符串格式化指将值按要求格式化后置于字符串中相应的位置，百分号%为字符串格式化操作符，%左边为格式化字符串，%右边为希望格式化的值，该值可以是字符串、数字、列表，也可以是元组、字典，应注意列表在这里被当作一个值，只有元组和字典可以同时格式化多个值，如：

```
1. >>>sentence = 'Hello! I\'m %s from %s.'
2. >>>value = ('Amy','Beijing')
3. >>>print(sentence % value)
4. Hello! I'm Amy from Beijing.
```

字符串中的“%s”为转换说明符（conversion specifier），“%s”的位置即插入转换值的位置，“%s”表示将值格式化为字符串，类似的转换说明符还有很多，详见表3-6。

表3-6 格式化符号及说明

格式化符号	说明
%c	转换成字符
%r	优先用 repr( ) 函数进行字符串转换
%s	优先用 str( ) 函数进行字符串转换
%d,%i	转换成有符号十进制数
%u	转换成无符号十进制数
%o	转换成无符号八进制数
%x,%X	转换成无符号十六进制数（x / X 代表转换后的十六进制字符的大小写）
%e,%E	转换成科学计数法（e / E 控制输出 e / E）
%f,%F	转换成浮点数（小数部分自然截断）
%g,%G	%e 和%f / %E 和%F 的简写
%%	输出%

在用元组同时格式化多个值时，注意每个值都要有相应的转换说明符。具体地，还可以选择设置字段宽度和精度值，也可以省略不写，但精度值前必须有“.”，如%5.3f表示字段宽度为5、精度为3。也可以用“*”作为字符宽度或精度，具体值从格式化操作符%后的元组中读取。

```
1. >>>'Pi: %5.3f…' % 3.1415926
2. 'Pi:3.142…'
```

```
1. >>>'%*.*s' % (10,6,'python 3.0')
2. 'python'
```

若格式化字符串本身内容中有%时，使用%%来避免歧义。

3.4.3 方法

字符串的方法有许多，这里介绍一些常用的方法。

（1）查找子字符串：find( )

find 方法用于在字符串中查找子字符串，返回子字符串第一个字符的索引，未找到则返回−1。格式为：对象 .find（子字符串，起始点索引，结束点索引），其中后两个参数可以省略，并且按 Python 中的惯例，此查询范围包括起始点索引而不包括结束点索引。

```
1. >>>'to be or not to be'. find('e o')
2. 4
3. >>>'to be or not to be'. find('e o',8,15)
4. -1
```

（2）连接字符串：join( )

join 方法用一个元素连接字符串列表，即在列表中的每两个字符串元素之间添加该连接元素，如：

```
1. >>>dirs = ['','users','xxx','desktop']
2. >>>'/ '. join(dirs)
3. '/users/xxx/desktop'
```

（3）去除字符串两端字符：strip( )

strip 方法用于除去字符串两侧包含参数字符串中字符的部分，返回一个新的字符串，参数为空时默认删去空白符，注意区分以下两种情况：

```
1. >>>'!! * *??find an apple???'. strip('! * ?')
2. 'find an apple'
3. >>>'!!   * *??find an apple???'. strip('! * ?')
4. ' * *??find an apple'
```

strip 方法可以理解为从原字符串的两端开始寻找参数字符串中的字符，删去与之相同的字符，直到遇到不在参数字符串中的字符时停下来。所以在上述第二种情况中，左边空格后的“* *”等内容并没有被删除。

（4）转化成小写字母：lower( )

lower 方法用于将所有大写字母变为相应的小写字母，如：

```
1. >>>'Lower ME'. lower()
2. >>>'lower me'
```

（5）替换字符串：replace( )

replace 方法用指定的字符串替代原字符串中所有的匹配项，返回新的字符串，如：

```
1. >>>'to be or not to be'. replace('to','To')
2. 'To be or not To be'
```

（6）分割字符串：split( )

split 方法是 join 的逆方法，按照指定的分隔符将字符串分割成序列，若不指定分隔符，则按照空格、制表符、换行符进行分割。

```
1. >>>'/users/xxx/desktop'. split('/ ')
2. ['users','xxx','desktop']
```

3.5 字典

3.5.1 概述

映射（mapping）是一种通过名字引用值的数据结构，而字典是 Python 中唯一内置的映射类型。不同于列表中用索引号区分元素，字典中的值（value）没有特殊的顺序，但有对应的键（key），通过键可以找到相应的值，键可以是数字、字符串或元组。字典的键是唯一的，但值可以不唯一。

（1）创建字典

创建一个空字典如下：

```
1. >>>nothing = {}
2. >>>nothing
3. {}
```

字典中一个键与对应的值称为一项，每个键与对应的值之间用冒号“:”隔开，每一项之间用逗号“,”隔开。

```
1. >>>consumer = {'Alice':[30,'blue-collar','basic. 9y','yes'],
2.                'Bob':[39,'services','university. deg-
               ree','yes']}
```

此外，使用 dict 函数可以通过其他映射（如字典）或（键、值）序列对来建立字典，如：

```
1. >>>consumer = [('Alice',30),('Bob',39)]
2. >>>dict _ cons = dict(consumer)
3. >>>dict _ cons
4. {'Alice':30,'Bob':39}
```

也可以通过关键字来创建字典，关键字名即为键名，对应的值即为字典中的值，注意，此时即使键是字符串类型的，也要去掉引号直接写，如：

```
1. >>>consumer = dict(Alice = 30,Bob = 39)
2. >>>consumer
3. {'Alice':30,'Bob':39}
```

（2）基本操作

字典的基本操作与序列的通用操作类似，但应注意在进行索引、修改值、删除项、成员资格审查时都使用键名调用相应的值，形式为“字典名［键名］”。“len（字典名）”返回的是项的数量。字典还可以直接增加新的项，如在上述字典中添加键名为“Carol”、值为 25 的项：

```
4. >>>consumer['Carol'] = 25
5. >>>consumer
6. {'Alice':30,'Bob':39,'Carol':25}
```

3.5.2 格式化字符串

3.4.2 节中介绍过在格式化字符串中，格式化操作符%后可以是元组或字典，当%后为字典时，转换说明符%后通过“(键名) s”来说明元素，可以将键对应的值格式化，注意，此处的键名不加引号，如：

```
7. >>>'Alice is %(Alice)s years old.' % consumer
8. 'Alice is 30 years old.'
```

通过字典格式化字符串可以在一个字典中多次格式化多个键对应的值，如：

```
9. >>>print('''Alice is %(Alice)s years old.
10. Bob is %(Bob)s years old.
```

```
11. %(Alice)s is younger than %(Bob)s''' % consumer)
12. Alice is 30 years old.
13. Bob is 39 years old.
14. 30 is younger than 39
```

3.5.3 方法

(1) 清除字典所有项：clear( )

clear 方法用于清除字典中所有的项，直接改变原字典，无返回值，如：

```
1. >>>x = {'key':'value'}
2. >>>y = x
3. >>>x.clear()
4. >>>y
5. {}
```

(2) 复制字典：copy( )

copy 方法用于实现浅复制（shallow copy），返回一个与原字典有相同键—值对的新字典，从下面的例子中可以发现浅复制的一些特点。

```
1. >>>x = {'name':['Alice','Bob','Carol'],'age':25}
2. >>>y = x.copy()
3. >>>y['age'] = 30
4. >>>y['name'].remove('Bob')
5. >>>print('x:',x,'\ny:',y)
6. x:{'name':['Alice','Carol'],'age':25}
7. y:{'name':['Alice','Carol'],'age':30}
```

如图 3－2 所示，在浅复制时，对于简单数据部分（'age'），复制的对象会直接在内存中开辟新的地址空间，因此改变复制对象的值不会影响原对象的值；而对于子对象部分（'name'），复制对象仅引用了原对象的地址，因此改变复制对象的值会直接改变原始对象的值。在深复制（deep copy）时，不管是简单数据部分还是子对象部分，复制的对象都会直接在内存中开辟新的地址空间，复制对象和原对象值的变化互不影响。

为避免修改副本时对原字典造成影响，可以采用深复制，使用 copy 模块的 deepcopy( ) 函数。

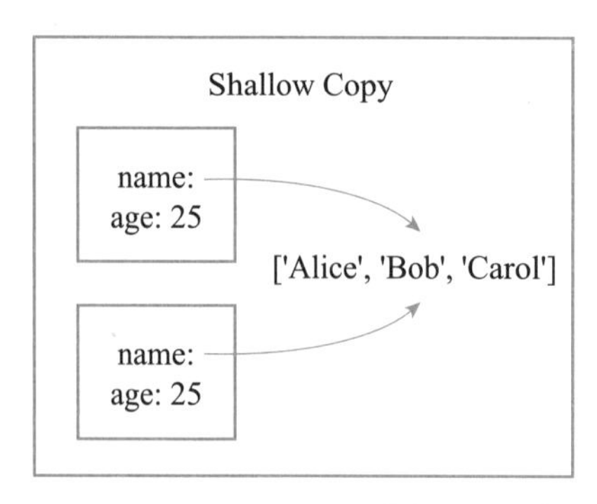

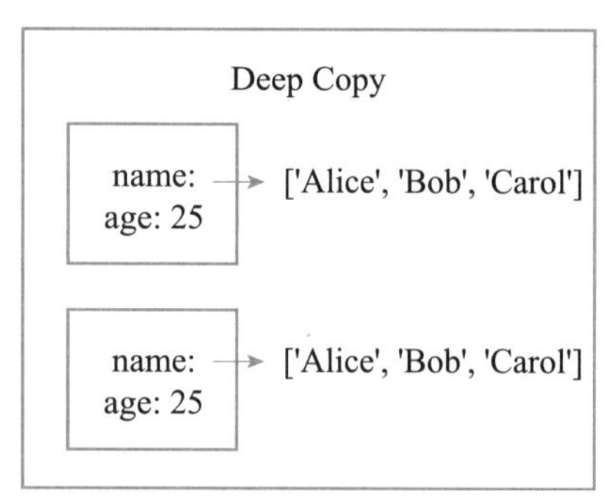

图 3-2　浅复制和深复制在内存中的存储地址示意

```
1. >>>from copy import deepcopy
2. >>>x = {'name':['Alice','Bob','Carol'],'age':25}
3. >>>y = deepcopy(x)
4. >>>y['age'] = 30
5. >>>y['name'].remove('Bob')
6. >>>print('x:',x,'\ny:',y)
7. x:{'name':['Alice','Bob','Carol'],'age':25}
8. y:{'name':['Alice','Carol'],'age':30}
```

（3）使用给定的键创建字典：fromkeys( )

fromkeys 方法用于使用给定的键建立新的字典，值默认为 None，也可自己设置。建立方式有如下两种：

```
1. >>>{}.fromkeys(['name','age'])
2. {'name':None,'age':None}
```

```
1. >>>dict.fromkeys(['name','age'],111) # dict 为字典,'1'为默认值
2. {'name':111,'age':111}
```

（4）访问字典项：get( )

get 方法用于访问字典项，当访问的键不存在时会返回 None，也可以设置默认值。

```
1. >>>x = {'name':['Alice','Bob','Carol'],'age':25}
2. >>>x.get('job','no') # 设置默认值为'no'
3. 'no'
```

（5）返回字典所有项：items( )

items 方法将字典中所有项以迭代器的形式返回，各项的排列没有特殊顺序。类似的

方法还有 keys( ) 和 values( )。

```
1. >>>x = {'name':['Alice','Bob','Carol'],'age':25}
2. >>>x.items()
3. dict_items([('name',['Alice','Bob','Carol']),('age',25)])
```

(6) 删除字典键值对：pop( ) 和 popitem( )

pop 方法用于在字典中删除给定键的键—值对，并返回该值。而 popitem 用于随机删除键—值对（因为字典没有顺序，不存在最后一项的概念），并以元组形式返回该项。

```
1. >>>x = {'name':['Alice','Bob','Carol'],'age':25,'job':'services'}
2. >>>x.pop('age')
3. 25
4. >>>x.popitem()
5. ('job','services')
6. >>>x
7. {'name':['Alice','Bob','Carol']}
```

(7) 更新字典：update( )

update 方法使用一个字典更新另一个字典，即将给定字典添加到另一个字典中，若有相同的键，则进行覆盖。

```
1. >>>x = {'name':'Alice','age':25}
2. >>>y = {'age':30,'job':'serives'}
3. >>>x.update(y)
4. >>>print(x)
5. {'name':'Alice','age':30,'job':'serives'}
```

3.6 集合

3.6.1 概述

集合（set）是由序列（或其他可迭代对象）构建的，集合中的元素是不重复的、无序的，所以集合主要用于检查成员资格和消除重复元素。集合本身是可变的，但集合中的元素必须是不可变的，所以集合中不能包括其他集合。创建集合时使用大括号 { } 或 set( ) 函数，创建空集合时必须用 set( )，因为 { } 会与空字典的创建重复。

```
1.>>>x = set('python')
2.>>>x
3.{'h','n','o','p','t','y'}
```

```
1.>>>x = set(['python',1,2,2,3])
2.>>>x
3.{1,2,3,'python'}
```

```
1.>>>x = {'python',1,2,2,3}
2.>>>x
3.{1,2,3,'python'}
```

（1）集合的运算

集合的运算类似于数学中集合的运算，如可以求交集（&）、并集（|）、不同时被两个集合包含的元素（^）等，如：

```
1.>>>x = {1,2,3,4,5,6,7}
2.>>>y = {4,5,6,7,8,9,10}
3.>>>print('x与y的交集:',x&y,'\nx与y的并集:',x|y,
4. '\nx-y的集合:',x-y,'\n既不属于x也不属于y:',x^y,
5. '\n判断x是不是y的子集:',x<= y)
6.x与y的交集:{4,5,6,7}
7.x与y的并集:{1,2,3,4,5,6,7,8,9.1}
8.x-y的集合:{1,2,3}
9. 既不属于x也不属于y:{1,2,3,8,9.1}
10. 判断x是不是y的子集:False
```

（2）frozenset 不可变集合

集合（set）中不能包含其他集合，但将两个集合相加是很常用的，为实现这一点可使用 frozenset 函数，此函数能将集合 set 转换为不可变集合。如将企业中两个 KPI 指标体系合为一个整体，其中一个作为基础的固定指标，另一个作为可变指标，示例如下：

```
1.>>>KPI = {'basic':{'item1','item2','item3'},'changeable'
                :{'item4','item5'}}
2.>>>new = KPI['changeable']
```

```
3. >>>new.add(frozenset(KPI['basic']))
4. >>>new
5. {frozenset({'item1','item2','item3'}),'item4','item5'}
```

3.6.2 方法

集合的方法也有很多，以下为一些常用的方法。

(1) 更新集合：add( ) 和 update( )

add 方法用于向集合中添加一个元素，而 update 方法可同时向集合中添加多个元素，参数可以为字符串、列表、元组、字典（只会添加字典的键）等，如：

```
1. >>>x = {1,2,3}
2. >>>x.add(4)
3. >>>x.update('string')
4. >>>x.update(['list_item1','list_item2'])
5. >>>x.update({'name':'Alice'})
6. >>>x
7. {1,2,3,4,'g','i','list_item1','list_item2','n','name','r','s','t'}
```

(2) 删除元素：remove( ) 和 discard( )

remove 方法用于将指定元素从集合中移除，若指定元素不存在，则会报错。

```
1. >>>x = {1,2,3}
2. >>>x.remove(3)
3. >>>x
4. {1,2}
```

discard 方法与 remove 类似，也用于移除指定元素，但即使该指定元素不存在，也不会报错。

```
1. >>>x = {1,2,3}
2. >>>x.discard(4)
3. >>>x
4. {1,2,3}
```

3.7 基本运算符

Python 中的基本运算符分为算术运算符、比较运算符、赋值运算符等多种类型。

3.7.1 算术运算符

Python 3 的算术运算符如表 3-7 所示，注意，Python 3 中的除法运算符效果与 Python 2 中的不同，在 Python 2 中“/”用于两个整数间的除法时向下取整（地板除），返回结果为整数型，要得到精确的浮点数结果，需要将两个整数中至少一个写成浮点型，但在 Python 3 中，“/”用于两个整数相除时，结果直接为浮点数型。

表 3-7 算数运算符

运算符	说明
＋	加法，将运算符两侧的值相加
－	减法，左侧操作数减去右侧操作数
*	乘法，将运算符两侧的值相乘
/	除法，左侧操作数除以右侧操作数
%	求模，即求左侧操作数除以左侧操作数后的余数
* *	求幂，即求左侧操作数的右侧操作数次幂
//	地板除，将小数点后的位数截除、只保留整数部分

3.7.2 比较运算符

比较运算符见表 3-8。

表 3-8 比较运算符

运算符	说明
＝＝	判断两侧操作数的值是否相等，如果是，结果为真
！＝	判断两侧操作数的值是否不相等，如果不相等，结果为真
＞	判断左操作数的值是否大于右操作数的值，如果是，结果为真
＜	判断左操作数的值是否小于右操作数的值，如果是，结果为真
＞＝	判断左操作数的值是否大于或等于右操作数的值，如果是，结果为真
＜＝	判断左操作数的值是否小于或等于右操作数的值，如果是，结果为真

3.7.3 赋值运算符

赋值运算符见表 3-9。

表 3-9 赋值运算符

运算符	说明
＝	赋值运算符，将右侧操作数的值赋给左侧操作数
＋＝	将右操作数和左操作数相加，并将结果赋给左操作数，a＋＝b 就等于 a＝a＋b，下列类似
－＝	将左操作数减去右边操作数的结果赋给左操作数
*＝	将左操作数乘右操作数的结果赋给左操作数
/＝	将左操作数除以右操作数的结果赋给左操作数
%＝	将左右操作数取余，并将结果赋给左操作数
* *＝	求左侧操作数的右侧操作数次幂，并将结果赋给左操作数
//＝	执行地板除操作并将结果赋给左操作数

3.7.4　其他运算符

其他运算符见表 3-10。

表 3-10　其他运算符

运算符	说明
and	表示逻辑“与”，若操作符两边都为真，则结果为真
or	表示逻辑“或”，若操作符两边有一个为真，则结果为真
not	表示逻辑“非”，若操作符右侧为假，则结果为真
in	若左操作数是右操作数的成员，则结果为真
not in	若左操作数不是右操作数的成员，则结果为真
is	若两侧变量指向相同的对象，则结果为真
is not	若两侧变量指向相同的对象，则结果为假
&	二进制位“与”运算符
|	二进制位“或”运算符
^	二进制位“异或”运算符
~	二进制“补码”运算符
<<	二进位向左移位运算符
>>	二进位向右移位运算符

3.7.5　运算符优先级表

当不同运算符出现在同一个表达式中时，表达式的计算步骤有优先级（优先级越大的越先执行），因此需要了解各表达式的优先级（见表 3-11），利用括号等手段实现目标。

表 3-11　运算符优先级

运算符	说明	优先级
**	幂	14
~	按位补码	13
*，/，%，//	乘，除，取余，地板除	12
+，-	加法，减法	11
>>，<<	按位右移，按位左移	10
&	按位“与”	9
^	按位“异或”	8
|	按位“或”	7
<=，<，>，>=，!=，==	比较运算符	6
is，is not	标识运算符	5
in，not in	成员运算符	4
not	逻辑“非”	3
and	逻辑“与”	2
or	逻辑“或”	1

 3.8 思考练习题

1. 为什么要有不同的数据类型?

2. 假设学校食堂在菜品展示中采用了智能化显示方式，即对于每道菜品，屏幕上会展示菜品的名称、价格、热量、原料等信息。如果使用 Python 进行数据管理，应该使用哪些数据类型?

3. 列表、元组、字典的区别是什么? 请分别举出几个使用列表、元组和字典的例子。

4. 对于索引，哪些情况下会使用正数索引? 哪些情况下会使用负数索引?

5. 如果以字典形式记录了 Python 考试的成绩，如：

{" 张三"：98," 李四"：96，… }

(1) 如何按照成绩对所有学生进行排序?

(2) 如何按照学生姓名对所有学生进行排序?

(3) 现在希望按照成绩排序，对于成绩相同的学生按照姓名排序，该如何实现?

6. 有人认为可以用两个列表替代字典。以“学生—成绩”为例，用第一个列表存放学生姓名，用第二个列表存放学生成绩，即 name _ list ＝ [" 张三"," 李四"，…]，score _ list ＝ [98，96，…]。这种做法与字典有什么区别?

第 4 章　条件与循环

在编程时，经常会用到“如果”，即如果一个条件是真的，则执行某段代码，否则不执行。接下来将介绍能够实现这种操作的条件语句，包括 if 语句及其与 else 子句、elif 子句的联合使用。除了条件判断，循环也很重要，如果要对一个列表中的每个元素都进行操作，即要将同一段代码重复执行多次，此时就需要使用循环语句。本章将介绍 while 循环语句、for 循环语句，以及循环与条件的综合使用。此外，还将介绍 for 循环创建列表的简洁版——列表推导式。

4.1　条件

4.1.1　布尔变量

在即将介绍的条件语句中，有很重要的一部分是判断条件的真假，解释器判断真假后才会再执行相应的代码，而真与假如何判断呢？

在 Python 中，布尔值 True 用来表示真，False 用来表示假，此外有些值也会被解释器看作是假，如 None、( )、{ }、[]、""、0 等，即所有类型的数字 0、空序列、空字典都为假，此外的一切都被解释为真。下列语句是一个简单的条件语句。

```
1. >>>if (1):
2.        print('It \ 's True.' )
3. It's True.
```

```
1. >>>bool('python')
2. True
```

上述代码中 print 语句必须是缩进的，否则会报错，Python 对于缩进的要求很严格，通过缩进来判断相应的语句块是否结束。

4.1.2　条件语句

（1）if 语句

if 语句是简单的条件语句，如果 if 后的条件判断为真，则执行冒号后的语句块，若条件为假，则不执行。

```
1. student _ ID = {'Alice':1230,'Bob':3789}
2. name = input('enter the name:')
3. if (name in student _ ID):
4.     print(('%s\'s ID is %s') % (name,student _ ID[name]))
5. ---------------------
6. enter the name:Alice
7. Alice's ID is 1230
```

上述代码中没有“>>>”，因为当代码中使用条件、循环等语句时，代码会变长，为了更好地编辑代码，最好使用集成开发环境（IDE）或是保存为“.py”文件进行管理。上述代码实现了查询学号的功能。若所查询的名字 name 在字典 student _ ID 中，则 if 语句后的表达式 name in student _ ID 的值为真，执行冒号后的 print 语句，否则不执行 print 语句。但上述代码未对所查询的名字不在字典中的情况进行处理，若要在判断表达式的值为假时也进行相应操作，则涉及 else 语句。

（2）if else 语句

else 语句用于当 if 语句中判断表达式的值为假时进行操作的说明，不能脱离 if 语句单独存在。

```
1. student _ ID = {'Alice':1230,'Bob':3789}
2. name = input('enter the name:')
3. if (name in student _ ID):
4.     print(('%s\'s ID is %s') % (name,student _ ID[name]))
5. else:
6.     print('Name is invalid.')
7. ---------------------
8. enter the name:Carol
9. Name is invalid.
```

（3）if elif 语句

有时进行一次条件判断并不够，elif 语句就可以用于进行多次判断，必须与 if 语句同时使用。

```
1. grade = int(input('enter your grades:'))#注意将字符串型转换为整数型
2. if (100 >= grade > 85):
3.     print( 'Congratulations! Your grades are in the top 30%.')
```

```
4. elif (85 >= grade > 70):
5. print('Your grades are above average.')
6. elif (70 >= grade >= 0):
7. print('Your grades are below average.')
8. else:
9. print('error')
10. ---------------------
11. enter your grades:72
12. Your grades are above average.
```

上述代码呈现了 if、elif、else 之间的关系，每个条件语句的执行都是建立在前一个条件判断为假的基础上：首先判断 if 语句中的条件，若为假，则判断第一个 elif 语句中的条件，若仍为假，则再判断第二个 elif 语句中的条件，依次进行。

（4）嵌套

elif 语句是当 if 语句中的条件为假时再进行条件判断，但有时当 if 语句判断为真时也要继续进行条件判断，将条件进一步细化，这就可以通过嵌套的形式来实现。在嵌套中，更应注意通过语句块的缩进来划分各语句。

```
1. grade = int(input('enter your grades:'))
2. if (100 >= grade >= 0):
3.     if (grade > 85):
4.         print('Congratulations! Your grades are in the top 30%.')
5.     elif (grade > 70):
6.         print('Your grades are above average.')
7.     else:
8.         print('Your grades are below average.')
9. else:
10.     print('error')
11. ---------------------
12. enter your grades:72
13. Your grades are above average.
```

（5）assert 语句

在编写程序时，有时要求某些条件必须为真，如检查函数参数的属性、检查后续程序正常运行的辅助条件时，此时可以进行断言，只有条件为 True 才正常运行，相当于在程序中设置检查点。语句中使用的关键字为 assert，它用于判断一个表达式，在表达式为

False 时触发异常。

```
1. grade = -1
2. assert (100 >= grade >= 0)

Traceback (most recent call last):
File" C:\Users\xxx\Desktop\test.py" ,line 2, in <module>
assert (100 >= grade >= 0)
AssertionError
```

4.2 循环

4.2.1 循环语句

在编写程序时除了条件判断，有时也要将同一段代码重复执行多次，因此循环在程序中也很重要。

（1）while 循环

while 循环通过判断 while 后的表达式的值的真假来控制循环的进行与结束，只要表达式的值为真，就执行冒号后的语句块，若表达式的值为假，则循环停止。因此，while 后的条件判断表达式中常含有变量，否则若为常量，则循环一直不进行或一直不停止。通过循环打印 10 以内的奇数如下：

```
1. i = 0
2. while (2 * i + 1 < 10):
3.     print(2 * i + 1)
4.     i += 1
5. --------------------
6. 1
7. 3
8. 5
9. 7
10. 9
```

（2）for 循环

除 while 外，另一常用的循环语句就是 for 循环，在对序列或其他可迭代对象中每个元素循环执行相同代码时，for 语句更合适。以下分别为 for 语句在列表和字符串中的使用。

```
1. words = ['this','is','a','book']
2. for word in words:
3.     print(word)
4. ——————————————————————
5. this
6. is
7. a
8. book
```

```
1. new = []
2. for i in 'python':
3.     new.append(i)
4. print(new)
5. ----------------------
6. ['p','y','t','h','o','n']
```

range 函数为 Python 内置的范围函数，常用于迭代某范围的数字。在 range（10）中，10 表示上限（不包括），默认下限为 0（包括），默认步长为 1，下限、上限、步长可依次设置值。下列代码也实现了打印 10 以内奇数的功能。

```
1. for i in range(1,10,2):
2.     print(i)
3. ----------------------
4. 1
5. 3
6. 5
7. 7
8. 9
```

for 语句也可以用于对字典中键的循环中。如下列代码中，以字典的形式记录用户的信息，每个值为一个列表，列表索引为 1 的元素是用户的职业，通过 for 循环将所有用户的职业提取到一个新的列表中并输出。

```
1. consumer = {'Bob':[39,'services','university.degree'],
2.             'Alice':[30,'blue-collar','basic.9y'],
3.             'Carol':[25,'services','basic.9y']}
```

```
4. job = [ ]
5. for key in consumer:
6.     job.append(consumer[key][1])
7. print(job)
8. ---------------------
9. ['services','blue-collar','services']
```

由于字典中的项没有顺序的概念，即在循环中每一项都会被处理，但处理的顺序不确定，所以对于顺序很重要或有特殊要求的情况，可以结合列表进行处理。

（3）循环的嵌套

循环也可以进行嵌套。在下面这个例子中，consumer 记录着用户的姓名、年龄、学历、职业和是否购买某金融产品，但每个用户信息记录的格式不统一（对应的列表中元素的顺序不同），现要从中找出购买了产品的用户的信息。

```
1. consumer = {'Bob':['yes',39,'university.degree','services'],
2.             'Alice':['blue-collar','yes',30,'basic.9y'],
3.             'Carol':['services','no','basic.9y',25]}
4. bought = [ ]
5. for key in consumer:
6.     for i in consumer[key]:
7.         if (i == 'yes'):
8.             bought.append((key,consumer[key]))
9. print(bought)
10. ---------------------
11. [('Bob',['yes',39,'university.degree','services']),('Alice',['blue-collar',
    'yes',30,'basic.9y'])]
```

（4）break 与 continue 结束循环

一般地，while 循环会进行到条件为假，for 循环会在遍历序列或字典等可迭代对象的每个元素后结束。但有时需要提前结束循环，此时可使用 break 和 continue 语句。break 语句结束整个循环，如：

```
1. for i in range(5):
2.     if (i == 2):
3.         break
4.     print(i)
```

```
5. ----------------------
6. 0
7. 1
```

而 continue 语句只结束当前的迭代，进行下一轮迭代，但不结束整个循环。

```
1. for i in range(5):
2.      if (i = = 2):
3.          continue
4.      print(i)
5. ----------------------
6. 0
7. 1
8. 3
9. 4
```

（5）for else 语句

for else 语句指在进行完 for 循环后，执行 else 语句中的代码块，如：

```
1. x=[1,2,3,4]
2. for i in x:
3.      print(i)
4. else:
5.      print('no bug')
6. ----------------------
7. 1
8. 2
9. 3
10. 4
11. no bug
```

for else 语句与 break 语句联合使用时会有更大的作用。break 语句会结束整个循环，使得 for 循环不会遍历序列、字典等可迭代对象中的每一个元素，有时需要利用这一点，如根据循环是否遍历了每个元素来决定接下来的操作。

```
1. x = [1,2,'bug',4]
2. for i in x:
```

```
3.     if (i = = 'bug'):
4.         print('find bug')
5.         break
6.     else:
7.         print('no bug')
8. ----------------------
9. find bug
```

可以看出，若 break 语句被执行，则不再执行 else 语句中的代码。

(6) while True/break 语句

while True 的条件一直为真，循环会一直进行，通过添加 if/break 语句可以在满足条件时结束循环。这样的组合可以解决循环中不确定循环次数的问题，或是循环次数过多的问题，如设计一个录入员工姓名的程序（事先并不知道将录入名字的个数），规定只有在用户输入“end”时结束录入，代码如下：

```
1. employee = []
2. while True:
3.     new = input('添加员工姓名(输入 end 停止):')
4.     if (new = = 'end'):
5.         break
6.     employee.append(new)
7. print(employee)
8. ----------------------
9. 添加员工姓名(输入 end 停止):Alice
10. 添加员工姓名(输入 end 停止):Bob
11. 添加员工姓名(输入 end 停止):end
12. ['Alice','Bob']
```

4.2.2 迭代方式

(1) 并行迭代

并行迭代指同时循环迭代两个甚至多个序列。比如，若需要了解每个人的姓名和年龄，则应该循环迭代 names 和 ages 这两个列表。一种常用的方法是迭代其中一个列表索引，利用该索引取出不同列表中的对应元素。

```
1. names = ['Alice','Bob','Carol']
2. ages = [30,39,25]
3. for i in range(len(names)):
4.     print('%s is %s years old.' % (names[i],ages[i]))
5. ---------------------
6. Alice is 30 years old.
7. Bob is 39 years old.
8. Carol is 25 years old.
```

zip 函数也可以用于并行迭代，该函数将两个或多个序列“压缩”在一起，返回一个由元组构成的列表。如下代码便实现了 names、ages 和 jobs 三个列表的并行迭代：

```
1. names = ['Alice','Bob','Carol']
2. ages = [30,39,25]
3. jobs = ['blue-collar','services','services']
4. for name,age,job in zip(names,ages,jobs):
5.     print('%s:%s years old,%s' % (name,age,job))
6. ---------------------
7. Alice:30 years old,blue-collar
8. Bob:39 years old,services
9. Carol:25 years old,services
```

对于不等长的多个序列，zip 以最短序列的长度为准进行匹配。

(2) 编号迭代

在迭代时有时需要获取当前迭代对象的索引，如在员工信息列表中查找某个部门的员工并获得该员工信息的索引：

```
1. employee = [('Alice','A 部门',4000),('Bob','A 部门',3500),
2. ('Carol','B 部门',5000),('Dave','A 部门',2500)]
3. A_employee = []
4. for i in employee:
5.     if (i[1] == 'A 部门'):
6.         A_employee.append((employee.index(i),i[0]))
7. print(A_employee)
8. ---------------------
9. [(0,'Alice'),(1,'Bob'),(3,'Dave')]
```

也可以使用内置的 enumerate 函数。

```
1. employee = [('Alice','A 部门',4000),('Bob','A 部门',3500),
2.             ('Carol','B 部门',5000),('Dave','A 部门',2500)]
3. A_employee = []
4. for index,i in enumerate(employee):
5.     if (i[1] == 'A 部门'):
6.         A_employee.append((index,i[0]))
7. print(A_employee)
8. ---------------------
9. [(0,'Alice'),(1,'Bob'),(3,'Dave')]
```

（3）翻转与排序迭代

在迭代中有时要实现序列的前后翻转或排序，可以使用 reversed 和 sorted 函数，它们能作用于所有序列或其他可迭代对象，不修改对象本身，而是返回翻转或排序后的列表或可迭代对象。

```
1. >>>sorted('python')
2. ['h','n','o','p','t','y']
3. >>>reversed('python')
4. <reversed at 0x230ec377978>
5. >>>list(reversed('python'))
6. ['n','o','h','t','y','p']
```

4.2.3 排序

常用的排序算法有冒泡排序、快速排序、直接排序等，这些算法可以通过循环、条件语句来实现，这里以冒泡排序（由小至大，共 n 个元素）为例。

冒泡排序的思路为：

①从序列最左端的第一个元素开始，将其与相邻元素进行比较，若相邻元素大于该元素，则保持不变，同时操作元素替换为相邻元素，否则交换两者的位置。依次进行比较与调整，第一轮结束后，列表中最大的元素位于最右端。

②对序列前 $n-1$ 个元素再进行①中的操作，整个冒泡排序共进行 $n-1$ 轮比较。

代码实现如下：

```
1. def bubble_sort(L):#定义冒泡排序函数
2.     length = len(L)
```

```
3.     for x in range(1,length):# 进行 length - 1 轮交换
4.         for i in range(0,length - x):# 每轮交换针对剩余的前 length - x 个
           元素
5.             if L[i] > L[i + 1]:# 比较相邻元素之间的大小,符合条件进行
               交换
6.                 temp = L[i]
7.                 L[i] = L[i + 1]
8.                 L[i + 1] = temp
9.     return L
10.
11. number = [2,9,3,17,8,5]
12. bubble_sort(number)
13. print(number)
14. ---------------------
15. [2,3,5,8,9,17]
```

4.3 列表推导式与其他语句

4.3.1 列表推导式

有时需要根据一个列表创建新的列表，前面学过的 for 循环就可以实现这一点，如：

```
1. result = []
2. for x in range(5):
3.     y = x ** 2
4.     result.append(y)
5. print(result)
6. ---------------------
7. [0,1,4,9,16]
```

但用列表推导式实现这一功能只需一行简短的代码。

```
1. >>>[x ** 2 for x in range(5)]
2. [0,1,4,9,16]
```

列表推导式会遍历 for 后的可迭代对象，并对每个元素按照 for 前的表达式进行运算，以运算结果为新列表的元素，并最终返回新列表。列表推导式中也可以添加条件语句或进

行循环嵌套。

```
1. >>>[x * * 2 for x in range(10) if (x % 2 = = 0)]
2. [0,4,16,36,64]
```

```
1. >>>[x * y for x in range(1,3) for y in range(1,4)]
2. [1,2,3,2,4,6]
```

由于列表推导式简短方便，因此它经常用于 for 循环结构和 if 条件不复杂的情况中，但对于三层以上 for 循环、if 条件复杂的情况，列表推导式的可读性就不高了，此时还是使用 for 循环语句更为方便。

4.3.2 其他语句

（1）pass 语句

在使用 if 语句进行条件筛选时，有时想要仅对某个条件不执行任何操作，即该 if 语句的代码块为空。但在 Python 中空代码块是非法的，解决这一问题可以在空代码块的位置加上 pass 语句。

```
1. name = 'Alice'
2. if (name = = 'Bob'):
3.     print('Welcome!')
4. elif (name = = 'Alice'):
5.     pass
6. else:
7.     print('Access Denied')
```

（2）del 语句

del 语句用于移除对象。

```
1. x = [1,2,3,'python']
2. del x[1]
3. print(x)
4. ---------------------
5. [1,3,'python']
```

（3）eval 语句

eval 语句用于计算以字符串形式书写的 Python 表达式。

```
1. >>>eval('list(\'python\')')
2. ['p','y','t','h','o','n']
```

4.4　思考练习题

1. 请分别举出几个需要使用条件与循环的实际情况。

2. 假设用一个字典记录“学生—成绩”信息，现在需要将成绩高于 87 分的学生的姓名提取出来，应该如何实现?

3. 数学领域中有一个著名的冰雹猜想：给定一个正整数，如果它是奇数，则下一步将它乘以 3 后加 1；如果它是偶数，则下一步将它除以 2。该猜想认为所有正整数最后都会落入 4—2—1 的循环。请尝试用 Python 编程，验证 1～10 000 是否都符合冰雹猜想。

4. 书中介绍了用冒泡算法实现从小到大排序。请将其改写成从大到小排序。

5. 如果使用 if-elif-else 进行多次判断，判断条件的顺序会对程序的运算结果和运算速度造成影响吗?

6. 通过转义字符“\t”（横向制表符）和“\n”（换行符），储存在字符串中的数据能够以表格的形式展示出来。例如：

```
1. >>>data = '序号\t姓名\t分数\n1\t张三\t95\n2\t李四\t96\n'
2. >>>data
3. 序号姓名得分
4. 1 张三 95
5. 2 李四 96.4
6. ……
```

现在需要用 Python 完成下列任务：

（1）将所有得分四舍五入取整。

（2）计算所有得分在 80～89 范围内的学生的平均得分及标准差。

第 5 章　函数与类

在学习了基本语句后，我们能够通过编写代码解决一些问题，比如录入不确定数量的员工姓名。但如果需要分批次录入员工姓名，是否在每一次都要重新写代码呢？在实现二分查找时，需要不断地判断目标是否在某个范围中，对于这种不断进行条件筛选的问题我们又该如何处理呢？答案就是使用函数。此外，本章还将介绍更抽象的类，它具有多态、封装、继承等优点，学习类能够加深对 Python 的理解——一门面向对象的语言。

5.1　函数

在第 2 章中我们已经介绍过 Python 的一些内置函数，如求幂函数 pow( )。如果没有这个函数，要计算 2 的 10 次方只能将 10 个 2 相乘，但使用这个函数可以直接实现求幂的功能。因此，函数在 Python 编程中起着重要的作用，它能提高代码运行的效率、增强代码可读性，Python 除了有内置函数外，也可以自定义函数。

5.1.1　创建

（1）def 语句

定义函数要使用 def 语句，如：

```
1. def hello(name):
2.     print('Hello, %s!' % name)
3. return 0
```

上面这段代码定义了一个函数名为“hello”、返回值为 0 的函数，调用这个函数时需要提供一个参数，该函数会打印出“'Hello,%s'%name”表达式的值，并返回 0，如：

```
1. >>>hello('python')
2. Hello,python!
3. 0
```

（2）return

return 语句用于从函数中返回值。以获得斐波那契数列列表的函数为例，斐波那契数列从第三项开始，每一项都等于前两项之和，如：0，1，1，2，3，5，8，…，可以定义一个函数，以项数为参数，返回相应长度的斐波那契数列。在调用函数时，需要一个变量来接收函数的返回值，如下列例子中，函数返回值被赋值给 fibs _ 10 变量。

```
1. def fibs(n):
2.     results = [0,1]
3.     for i in range(n - 2):
4.         results.append(result[ - 2] + result[ - 1])
5.     return results
6.
7. fibs _ 10 = fibs(10)
8. print(fibs _ 10)
9. ---------------------
10. [0,1,1,2,3,5,8,13,21,34]
```

函数也可以返回多个值，这多个值作为一个元组的元素存在，若用一个变量去接收返回值，则该变量的类型就是元组；若用与元素数量相等的变量去接收返回值，则各变量与元组中的各元素一一匹配，如：

```
1. def fibs(n):
2.     results = [0,1]
3.     for i in range(n - 2):
4.         results.append(result[ - 2] + result[ - 1])
5.     return results,results[ - 1]
6.
7. x1 = fibs(10)
8. print(x1)
9. ---------------------
10. ([0,1,1,2,3,5,8,13,21,34],34)
11. x2,x3 = fibs(10)
12. print(x2,x3)
13. ---------------------
14. [0,1,1,2,3,5,8,13,21,34] 34
```

也可以选择性地接收返回值，如：

```
15. x4 = fibs(10)[1]
16. print(x4)
17. ----------------------
18. 34
```

若 return 语句后不加返回值，则该函数的返回值为 None，此时 return 语句只是起到结束函数的作用。

（3）记录函数

给函数写文档能增强使用者对函数的理解，可以通过在函数中添加文档字符串进行说明，文档字符串会作为函数的一部分被储存，如：

```
1. def fibs(n):
2.     'Calculate the Fibonacci sequence of length x'
3.     results = [0,1]
4.     for i in range(n - 2):
5.         results.append(result[ - 2] + result[ - 1])
6.     return results
```

正常调用函数时并不会显示文档，需要通过以下方式访问。

```
7. print(fibs. __doc__)
8. ----------------------
9. Calculate the Fibonacci sequence of length x
```

__doc__是函数的属性，doc 两边为双下划线，表明它是一个特殊属性。查看函数文档也可以通过 Python 内置的 help 函数。

```
1. print(help(fibs))
2. ----------------------
3. Help on function fibs in module __main__:
4.
5. fibs(n)
6. Calculate the Fibonacci sequence of length x
7.
8. None
```

5.1.2　参数

def 语句中函数名后括号中的变量是函数的形式参数，调用函数时提供的值为实际参数，也叫参数。参数可以来自函数外的变量，对于字符串、数字、元组等不可变的数据类型来说，调用函数时函数获得的参数相当于外界的变量将值输入函数中，函数内部对参数进行的操作并不会影响外界的变量，可以理解为参数储存在局部作用域（local scope）中。

```
1. def change(x,y):
2.     x = y
3.     return x
4. m = 5
5. n = 10
6. m_change = change(m,n)
7. print(m,m_change)
8. --------------------
9. 5 10
```

上述代码中，变量 m 将值 5 作为函数 change 的参数，函数对其重新赋值并返回结果。m_change 的值为 10，说明函数确实对参数进行了相应处理；m 的值仍为 5，验证了对于不可变数据类型的变量来说，函数内部对参数进行的操作并不会影响外界的变量。

但对于列表等可变数据类型来说，调用函数时传入的参数并非值本身，而是相应的储存地址，所以在函数内部改变了参数时，相应的函数外的变量的值也会随之变化，如：

```
1. def change(x,y):
2.     x[0] = y[0]
3.     return x
4. m = [5,10]
5. n = [10,10]
6. m_change = change(m,n)
7. print(m,m_change)
8. --------------------
9. [10,10] [10,10]
```

（1）关键字参数

前面提到的参数为位置参数，它们通过位置相互区分，下面两个函数的作用是相同的。

```
1. def introduce1(name,age):
2.      return '%s is %s years old.' % (name,age)
3.
4. def introduce2(age,name):
5.      return '%s is %s years old.' % (name,age)
6.
7. print(introduce1('Alice',25))
8. print(introduce2(25,'Alice'))
9. ---------------------
10. Alice is 25 years old.
11. Alice is 25 years old.
```

关键字参数通过参数名来区分，与顺序无关，但应注意参数名与值的对应。

```
12. print(introduce1(age = 25,name = 'Alice'))
13. ---------------------
14. Alice is 25 years old.
```

关键字参数可以在定义函数时给定默认值，调用函数时提供参数就不是必需的了，可以不提供、提供部分或提供全部，如：

```
1. def introduce(name = 'John',age = 20):
2.      return '%s is %s years old.' % (name,age)
3.
4. print(introduce())
5. print(introduce(age = 25))
6. ---------------------
7. John is 20 years old.
8. John is 25 years old.
```

关键字参数与位置参数可以联合使用，但必须把位置参数放在前面，如：

```
1. def introduce(name,age,more = 'That\'s all I know.'):
2.     return '%s is %s years old. %s' % (name,age,more)
3.
4. print(introduce('John',20))
5. ---------------------
```

```
6. John is 20 years old. That's all I know.
```

(2) 收集参数

有的函数允许用户提供任意多个参数，可以通过以下形式实现：

```
1. def func( * x):
2.       return x
3.
4. print(func(1,2,3))
5. ---------------------
6. (1,2,3)
```

通过在参数前面加“ * ”，可以实现接收任意多个参数并将所有值“收集”在一个元组中。这种带星号的参数可以与普通参数联合使用，此时需要将普通参数放在前面，带星号的参数用来收集之后位置的所有参数，如：

```
1. def func(first, * x):
2.       return x
3.
4. print(func(1,2,3,4))
5. ---------------------
6. (2,3,4)
```

若普通参数 first 后不再提供任何供收集的参数，则“ * x”为空元组。

```
7. print(func(1))
8. ---------------------
9. ()
```

“ * ”也可以执行相反的操作，在调用函数时将元组中的每个元素依序作为函数的参数，如：

```
1. def add(x,y):
2.       return x + y
3.
4. a = (1,2)
5. print(add( * a))
```

```
6. ----------------------
7. 3
```

另一种收集关键字参数的方法为在参数名前加“＊＊”，将参数以字典形式储存，如：

```
1. def func(**x):
2.       return x
3.
4. print(func(a = 1,b = 2,c = 3))
5. ----------------------
6. {'c':3,'b':2,'a':1}
```

将关键字参数名作为字典的键，参数值作为对应键的值进行储存。与“＊”相同，“＊＊”也可以进行反操作，即在调用函数时，将字典作为参数，但应注意，函数定义或调用必须同时加双星号或同时不加。

```
1. def func(**x):
2.       print(x['name'],'is',x['age'],'years old.')
3.       return 0
4.
5. condict = {'name':'Alice','age':25}
6. print(func(**condict))
7. ----------------------
8. Alice is 25 years old.
9. 0
```

5.1.3 作用域

调用函数时，新的命名空间就创建了，函数内代码块的操作均在该命名空间中进行，不影响函数外的变量。相比于函数外的作用域，该命名空间为内部作用域，函数内的变量为局部变量（local variable），与全局变量相对。参数与局部变量类似，所以也可以用全局变量的名字作为参数名。下面的例子说明了在函数中对与全局变量名相同的局部变量进行操作不会影响全局变量：

```
1. x = 5
2. def func(a):
3.       x = a + 5
```

```
4.      return x
5. print(func(x))
6. print(x)
7. ----------------------
8. 10
9. 5
```

当函数内的参数名或局部变量名与所要访问的全局变量名相同时，直接访问全局变量就无效了，局部变量会将其屏蔽，此时可以使用 globals 函数。globals 函数会返回全局变量的字典，访问全局变量可以通过“globals( )['变量名']”实现。

```
1. x = 5
2. def func():
3.      x = globals()['x'] + 5
4.      return x
5. print(func())
6. ----------------------
7. 10
```

5.1.4　递归

函数内可以调用其他函数，也可以调用自身。递归指的就是函数对自身的调用。如定义一个求参数 n 的阶乘的函数，不使用递归的实现方式如下：

```
1. def factorial1(n):
2.      results = 1
3.      for i in range(1,n+1):
4.          results *= i
5.      return results
6.
7. print(factorial1(5))
8. ----------------------
9. 120
```

如果使用递归，那么代码中不需要循环语句就能实现，如：

```
1. def factorial2(n):
```

```
2.     results = 1
3.     if (n = = 1):
4.         return results
5.     else:
6.         results = n * factorial2(n-1)
7.         return results
8.
9. print(factorial2(5))
10. ----------------------
11. 120
```

（1）二分查找法

二分查找是在有序序列中查找元素的一种方法。原理是将一个有序序列一分为二，判断所查找的元素在哪一部分，再将该部分继续分为平均的两部分，重复这一查找操作，直至找到目标元素。通过递归的思想可以定义这一查找函数。

```
1. def search(sequence, number, left, right):
2.     if (left = = right):
3.         if (number = = sequence[right]):
4.             return right
5.         else:
6.             return" Not Found!"
7.     else:
8.         middle = (left + right) // 2
9.     if (number > sequence[middle]):
10.          return search(sequence, number, middle + 1, right)
11.      else:
12.          return search(sequence, number, left, middle)
13.
14. sequence = [7,5,9,2,6,11,8,20]
15. sequence. sort()
16. print(search(sequence, 11, 0, len(sequence) - 1))
17. print(search(sequence, 12, 0, len(sequence) - 1))
18. ---------------------
19. 6
```

```
20. Not Found!
```

（2）快速排序

前面介绍了冒泡排序法，这里将介绍快速排序法。快速排序原理是：先任选序列中的一个数作为关键数据（通常选第一个数），将所有比它大的放在它后面，将所有比它小的放在它前面，这样就完成了一趟快速排序，以这个找到位置的数为分界，分别对前面和后面两个子序列中的第一个元素进行重复操作，如此迭代，完成最终的排序。

```
1. def quick_sort(sequence):
2.     if len(sequence) < 2:
3.         return sequence
4.     else:
5.         pivot = sequence[0]
6.         left = [i for i in sequence[1:] if i < pivot]
7.         right = [i for i in sequence[1:] if i >= pivot]
8.         return quick_sort(left) + [pivot] + quick_sort(right)
9.
10. sequence = [7,5,9,2,6,11,8,20]
11. print(quick_sort(sequence))
12. ---------------------
13. [2,5,6,7,8,9,11,20]
```

5.2　类

5.2.1　对象

对象（object）是什么？它有哪些优点？实际上，我们已经学习过 Python 的主要内置对象了，即前面介绍的数字、字符串、列表、元组、字典与集合。既然函数可以自定义，那么对象是否可以自定义呢？答案是肯定的，创建对象是 Python 的核心概念。对象可以看作由数据（属性）及一系列可以存取、操作这些数据的方法组成，对象的优点主要是：多态（polymorphism）、封装（encapsulation）、继承（inheritance），了解这三点有助于加深对对象的理解。

（1）多态

在定义一个新函数时有时会遇到这样的问题：想要使函数对传入的不同类型的参数实现相同的函数功能。解决这一问题可以通过在函数内使用条件语句对参数类型进行区分，从而进行有差异的操作，最终实现相同的函数功能。但当传入的参数类型太多或不可预测时，使用条件语句就会降低效率，而多态可以解决这一问题。多态指可以对不同类的对象使用相同的操作，这在字符串、列表、字典方法中有所体现：

```
1. >>>'object'. count('b')
2. 1
3. >>> [1,21,'x']. count(1)
4. 1
```

方法（method）是绑定到对象特性上的函数，上述 count 方法就能对不同类型的对象进行相同的操作。多态也意味着即使不知道对象的类型是什么，只要已知该对象有这种方法，就可以对其进行操作。

（2）封装

封装指对外部隐藏对象的工作细节，使外部可以不关心对象如何构建而直接使用。关于对象自身的一些描述性信息被“封装”在对象内，这些信息称为对象的属性（attribute），而对象中的方法可以访问、改变属性。

（3）继承

在创建一个类时，如果已经有了另一个满足其基本属性、方法的类，就无须重新创建这个新类，只需要在已有类的基础上进行增改，这就是继承，更多内容见“子类与超类”一节。

5.2.2 类的创建

类是一种对象的概括，相应地，每一个对象都属于某一个类，称为类的实例（instance），如某一只狗是“犬类”的实例。如果这只狗是哈士奇，那么它也是“哈士奇类”的实例，类似于数学集合中子集的概念，这里的“哈士奇类”就是“犬类”的子类（subclass），而“犬类”就是“哈士奇类”的超类（superclass）。Python 中类的命名习惯上使用单数名词且首字母大写，如 Dog。

创建类要使用 class 语句，如：

```
1. class Employee:
2.     def setName(self,name):
3.         self. name = name
4.     def setAge(self,age):
5.         self. age = age
6.     def getInfo(self):
7.         return 'Name: % sAge: % d' % (self. name,self. age)
```

上述代码创建了一个类名为 Employee 的类，并在类中定义 setName、setAge、getInfo 三个方法，形式类似于函数定义。注意到 self 参数比较特殊，每个方法中都有这个参数，它表示对于对象自身的引用，如 self. age 表示调用对象的 age 属性，下面通过创建实例来进一步理解 self 参数。

```
8. a = Employee()
9. a. setName('Alice')
10. a. setAge(25)
11. print(a. getInfo())
12. ---------------------
13. Name:AliceAge:25
```

由此看出，在调用 a 对象的 setName 等方法时，并不需要提供参数 self，a 对象自动将自己作为第一个参数传入方法中，因此第一个参数总是形象地命名为 self。

可以将外部的函数绑定在某个对象的方法上，如：

```
14. def hello():
15.     return 'Hello!'
16.
17. a. greet = hello
18. print(a. greet())
19. ---------------------
20. Hello!
```

也可以用变量来引用一个对象的方法，如：

```
21. info = a. getInfo
22. print(info())
23. ---------------------
24. Name:AliceAge:25
```

info( ) 的调用方法看似与函数的调用方法相同，但实际与代码 a. getInfo( ) 相同，仍绑定在 a 对象上，涉及 self 参数的访问。

5. 2. 3　私有化与类的命名空间

(1) 私有化

创建类时有时希望某些属性或方法是私有的，即外部不能访问，只能由类内部的方法访问。但 Python 并不直接支持私有方式，在默认情况下，可以从外部访问一个对象的属性，例如在下列代码中，从外部更改了对象 a 的 age、name 属性的值。

```
1. class Employee:
2.     age = 18
3.     name = 'unknown'
4.     def setName(self,name):
5.         self.name = name
6.     def setAge(self,age):
7.         self.age = age
8.     def getInfo(self):
9.         return 'Name: %sAge: %d' % (self.name,self.age)
10.
11. a = Employee()
12. print(a.getInfo())
13. ---------------------
14. Name:unknownAge:18
15.
16. a.name = 'Alice'
17. a.age = 25
18. print(a.getInfo())
19. ---------------------
20. Name:AliceAge:25
```

但使用一些"名称变换术"可以使得方法或特性不能直接从外部访问，只要在需要隐藏的方法或属性名字前加双下划线即可，如：

```
1. class Employee:
2.     __age = 18
3.     __name = 'unknown'
4.     def __setName(self,name):
5.         self.__name = name
6.     def __setAge(self,new_age):
7.         self.__age = new_age
8.     def getInfo(self):
9.         return 'Name: %sAge: %d' % (self.__name,self.__age)
```

此时执行代码 b.name 或 b.setName（'Alice'）时，解释器都会报错，但类内部的

getInfo 依然能访问 __name 属性。

```
10. b = Employee()
11. print(b. __name)
12. b. setName('Alice')
13. b. __setName('Alice')
14. ---------------------
15. AttributeError:'Employee' object has no attribute '__name'
16. AttributeError:'Employee' object has no attribute 'setName'
17. AttributeError:'Employee' object has no attribute '__setName'
18.
19. print(b. getInfo())
20. ---------------------
21. Name:unknownAge:18
```

这样就实现了绝对的私有化吗？并不是这样的。实际上，所有以双下划线开始的名字都会被翻译成前面加上单下划线加类名的形式，用这种形式在外部依然可以进行访问。

```
22. b. _Employee__setName('Alice')
23. print(b. _Employee__name)
24. ---------------------
25. Alice
```

（2）类的命名空间

与函数中的代码有自己的作用域相似，class 语句中的所有代码也都在特殊的空间执行，这一特殊空间叫作类命名空间（class namespace），可以由类内的所有成员访问。

```
1. class Sum:
2.     total = 0
3.     def init(self,number):
4.         Sum. total += number
5.
6. s1 = Sum()
7. s2 = Sum()
8. s1. init(2)
9. print(s2. total)
10. ---------------------
```

```
11. 2
```

由于 init 方法中 total 前并非 self，而是类名 Sum，所以不论哪个 Sum 的对象调用 init 方法，都会访问类的属性 total 并进行同样的操作，所以在上述示例中，对象 s1 调用 init 方法，使得对象 s2 的属性 total 发生了变化。但如果是对某个对象的某个属性进行操作，其他对象的同一属性不会变化，如：

```
12. s1. total = 10
13. print(s1. total)
14. print(s2. total)
15. ---------------------
16. 10
17. 2
```

5.2.4 子类与超类

(1) 指定超类

子类对超类的继承能够使代码更为简洁，避免重复的工作，创建子类时需要指定超类，通过在子类名后加（超类名）来实现。

```
1. class Animal:
2.      def init(self):
3.          self. call = ''
4.      def sing(self):
5.          print('%s!' % self. call)
6.      def eat(self):
7.          print('I\'m eating…')
8.
9. class Cat(Animal):
10.     def init(self):
11.         self. call = 'Meow'
```

Cat 类继承了 Animal 类的方法，并重写了 init 方法，所以 Cat 类不用重新定义 sing、eat 方法，其对象也可以调用这些方法。

```
12. cat = Cat()
13. cat. init()
```

```
14. cat.sing()
15. cat.eat()
16. ----------------------
17. Meow!
18. I'm eating…
```

（2）检查继承

检查一个类是否为另一个类的子类，可以使用 issubclass 函数，它能判断第一个参数是否为第二个参数的子类，并返回布尔值 True 或 False。

```
19. print(issubclass(Cat,Animal))
20. ----------------------
21. True
```

在 Python 中，所有类最顶层的超类都是 object 类，可以使用 Python 中类的内置特性 __bases__来查看类的超类。

```
22. print(Animal.__bases__)
23. ----------------------
24. (<class 'object'>,)
25.
26. print(Cat.__bases__)
27. ----------------------
28. (<class '__main__.Animal'>,)
```

检查一个对象是否为一个类的实例，可以使用 isinstance 函数。

```
29. print(isinstance(cat,Cat))
30. ----------------------
31. True
32.
33. print(isinstance(cat,Animal))
34. ----------------------
35. True
```

同样地，要直接查看一个对象所属的类可以使用 __class__属性。

```
36. print(cat.__class__)
```

```
37. --------------------
38. <class '__main__.Cat'>
```

（3）多个超类

子类可以继承多个超类，指定超类时指定多个即可。

```
1. class Animal:
2.     def init(self):
3.         self.call = 'Ahaha'
4.     def sing(self):
5.         print('%s!' % self.call)
6.
7. class Action:
8.     def eat(self):
9.         print('I\'m eating…')
10.    def sing(self):
11.        print('nothing')
12.
13. class Cat(Animal,Action):
14.    pass
```

若继承的多个超类中有名字相同的不同方法，那么指定超类的顺序就很重要了，先指定的超类中的方法会重写后指定的超类中的方法。在下面的代码示例中，先指定 Animal 类，所以 sing 方法是 Animal 中的方法。

```
15. cat = Cat()
16. cat.init()
17. cat.eat()
18. cat.sing()
19. --------------------
20. I'm eating…
21. Ahaha!
```

5.2.5 特殊方法

在 Python 中，类似于 __init__ 这种名称前后各有两条下划线的方法为特殊方法（有关特殊方法见表 5-1），在自己的程序中应避免使用这种命名方式。

表 5-1　Python 内置的特殊方法

特殊方法	说明
__doc__	输出类的描述信息
__module__	输出当前对象所在模块
__class__	输出当前对象所在类
__init__	构造方法，创建对象时自动执行
__del__	析构方法，当对象在内存中被释放时自动执行
__call__	对象名后加括号触发执行
__dict__	查看类或对象中的所有成员
__str__	打印对象时默认输出该方法的返回值
__getitem__	获取对象中的某元素
__setitem__	设置对象中的某元素
__delitem__	删除对象中的某元素
__new__	用于创建实例
__metaclass__	定义一个类如何被创建

__init__是构造方法，该方法的特殊之处是：一个对象被创建后会自动调用 __init__ 方法，起到初始化的作用。

```
1. class Animal:
2.     def __init__(self):
3.         self.call = 'Ahaha'
4.     def sing(self):
5.         print('%s!' % self.call)
6.
7. cat = Animal()
8. cat.sing()
9. --------------------
10. Ahaha!
```

构造方法也可以接收传入参数。

```
1. class Animal:
2.     def __init__(self,newcall):
3.         self.call = newcall
4.     def sing(self):
5.         print('%s!' % self.call)
6.
7. cat = Animal('Meow')
8. cat.sing()
```

```
9. ----------------------
10. Meow!
```

在子类对超类的继承中提到，子类可以重写超类的方法。对于构造方法，如果子类和超类都有不同的构造方法，那么在创建子类的对象时，子类的构造方法会覆盖超类的构造方法，即子类对象并不会进行超类的初始化。如：

```
1. class Animal:
2.       def __init__(self):
3.           self.hungry = True
4.       def eat(self):
5.           if (self.hungry):
6.               print('I\'m eating')
7.           else:
8.               print('No, I\'m full. Thank u!')
9.
10. class Cat(Animal):
11.       def __init__(self):
12.           self.call = 'Meow'
13.       def sing(self):
14.           print('%s!' % self.call)
15.
16. cat = Cat()
17. cat.sing()
18. ----------------------
19. Meow!
20.
21. cat.eat()
22. ----------------------
23. AttributeError:'Cat' object has no attribute 'hungry'
```

为了解决这个问题，可以在子类的构造方法中调用超类的构造方法，如：

```
10. class Cat(Animal):
11.       def __init__(self):
12.           self.call = 'Meow'
```

```
13.            Animal. __init__(self)
14.        def sing(self):
15.            print('%s!' % self.call)
16.
17. cat = Cat()
18. cat.eat()
19. ---------------------
20. I'm eating
```

注意，调用超类的构造方法时需要写出 self 参数，因为直接调用类的构造方法时没有对象被绑定，需要通过 self 参数来将其绑定在子类的对象上。还可以使用 super 函数调用超类的构造方法，如：

```
10. class Cat(Animal):
11.        def __init__(self):
12.            self.song = 'Meow'
13.            super().__init__()
14.        def sing(self):
15.            print('%s!' % self.song)
16.
17. cat = Cat()
18. cat.eat()
19. ---------------------
20. I'm eating
```

5.2.6 迭代器

迭代指重复做一些事，如通过 for 循环对序列、字典等可迭代对象进行迭代，但在一些问题上，对序列、字典进行迭代并不是解决问题的最好方法。例如，想要找出斐波那契数列中第一个大于 1 000 的数，如果通过定义 fibs 函数并结合 for 循环来解决问题，就会遇到困难：

```
1. def fibs(n):
2.        results = [0,1]
3.        for i in range(n-2):
4.            results.append(result[-2] + result[-1])
```

```
5.        return results
6.
7. for i in fibs(50):
8.        if i > 1000:
9.            print(i)
10.           break
11. ---------------------
12. 1597
```

在上述代码中，for 循环中调用 fibs 函数时需要给出参数 n 的值，但由于不知道第一个大于 1 000 的数出现的范围，所以只能估计一个较大的值。这样虽然解决了问题，却创建了一个长度为 50 的列表，占用了较大的内存，而使用迭代器可以更好地解决这一问题。

迭代器（iterator）是具有 __next__ 方法的对象，调用 __next__ 方法时，迭代器会返回它的下一个值，若没有下一个值，则会引发 StopIteration 异常。相比于列表一次获得所有值，迭代器可以需要一个值时获取一个值，并且迭代器更通用、更简单。

（1）iter 函数与 next 函数

Python 的内置函数 iter 以字符串、列表、元组、字典、集合等可迭代对象为参数，以转换后的迭代器为返回值，不改变作为参数的可迭代对象本身的值，如：

```
1. a = [1,2,3,4]
2. b = iter(a)
3. print(type(a),type(b))
4. ---------------------
5. <class 'list'> <class 'list_iterator'>
```

内置函数 next 以迭代器为参数，返回值为迭代器的下一个元素的值。上述例子得到了一个迭代器 b，寻找迭代器 b 中第一个大于 2 的元素的代码如下：

```
6. while True:
7.        x = next(b)
8.        if (x > 2):
9.            print(x)
10.           break
11. ---------------------
12. 3
```

(2) 迭代器类的创建与使用

若要通过迭代器解决上述斐波那契数列的问题，就需要自定义一个迭代器，该类中要包括 __next__方法与 __iter__方法，其中， __next__方法用于说明迭代方法， __iter__用于返回迭代器。

```
1. class Fibs:
2.     def __init__(self):
3.         self.a = 0
4.         self.b = 1
5.     def __next__(self):
6.         self.a,self.b = self.b,self.a+self.b
7.         return self.a
8.     def __iter__(self):
9.         return self
```

在定义了 Fibs 迭代器类后，可以与 for 循环结合来寻找斐波那契数列中第一个大于 1 000 的数，代码如下：

```
10. fibs = Fibs()
11. for x in fibs:
12.     if (x > 1 000):
13.         print(x)
14.         break
15. --------------------
16. 1 597
```

(3) 从迭代器得到序列

迭代器也能转换为序列，从而可以直接查看迭代器中的元素。例如获取斐波那契数列中小于 1 000 的元素列表，代码如下。

```
1. class Fibs:
2.     def __init__(self):
3.         self.a = 0
4.         self.b = 1
5.     def __next__(self):
6.         self.a,self.b = self.b,self.a+self.b
```

```
7.          if (self.a > 1 000):
8.              raise StopIteration # 抛出异常,使迭代终止
9.          return self.a
10.     def __iter__(self):
11.         return self
12.
13. fibs = Fibs()
14. print(list(fibs))
15. ---------------------
16. [1,1,2,3,5,8,13,21,34,55,89,144,233,377,610,987]
```

5.3 思考练习题

1. 请举出几个需要设置函数参数默认值的实际例子。

2. 局部变量与全局变量有哪些区别？它们分别适用于哪些情况？

3. 使用递归函数和使用循环语句有哪些区别与联系？请使用递归函数实现第 4 章思考练习题 3 中的冰雹猜想。

4. 类内的方法与类外的函数有哪些区别？

5. 1948 年，香农提出了“信息熵”的概念，解决了对信息的量化度量问题。信息熵的公式是：

$$H(x)=-\sum_{x}p(x)*\log_2 p(x)$$

假设一盏红绿灯显示红、黄、绿三色的概率表示为向量（1/3，1/3，1/3）。那么这盏灯的信息熵是：

$$\begin{aligned}H(x)&=-\sum_{x}p(x)*\log_2 p(x)\\&=-\left[\left(\frac{1}{3}*\log_2\frac{1}{3}\right)+\left(\frac{1}{3}*\log_2\frac{1}{3}\right)+\left(\frac{1}{3}*\log_2\frac{1}{3}\right)\right]=\log_2 3\end{aligned}$$

请编写一个函数 info _ entropy(x)。该函数可以实现如下功能：

（1）检查输入向量 x 的合理性。

（2）如果输入向量 x 是合理的，则返回 x 的信息熵；反之，则返回 None。

6. 请编写一个函数 fab _ sum _ 3(N)，使得它能返回斐波那契数列中前 N 个能被 3 整除的项之和。

第6章　标准库、异常与文件流

Python 简单且功能强大的主要原因之一就是 Python 中有丰富的模块与库。通过安装和调用内置或第三方模块与库，只需要几行代码便能实现很多复杂的功能。本章将会介绍安装和使用模块/库的方法和几个常用的库。

异常表示的是 Python 中的一些特殊情况，例如语法错误、类型错误等，在编写程序时，不一定能预见异常的发生，但是如果不管这些异常，一旦出现，程序便会退出。因此本章将介绍如何捕捉或引发异常。

文件流是程序与外部数据进行交互的一个重要方法，例如你需要将一个 txt 格式的文本文件读入程序中并进行词汇量的统计，又或者你需要将程序运行的一些结果写入文件并进行保存，这些交互的实现离不开文件流的发生。本章也会着重介绍文件流的使用。

6.1　标准库

6.1.1　概念区分：模块、库与标准库

模块，是一个包含已定义函数和变量的文件，主要是为了帮助他人去完成一些常见任务。与平时编写的程序一样，模块的后缀名是 . py。模块可以被别的程序引入，以使用模块中定义的函数。例如，创建一个斐波那契数列模块，名为 fibo. py，里面设置打印输出斐波那契数列和返回斐波那契数列两个功能。

```
1. # 斐波那契数列模块
2. def fib(n): # 打印输出一个斐波那契数列
3.     a,b = 0,1
4.     while a < n:
5.         print(a,end='')
6.         a,b = b,a+b
7.     print()
8.
9. def fib2(n): # 返回一个斐波那契数列
```

```
10.     result = []
11.     a,b = 0,1
12.     while a < n:
13.         result.append(a)
14.         a,b = b,a+b
15.     return result
16.
17. if __name__ == '__main__':
18.     f = fib2(10)
19.     print(f)
```

if __name__ == '__main__'表示下面的语句（通常是测试语句）只有在直接运行 fibo.py 时才会执行，这样避免了在其他程序导入的时候执行测试语句。

在定义完该模块后，将其放置到 Python 目录下的 Lib 文件夹内或是其他 Python 解释器能够找到的位置，便可使用 import 语句导入该模块并使用它（import 语句使用详见 6.1.3 节）：

```
1. import fibo
2.
3. fibo.fib(10)
4. ---------------------
5. 0 1 1 2 3 5 8
```

如果模块的数量较多，可以利用库（package）将这些模块组织起来，使得层级结构更明晰。库的一个可能结构为：

```
package/
 __init__.py
subpack1/
 __init__.py
module_11.py
module_12.py
subpack2/
 __init__.py
module_21.py
module_22.py
```

如果需要使用库，例如将 fibo 模块组织在 nums 库里，则调用 fibo 模块的 fib 函数，可以使用如下语句：

```
6. from nums import fibo
7.
8. fibo.fib(10)
9. --------------------
10. 0 1 1 2 3 5 8
```

库可以看作另一类模块，只是这样的模块里含有多个子模块，为了方便起见，之后的所有内容都统称为模块。

Python 内置了一些标准的模块库（standard library），这些组件会根据不同的操作系统进行不同形式的配置。常见的标准库有 string、re、datetime 等。标准库的某些模块是利用 Python 编写的，而某些第三方模块是用 C 语言编写的。大多数模块在所有平台都可以使用，而某些特定的模块只能用于 Windows 或 Unix。

6.1.2　安装第三方模块

第三方 Python 模块会被贮存在 Python 包索引（Python Package Index）中，安装第三方模块需要通过一些指令完成。最简单的方法是在命令提示符中使用 pip 语句，以在 Windows 中安装 Numpy 库为例，打开命令提示符后，输入以下语句：pip install numpy。安装完成后，便可在程序里导入 Numpy 库并在代码里使用它。

6.1.3　使用 import 语句导入模块

之前已经提到了，如果想使用一个模块，则需要在 Python 文件里执行 import 语句。如果 import 的语句比较长，导致后续引用不方便，则可以使用 import…as…语法。需要注意的是，通过 import…as…语法重新命名后，只能通过 as 后面的名字来访问导入的模块。下面是利用 import…as…语句使用 random 库的一个实例：

```
1. import random as rd
2.
3. print(rd.uniform(2,3))# 随机生成一个在[2,3]的实数
```

不管你执行了多少次 import，一个模块只会被导入一次。这样可以防止导入的模块被一遍又一遍地执行。如果不想将整个模块导入而只是导入模块的一部分，可以使用 from…import…语句，例如上例可改写为：

```
1. from random import uniform
2.
```

```
3. print(uniform(2,3))
```

6.1.4 查看模块信息：help( )

如果需要查看模块的信息，例如查看模块内的子模块、函数等，则可以使用 help( )，例如利用 help 函数查看上例中 random 模块的信息。

help（random）

运行后会得到 random 模块的描述信息，如图 6－1 所示。

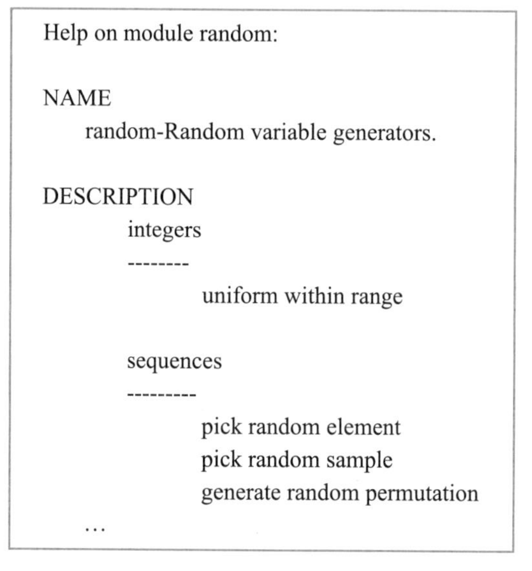
Help on module random:

NAME
    random-Random variable generators.

DESCRIPTION
        integers
        ----
            uniform within range

        sequences
        ----
            pick random element
            pick random sample
            generate random permutation
    …

图 6－1　random 模块的部分描述信息

6.1.5 常用标准库之一：os

os 模块是 Python 标准库中用于访问系统功能的模块，使用该模块可以获取平台信息，对目录进行添加、删除、查看等操作，也可以用来判断目录或文件存在与否等，关于它的更多信息，可以参见标准库文档[①]。接下来将介绍部分常用的函数（见表 6－1）。

表 6－1　os 模块常用的变量和函数

变量/函数	说明
os. environ	返回包含环境变量的字典
os. sep( )	返回用于系统路径的分隔符
os. getcwd( )	获取当前路径
os. listdir(path)	获取指定路径下的所有文件和目录名称，默认为当前路径
os. mkdir(path)	在指定路径创建一个目录

① Python 标准库文档详见：https：//docs. python. org/zh-cn/3/library/index. html。

续表

变量/函数	说明
os. rmdir(path)	删除指定路径的目录，当且仅当目录存在且目录为空时才能删除
os. path. exists(path)	判断文件或目录是否存在，返回 True/False
os. path. isfile(path)	判断是否为文件，返回 True/False
os. path. isdir(path)	判断是否为文件夹，返回 True/False
os. path. join(path，name)	连接目录与文件名称或目录

（1）获取当前路径：os. getcwd( )

os. getcwd( ) 可以获取当前程序所在的路径，例如：

```
1. import os
2.
3. current_dir = os.getcwd()
4. print(current_dir)
5. ---------------------
6. C:\Users\xxx\Desktop
```

（2）获取指定路径下的所有文件和目录名称：os. listdir( )

获取当前路径下的所有文件及目录名称：

```
7. print(os.listdir(current_dir))
8. ---------------------
9. ['test.py','test.txt','file']
```

（3）连接目录与文件名称或目录：os. path. join( )

在 Desktop 路径下有一个 file 文件夹，如果需要知道该目录下的所有文件及目录名称，可以利用如下代码：

```
10. new_path = os.path.join(current_dir,'file')
11. print(os.listdir(new_path))
12. ---------------------
13. ['file.py','test.docx']
```

6.1.6　常用标准库之二：sys

该模块提供对解释器使用或维护的一些变量访问，以及与 Python 解释器强烈交互的函数和变量（见表 6－2），关于它的更多信息参见标准库文档。

表 6－2　sys 模块常用的变量和函数

变量/函数	说明
argv	命令行参数，包括脚本名称
exit（[arg]）	退出当前的程序，可选参数为给定的返回值或者错误信息
modules	映射模块名字到载入模块的字典
path	查找模块所在目录的目录名列表
platform	类似于 SunOS5 或者 Win32 的平台标识符
stdin	标准输入流
stdout	标准输出流
stderr	标准错误流

（1）获得脚本参数：sys. argv

sys. argv 是一个从程序外部获取参数的桥梁，它是一个列表，列表的第一个元素为程序名称，其他元素为用户输入的参数。理解 sys. argv 的作用关键在于该列表获取的参数是从程序外部输入的，而非代码内部提供。因此，要想看到它的效果就应将该程序保存后从外部运行并给出参数。

```
1. import sys
2.
3. a = sys.argv
4. print(sys.argv[0])# 打印程序名称
5.
6. if(len(sys.argv)>1):
7.     print(sys.argv[1:])# 打印除程序名称以外的参数
8. else:
9.     print('sorry,there is no argument')
```

得到如下结果：

```
10. C:\Users\xxx\Desktop\test.py
11. sorry,there is no argument
```

在命令提示符下进入 test. py 所在位置，为其赋予 20、21、22 三个参数：

C：\Users\xxx\Desktop >python test. py 20 21 22

得到如下结果：

```
test.py
['20','21','22']
```

（2）处理标准输出：sys. stdout

sys. stdout. write( ) 和 print( ) 都是与输出相关的函数。实际上 print( ) 内部也调用了 sys. stdout。两者有所不同，print( ) 可以输出任意类型，但是 sys. stdout. write( ) 只能输出字符串类型；print( ) 默认最后换行，但是 sys. stdout. write( ) 默认不换行，具体可以通过以下例子加强理解。

```
1. for i in range(3):
2.     print('Hello World')
```

得到如下结果：

```
3. Hello World
4. Hello World
5. Hello World
```

如果改用 sys. stdout. write( )：

```
1. import sys
2.
3. for i in range(3):
4.     sys. stdout. write('Hello World')
```

得到如下结果：

```
5. Hello WorldHello WorldHello World
```

（3）输出错误信息：sys. stderr

当程序崩溃并打印出调试信息（例如 Python 中的 traceback（错误跟踪））的时候，信息前往 stderr 管道。我们也可以通过该函数自定义错误信息。

```
1. import sys
2.
3. def test(x):
4.     if(x = = 0):
5.         sys. stderr. write(" x can't be zero")
6.     else:
7.         print(4/x)
8.
9. test(0)
```

由于 if 语句判断为真，因此输出下面的信息：

```
10. x can't be zero
```

6.1.7 常用标准库之三：time

time 模块能够实现获得当前时间、操作时间和日期、从字符串中读取时间以及格式化时间为字符串等功能。日期可以用实数（从"新纪元"的 1 月 1 日 0 点开始计算到现在的秒数，新纪元是一个与平台相关的年份，对 UNIX 来说是 1970 年），或者是包含 9 个整数的元组。比如，元组（2008，1，21，12，2，56，0，21，0）表示 2008 年 1 月 21 日 12 时 2 分 56 秒，星期一，并且是当年的第 21 天（无夏令时）。具体含义如表 6－3 所示。

表 6－3 Python 日期元组的字段含义

索引	字段	值
0	年	比如 2 000 等
1	月	范围为 1～12
2	日	范围为 1～31
3	时	范围为 0～23
4	分	范围为 0～59
5	秒	范围为 0～61
6	周	当周一为 0 时，范围为 0～6
7	儒历日	范围为 1～366
8	夏令时	0、1 或－1

秒的范围为 0～61 是为了区分闰秒和双闰秒。夏令时的数字是布尔值（真或假），但是如果使用了－1，mktime（该函数将这样的元组转换为时间戳，而时间戳从新纪元开始以秒来度量）就会工作正常。

time 模块中比较常用的函数如表 6－4 所示，接下来将介绍部分函数的使用。

表 6－4 time 模块常用的函数

函数	说明
asctime（[tuple]）	将时间元组转换为字符串，默认为当前时间
localtime（[secs]）	将秒数转换为日期元组，以本地时间为准
mktime(tuple)	将时间元组转换为本地时间
sleep(secs)	休眠（不做任何事情）secs 秒
strptime(string [，format])	将字符串解析为时间元组
time( )	当前时间（新纪元开始后的秒数，以 UTC 为准）

（1）将时间元组转换为字符串：asctime( )

例如将元组（2020，1，18，12，59，59，59，21，0）转换为字符串：

```
1. import time
2.
```

```
3. print(time.asctime((2020,1,18,12,59,59,59,21,0)))
4. ---------------------
5. Thu Jan 18 12:59:59 2020
```

(2) 将秒数转换为日期元组：localtime( )

该函数的作用是格式化时间戳为本地时间，如果不传入任何参数（秒数），则 localtime 返回的是当前时间，例如打印当前时间的日期元组：

```
1. print(time.localtime())
```

输出的日期元组是一个 struct _ time 对象：

```
2. time.struct _ time(tm _ year = 2020, tm _ mon = 1, tm _ mday = 18, tm _ hour =
23, tm _ min = 12, tm _ sec = 22, tm _ wday = 1, tm _ yday = 49, tm _ isdst = 0)
```

(3) 将时间元组转换为本地时间：mktime( )

mktime( ) 函数执行与 localtime( ) 相反的操作，它接收 struct _ time 对象或者 9 位整数元组作为参数，返回用秒数来表示时间的浮点数。例如将元组（2020，1，18，23，12，22，1，49，0）转换为秒数：

```
1. t = (2020,1,18,23,12,22,1,49,0)
2. print(time.mktime(t))
3. ---------------------
4. 1579360342.0
```

(4) 将字符串解析为时间元组：strptime( )

在将字符串解析为时间元组时，需要指定第二个参数说明字符串表示的日期格式。详见表 6-5。

表 6-5　Python 中时间日期格式化符号

符号	说明
%y	两位数的年份表示（00—99）
%Y	四位数的年份表示（0000—9999）
%m	月份（01—12）
%d	月内中的一天（0—31）
%H	24 小时制小时数（0—23）
%I	12 小时制小时数（01—12）
%M	分钟数（00—59）
%S	秒数（00—59）
%a	本地简化的星期名称

续表

符号	说明
%A	本地完整的星期名称
%b	本地简化的月份名称
%B	本地完整的月份名称
%c	本地相应的日期表示和时间表示
%j	年内的一天（001—366）
%p	本地 A. M. 或 P. M. 的等价符
%U	一年中的星期数（00—53），星期天为每星期的开始
%w	0—6，星期天为 0
%W	一年中的星期数（00—53），星期一为每星期的开始
%x	本地相应的日期表示
%X	本地相应的时间表示
%Z	当前时区的名称
%%	%号本身

下面的实例演示了如何将字符串'30 Jan 20'（表示的是 2020. 1.30）转换为时间元组，对照表 6-5，第二个参数的指定应为'%d %b %y'：

```
1. t = time.strptime('30 Jan 20','%d %b %y')
2. print(t)
3. ----------------------
4. time.struct_time(tm_year = 2020,tm_mon = 1,tm_mday = 30,tm_hour = 0,
tm_min = 0,tm_sec = 0,tm_wday = 3,tm_yday = 30,tm_isdst = -1)
```

6.1.8 常用标准库之四：random

random 模块包括返回随机数的函数，可以用于模拟或者任何产生随机输出的程序。random 模块生成的随机数都是伪随机数（pseudo-random），是用确定的算法计算出特定分布的随机数序列，并不是真正的随机。伪随机数保持着均匀性、独立性等优良的统计特性。如果需要真的随机性，应该使用 os 模块的 urandom( )。random 模块内的 SystemRandom 类也是基于同种功能，可以让数据接近真正的随机性。random 模块常用的函数如表 6-6 所示。

表 6-6 random 模块常用的函数

函数	说明
random( )	返回 [0，1) 之间的随机实数 *n*
getrandbits(*n*)	以长整型形式返回 *n* 个随机位
uniform(*a*，*b*)	返回 [*a*，*b*) 之间的随机实数
randrange([start]，stop，[step])	返回 range(start. stop，step) 中的随机数
choice(seq)	从序列 seq 中返回随意元素
shuffle(seq[，random])	原地指定序列 seq
sample(seq，*n*)	从序列 seq 中选择 *n* 个随机且独立的元素

(1) 返回 [0，1) 之间的随机实数：random( )

random. random( ) 是最基本的随机函数之一，它的结果服从 [0，1) 上的均匀分布。

```
1. import random
2.
3. print(random.random())
4. --------------------
5. 0.18824117873551038
```

(2) 返回随机实数：uniform( )

random. uniform( ) 需要提供两个数值参数 *a* 和 *b*，它的结果服从 [*a*，*b*) 上的均匀分布。

```
6. print(random.uniform(2,3))
7. --------------------
8. 2.271085353516072
```

6.1.9 常用标准库之五：re

正则表达式 (regex) 为高级的文本匹配、抽取、与/或文本形式的搜索与替换功能提供了基础。它是由一些特殊符号和字符组成的字符串，这些字符和特殊符号描述了文本的模式。正则表达式能按照模式匹配一系列有相似特征的字符串。

Python 通过标准库的 re 模块来支持正则表达式。下面将对正则表达式做一些简单介绍，同时结合 re 模块运用正则表达式。

(1) 正则表达式使用的特殊符号和字符

正则表达式是由一些特殊符号和字符组成的字符串，这些特殊符号和字符，也就是元字符，赋予了正则表达式强大的功能和灵活性。正则表达式常用的特殊符号和字符如表 6－7 所示。

表 6－7　正则表达式常用的符号与字符

表示方法	说明	正则表达式样例
literal	匹配字符串的值	foo
re1 | re2	匹配正则表达式 re1 或 re2	foo | bar
.	匹配任何字符（换行符除外）	b. b
^	匹配字符串的开始	^Dear
$	匹配字符串的结尾	/bin/ * sh$
*	匹配前面出现的正则表达式零次或多次	[A－Za－z0－9] *
+	匹配前面出现的正则表达式一次或多次	[a－z] +\.com
?	匹配前面出现的正则表达式零次或一次	goo?
{N}	匹配前面出现的正则表达式 N	[0－9] {3}

续表

表示方法	说明	正则表达式样例
{M，N}	匹配重复出现M次到N次的正则表达式	[0−9]{5，9}
[⋯]	匹配字符组里出现的任意一个字符	[aeiou]
[..x−y..]	匹配从字符x到y的任意一个字符	[0−9]，[A−Za−z]
[^⋯]	不匹配此字符集中出现的任何一个字符，包括某一范围的字符	[^aeiou]，[^A−z]
\d	匹配任何数字，和[0−9]一样（\D是\d的反义：任何非数字符）	data\d+.txt
\w	匹配任何数字字母字符，和[A−Za−z0−9]相同（\W是\w的反义）	[A−Za−z]\w+
\s	匹配任何空白符，和[\n\t\r\v\f]相同（\S是\s的反义）	of\sthe
\b	匹配单词边界（\B是\b的反义）	\bThe\b
\nn	匹配已保存的子组（请参考上面的正则表达式符号）	price：\16
\c	逐一匹配特殊字符c（取消它的特殊含义，按字面匹配）	\.，\，*
\A（\Z）	匹配字符串的起始（结束）	\ADear

（2）管道符号

“|”，也就是键盘上的竖线，表示“或”操作，即从多个模式中选择其一的操作，它用于分割不同的正则表达式，例如：bat | bet | bit 可以匹配到 bat、bet、bit 这些字符串。

（3）re 模块的核心函数

在了解了正则表达式的基本知识后，接下来将介绍如何使用 re 模块来支持正则表达式，re 模块的常见函数和方法如表 6-8 所示。

表 6-8　re 模块常用的函数和方法

函数/方法	描述
compile(pattern，flags=0)	对正则表达式 pattern 进行编译，flags 是可选标识符，并返回一个 regex 对象
group(num=0)	返回全部匹配对象（或指定编号是 num 的子组）
groups( )	返回一个包含全部匹配的子组的元组（如果没有成功，就返回一个空元组）
match(pattern，string，flags=0)	尝试用正则表达式模式 pattern 匹配字符串 string，flags 是可选标识符，如果匹配成功，则返回一个匹配对象，否则返回 None
search(pattern，string，flags=0)	在字符串 string 中搜索正则表达式模式 pattern 的第一次出现，flags 是可选标识符，如果匹配成功，则返回一个匹配对象，否则返回 None
findall(pattern，string，flags)	在字符串 string 中搜索正则表达式模式 pattern 的所有（非重复）出现；返回一个匹配对象的列表
finditer(pattern [，string，flags])	与 findall( ) 相同，但返回的是迭代器

续表

函数/方法	描述
split(pattern，string，max=0)	根据正则表达式 pattern 中的分隔符把字符 string 分割为一个列表，返回成功匹配的列表，最多分割 max 次（默认分割所有匹配的地方）
sub(pattern，string，repl)	把字符串 string 中所有匹配 pattern 的地方替换成 repl

①预编译：compile( )。在模式匹配发生之前，正则表达式模式必须先被编译成 regex 对象。虽然正则表达式的预编译不是必需的，而且 re 模块的大部分函数或方法也自带编译操作，但是预编译可以提高运行效率，建议进行预编译操作。re. compile( ) 函数就能实现预编译功能。

```
1. import re
2.
3. texts = ['Hello World','Come Here','I Love You']
4. regex = re.compile('(\w*o\w*)') # 匹配以字母/数字为开始和结尾,且
   中间含有字母 o 的模式
```

在预编译之后，可以使用正则表达式对象的函数或方法，如使用 search( )，进行查找。

```
5. for text in texts:
6.     m = regex.search(text)
7.     print(m.group())
8. ----------------------
9. Hello
10. Come
11. Love
```

虽然 World 和 You 都是符合条件的字符串，但 search( ) 只返回第一个匹配对象。

②匹配对象和 group( )、groups( ) 方法：在处理正则表达式时，除 regex 对象外，还有另一种对象类型：匹配对象（match objects）。这些对象是在 match( ) 或 search( ) 被成功调用之后所返回的结果。匹配对象主要有两个方法：group( ) 和 groups( )。

group( ) 方法能返回所有匹配对象，或是根据要求返回某个特定子组。groups( ) 方法返回一个包含唯一或所有子组的元组。如果正则表达式中没有子组，groups( ) 将返回一个空元组，而 group( ) 仍会返回全部匹配对象。将上例中的 group( ) 替换成 groups( ) 后，结果如下，返回的是 3 个元组。

```
12. ('Hello',)
13. ('Come',)
14. ('Love',)
```

③起始位置匹配字符串：match( )。match( ) 从字符串的起始位置开始对模式进行匹配，如果匹配成功，就返回一个匹配对象，如果匹配失败，就返回 None。匹配对象的 group( ) 方法可以用来显示成功的匹配。

```
1. import re
2.
3. texts = ['Hello World','Come Here','I Love You']
4.
5. for text in texts:
6.     m = re.match('(\w*o\w*)',text)
7.     print(m)
8.     print(m.group())
9. ---------------------
10. <_sre.SRE_Match object; span=(0,5),match='Hello'>
11. Hello
12. <_sre.SRE_Match object; span=(0,4),match='Come'>
13. Come
14. None
15. AttributeError:'NoneType' object has no attribute 'group'
```

可以看到，对于'Hello World'和'Come Here'这两个字符串，匹配成功并返回一个匹配对象，但'I Love You'字符串匹配失败，返回 None，并引发 AttributeError，因为 None 是 NoneType Object，没有 group( ) 属性。

④任意位置匹配字符串：search( )。search( ) 与 match( ) 一样都可以匹配字符串模式，不同之处在于，search 会检查参数字符串任意位置处给定正则表达式的匹配情况。如果搜索到成功的匹配，会返回一个匹配对象，否则返回 None。在 compile( ) 函数中已有介绍。

⑤匹配所有字符串：findall( )。findall( ) 用于非重叠地搜索字符串中正则表达式模式出现的情况。findall( ) 和 search( ) 的相似之处在于二者都执行字符串搜索；与 match( )、search( ) 的不同之处在于 findall( ) 总返回一个列表。

```
1. import re
```

```
2.
3. texts = ['Hello World','Come Here','I Love You']
4.
5. for text in texts:
6.     m = re.findall('(\w*o\w*)',text)
7.     print(m)
8. ---------------------
9. ['Hello','World']
10. ['Come']
11. ['Love','You']
```

⑥搜索和替换：sub( ) 和 subn( )。sub( ) 和 subn( ) 用于实现搜索和替换的功能，两者几乎是一样的，都能对字符串中正则表达式匹配的部分进行某种形式的替换。不同之处在于，subn( ) 还会返回一个替换的总数，替换的字符串和该总数一起作为一个元组返回。

例如，将美式日期 MM/DD/YY 转换为 DD/MM/YY，可以通过如下代码：

```
1. import re
2.
3. # 月份为一位或两位数,年份为两位或四位数
4. # \N(N为替换字符串中的分组编号)表示取出分组,在此表示将月和日调换
5. m = re.sub(r'(\d{1,2})/(\d{1,2})/(\d{2}|\d{4})',r'\2/\1/\3','1/18/2020')
6. print(m)
7. ---------------------
8. 18/1/2020
```

而如果使用 subn 函数，除了返回替换后的结果，还会返回替换的次数。

```
1. n = re.subn(r'(\d{1,2})/(\d{1,2})/(\d{2}|\d{4})',r'\2/\1/\3',
   '1/18/2020')
2. print(n)
3. ---------------------
4. ('18/1/2020',1)
```

字符串分割：split( )。之前已经学习了字符串的分割方法，这里将介绍 re.split( ) 函数。re.split( ) 与字符串的 split( ) 方法相似，前者根据正则表达式模式进行分割，后者根据固定的字符串进行分割。如果分隔符没有使用由特殊符号表示的正则表达式来匹配多

个模式，那么 re. split( ) 和 string. split( ) 的执行过程是一样的，但使用 string. split( ) 方法指定分隔符，只能指定一个，而使用 re. split( ) 方法可以通过管道符号“|”指定多个分隔符，因此可以快速、准确地分割字符串。

```
1. import re
2.
3. m = re.split('&|\*','str1*str2&str3')
4. print(m)
5. ----------------------
6. ['str1','str2','str3']
```

6.2 异常

当程序在执行的过程中遇到异常情况时，需要引发异常，并告知异常原因。如果异常未被处理或捕捉，程序就会用回溯（Traceback，一种错误信息）终止执行。Python 用异常对象（exception object）来表示异常情况。例如，当输入并执行 print(10/0) 时，会抛出如下信息：

```
Traceback (most recent call last):
File" C:\Users\xxx\Desktop\test.py" ,line 1,in <module>
print(10/0)
ZeroDivisionError:division by zero
```

上述显示的是除零错误，一旦引发错误，程序便会停止运行。Python 中常见的异常类型如表 6-9 所示。

表 6-9　Python 中常见的异常类型

类名	说明
Exception	所有异常的基类
AttributeError	特性引用或赋值失败时引发
IOError	试图打开不存在的文件（包括其他情况）时引发
IndexError	使用序列中不存在的索引时引发
KeyError	使用映射中不存在的键时引发
NameError	找不到名字（变量）时引发
SyntaxError	代码为错误形式时引发
TypeError	内置操作或者函数应用于错误类型的对象时引发
ValueError	内置操作或者函数应用于正确类型的对象，但是该对象使用不合适的值时引发
ZeroDivisionError	除法或者模除操作的第二个参数为 0 时引发

为什么要了解异常呢？因为有时虽然会不可避免地遇到一些异常情况，但是我们并不

想让程序停止运行。在这种情况下可以通过捕捉异常并进行相应地处理，使得程序顺利运行。有时需要根据特定情况触发异常，不允许程序继续运行而是退出。接下来将会介绍捕捉异常的一些常用结构，以及常用的触发异常方法。

6.2.1　捕捉异常：try/except 语句

捕捉异常的一个基本结构是 try/except 语句，该语句的执行步骤为：①执行 try 子句，如果没有异常发生，则忽略 except 子句；②如果发生异常，则 try 子句中发生错误的语句及余下部分会被忽略，若异常类型和 except 后的异常类型名称相同，则执行 except 语句（except 后若没有跟异常类型名称，则默认为全捕捉，即捕捉所有异常）。例如，利用该语句捕捉除零错误：

```
1. def test(x):
2.     try:
3.         print(" Let's begin")
4.         a = 1/x
5.         b = x+a
6.         print('a:{} b:{}'.format(a,b))
7.     except ZeroDivisionError:
8.         print(" x can't be zero")
9.
10. test(0)
11. ----------------------
12. Let's begin
13. x can't be zero
```

通过多个 except 语句可以捕捉不同的特定异常，但最多只能执行一个分支。在 test 函数中增加一种错误类型：

```
1. def test(x):
2.     try:
3.         print(" Let's begin")
4.         a = 1/x
5.         b = x+a
6.         print('a:{} b:{}'.format(a,b))
7.     except ZeroDivisionError:
8.         print(" x can't be zero")
```

```
9.     except TypeError:
10.         print(" x should be a number")
11.
12. test('x')
13. ----------------------
14. Let's begin
15. x should be a number
```

可以发现上述代码并没有同时触发两个 except 分支，而是仅仅触发了第一个 except 子句。如果需要在一个 except 子句内捕捉多种错误，则需要将多种异常类型名称构成元组：

```
1. def test(x):
2.     try:
3.         print(" Let's begin")
4.         a = 1/x
5.         b = x+a
6.         print('a:{} b:{}'.format(a,b))
7.     except (ZeroDivisionError,TypeError):
8.         print('Wrong')
9.     except:
10.         print('Unexpected error')
11.
12. test('x')
```

由于触发了 TypeError，故代码执行了第一个 except 子句：

```
13. Let's begin
14. Wrong
```

6.2.2 捕捉异常：try/except…else 语句

在有些情况中，可以像对条件和循环语句那样，在 try/except 语句后加一个 else 子句，else 子句只会在 try 子句没有异常的情况下执行。例如，在上例中，演示 else 子句的使用：

```
1. def test(x):
2.     try:
3.         print(" Let's begin")
```

```
4.         a = 1/x
5.         b = x+a
6.         print('a:{} b:{}'.format(a,b))
7.     except (ZeroDivisionError,TypeError):
8.         print('Wrong')
9.     except:
10.         print('Unexpected error')
11.     else:
12.         c = b**x
13.         print('c:{}'.format(c))
14.
15. test(2)
16. ----------------------
17. Let's begin
18. a:0.5 b:2.5
19. c:6.25
```

我们可以看到，else 子句仅仅会在没有异常时执行，那么为什么不直接将 else 子句的内容放到 try 子句里呢？原因是，使用 else 子句可以使代码的可读性变高，而且可以避免代码过于集中，发生异常时能够快速定位错误区域。

6.2.3　捕捉异常：try/finally 语句

finally 子句可以用来在可能的异常后进行清理，它和 try 子句联合使用，不管 try 子句中是否发生异常，finally 子句肯定会被执行。finally 子句与 except 子句和 else 子句不冲突，但 finally 子句必须放在最后。

```
1. def test(x):
2.     try:
3.         print(" Let's begin")
4.         a = 1/x
5.         b = x+a
6.         print('a:{} b:{}'.format(a,b))
7.     except (ZeroDivisionError,TypeError):
8.         print('Wrong')
9.     except:
```

```
10.             print('Unexpected error')
11.         else:
12.             c = b* *x
13.             print('c:{}'. format(c))
14.         finally:
15.             print('End')
16.
17. test('x')
18. ---------------------
19. Let's begin
20. Wrong
21. End
```

6.2.4 抛出异常：raise 语句

在正常情况下，Python 会自动引发异常，也可以通过 raise 语句来触发异常。使用 raise 触发异常需要注意的是，一旦执行了 raise 语句，该语句后的部分将无法执行。

```
1. def test(x):
2.     try:
3.         if(x< =6):
4.             raise Exception('number 6')
5.     except Exception:
6.         print('x should large than 6')
7.     else:
8.         return x* *2
9.
10. test(2)
11. ---------------------
12. x should large than 6
```

在“4.1.2 条件语句”中提到过的关键字 assert，就是应用了触发异常的语句。

6.3 文件与流

到目前为止，介绍的内容都是内部数据的处理，与外部的交互只是通过 input( ) 和 print( ) 以及 sys 模块的部分函数。实际上，在很多数据处理过程中，需要与外部数据交互。因此需要对文件和流的相关操作有所了解。本节将介绍一些常用函数和对象，以便在程序执行过程中读取、处理外部数据。

6.3.1　打开和关闭文件

外部数据常常储存在硬盘中，为了读取和处理外部数据，需要在程序里使用一些命令来打开文件。open( ) 函数便可以帮助完成这项任务。open( ) 有文件路径、模式（mode）和缓冲（buffering）三个参数，其中文件路径是必不可少的参数，模式和缓冲参数都是可选的。通过调用 open( ) 可以返回一个文件对象。

例如，在 Windows 系统中打开 c 盘中名为“test. txt”的文本文件：f = open（r'c：\test. txt'）。

（1）指定模式

如果 open( ) 只带一个文件名参数，那么可以获得能读取文件内容的文件对象。如果要向文件内写入内容，则必须提供一个模式参数来显式声明。

表 6 - 10　open( ) 的常见模式参数

值	说明
r	读模式
w	写模式
a	追加模式
b	二进制模式（可添加到其他模式中使用）
+	读/写模式（可添加到其他模式中使用）

“+”参数可以添加到其他任何模式中，指明读和写都是允许的。比如“r+”能在打开一个文件，需要进行读写操作时使用，但是会将文件中原始内容删除，而“w+”不会。“b”模式可以改变处理文件的方法，该模式通常用于非文本文件，如图像和音频。

（2）指定缓冲

open( ) 的第 3 个参数控制着文件的缓冲。文件在硬件设备读写时，使用系统调用，一般来说这类 I/O（输入/输出）操作时间较长。因此为了减少 I/O 的操作次数，通常会设置缓冲区。一般来说，根据参数 buffering 的大小可以设置以下三种缓冲方式：

①无缓冲，即 buffering=0（或者是 False），I/O（输入/输出）就是无缓冲的（所有的读写操作都直接针对硬盘）。

②行缓冲，即 buffering=1（或者是 True），I/O 就是有缓冲的（意味着 Python 使用内存来代替硬盘，让程序更快，只有使用 flush 或者 close 时才会更新硬盘上的数据）。

③全缓冲，即 buffering=n（n>1），n 的值代表缓冲区的大小（单位是字节）。

④比较特殊的是−1（或者是任何负数），其代表使用默认的缓冲区的大小。对于二进制文件模式，采用固定块内存缓冲区方式；对于交互的文本文件，采用一行缓冲区的方式。其他文本文件使用与二进制一样的方式。

（3）关闭文件

应该牢记在完成对一个文件对象的操作后使用 close( ) 进行关闭。虽然一个文件对象在退出程序后（也可能在退出程序前）会自动关闭，但主动关闭文件可以避免在某些操作系统或设置中进行无用的修改，这样做也会避免用完系统中所打开文件的配额。

如果对文件进行了写入操作，Python 可能会出于效率而将所写入的临时储存在某处（缓存）而没有真正写入文件，如果程序因某些原因崩溃，数据就不会被成功写入文件中，因此为了安全起见，建议在使用完文件后关闭。需要注意的是，如果使用“w”模式打开文件，那么在不对其进行任何操作的情况下关闭文件，原文件的内容将被删除。

6.3.2 读取文件内容

文件（或流）最重要的能力是提供或接收数据。如果有一个类文件对象 f，就可以用 f 以字符串形式读取数据。读取类文件对象的常用方法有三种：f. read( )、f. readline( )、f. readlines( )。

(1) 使用 read( ) 方法读取

read( ) 有一个参数 n（需要读取的字符数），如果设置了参数 n，就会读取 n 个字符。若文件不是很大，则可以使用不带参数的 read( ) 一次性读取整个文件（把整个文件当作一个字符串来读取）。

例如，在当前目录下建立一个“test. txt”文件，使用 read( ) 读取全部内容：

```
1. f = open('./test.txt')
2. print(f.read())
3. f.close()
```

(2) 使用 readline( ) 方法读取单行

readline( ) 方法可以按行读取文件，每调用一次该方法，就会向下读取一行，例如使用 readline( ) 读取“test. txt”：

```
1. f = open('./test.txt')
2. while(1):
3.     line = f.readline()
4.     if(not(line)):
5.         break
6.     else:
7.         print('line:',line)
8. f.close()
```

(3) 使用 readlines( ) 方法读取所有内容并形成一个列表

如果文件不是很大，那么除了使用不带参数的 read( ) 方法一次性读取整个文件外，还可以使用 readlines( ) 方法将所有内容读取成一个列表，列表中每个元素是一行的内容。

```
1. f = open('./test.txt')
2. line = f.readlines()
3. print(line)
4. f.close()
```

6.3.3　写入文件内容

文件（或流）还有一个重要的功能是接收数据。如果有一个名为 f 的类文件对象，就可以用 f.write( ) 方法或 f.writelines( ) 方法写入文件。write( ) 的参数必须为 string 类型，而 writelines( ) 不仅可以接收 string 类型，而且可以接收序列类型。在完成文件操作后使用 close( ) 方法关闭文件。若我们需要在当前目录创建一个新文件并写入相应内容，则可以通过以下代码实现。

```
1. f = open('./test1.txt','w')
2. f.write('Hello World')
3. f.close()
4.
5. f = open('./test1.txt','r')
6. print(f.read())
7. f.close()
8. ---------------------
9. Hello World
```

```
1. f = open('./test2.txt','w')
2. f.writelines(['Hello World','Come Here','I Love You'])
3. f.close()
4.
5. f = open('./test2.txt','r')
6. print(f.read())
7. f.close()
8. ---------------------
9. Hello WorldCome HereI Love You
```

f.writelines( ) 方法将序列直接转换为字符串进行写入操作，如果要使用换行、空格等进行区分，则需要自行加入相应的符号。

6.4 思考练习题

1. 请编写一个函数 find _ doc（path），其输入的 path 是一个文件夹的路径，使得它能找到该文件夹及其所有子文件夹下后缀是“. doc”或“. docx”的文件的路径。

2. 使用 sys. argv 从程序外部获取参数，这与代码内部提供参数有什么区别？适合于哪些实际情况？

3. 请尝试编写一个 Python 程序，使得它可以从程序外部获取一个文件夹路径作为输入，并将该文件夹及其所有子文件夹下后缀是“. pdf”的文件复制到指定文件夹中。

4. 请学习 datetime 模块的相关功能，并尝试以下列格式输出日期。

（1）2020 年 12 月 21 日

（2）2020－12－12

（3）21/12/2020

5. 很多用户愿意在社交媒体上分享音乐。一些音乐播放软件会自动生成一条动态，例如：

“我正在收听周杰伦的《听妈妈的话》，快来听听吧！”

“我正在收听汪峰的《怒放的生命》，快来听听吧！”

请尝试用正则表达式匹配出歌手和歌曲名。

6. 假设你是某外卖平台的数据运营人员，从后台提取了一个记录上周骑手配送情况的 Excel 数据文件，示例如下：

订单 ID	骑手 ID	订单总价	骑手收入
A2020010100009	123456789	19.8	5.1
A2020010100010	123456788	20.3	6.2

（1）请尝试用 Python 读取该 Excel 文件中的数据。可以将 Excel 文件转存成“. csv”或“. txt”文件，也可以利用 xlrd、xlwt 或第三方库。

（2）计算每名骑手上周的总收入，并提取出上周总收入最高的 10 名骑手。

第7章 Python 常用模块

本章将着重介绍在数据分析领域比较常用的模块：Numpy、Pandas 和 NLTK。

Numpy 和 Pandas 是结构化数据处理的常用工具，Numpy 是其他几个库的基础，其引入了数组的概念，为科学计算提供了很多便利；Pandas 为数据分析提供了很好的容器，简化了数据分析中一些烦琐的操作。这两个模块能高效地处理结构化数据，但是当我们的分析对象为非结构化数据时，这两个模块就不太适用了。本章将使用 NLTK 对最常见的非结构化数据形式——文本进行处理和分析。

7.1 Numpy

Numpy（Numerical Python extensions）的前身是 1995 年开始开发的一个用于数组运算的库，用于科学计算，极大地简化了向量和矩阵的操作处理，是一些常用分析工具（如 scikit-learn、Scipy、Pandas 和 TensorFlow）的基础部分。

Numpy 提供了一种新的数据结构：ndarray（n 维数组，n-dimensional array），用于描述相同类型的元素集合。ndarray 中的每个元素是数据类型对象的对象（称为 dtype），其在内存中使用相同大小的区域。不同于列表和元组，数组只能存放相同数字类型的对象（如所有元素均为整型或浮点型），这使得数组上的一些运算远远快于列表上的相同运算。ndarray 的维度（又称维数）称为秩（rank），每一个线性的数组称为一个轴（axis），也就是维度。

7.1.1 ndarray 的创建

建立 ndarray 对象的最简单的方法是使用 numpy.array( ) 函数，我们可以传入一个列表来创建数组，例如：

```
1. import numpy as np
2.
3. array = np.array([2,3,4])
4. print(array)
5. --------------------
```

```
6. [2 3 4]
```

如果想要创建一个指定数字类型的数组，可以传入指定数字类型的列表，也可以通过指定 ndarray 的数字类型来实现。以下两个实例具有相同的结果。

```
1. array1 = np.array([2.,3.,4.]) # [2. 3. 4.]
2. array2 = np.array([2,3,4],dtype = float) # [2. 3. 4.]
```

利用 ndim 参数可以指定 ndarray 的维数来创建多维数组，也可以通过传入一个多维列表来创建。

```
1. array = np.array([2,3,4],ndmin = 2) # [[2 3 4]]
2. array = np.array([[1,2,3],[4,5,6]]) # [[1 2 3] [4 5 6]]
```

我们还可以通过 arange( ) 和 linspace( ) 函数创建 ndarray 对象，这两个函数可以创建一个一维等差数列的数组，不同之处在于 arange( ) 是以固定步长的方式创建数组，而 linspace( ) 则是以固定元素数量的方式创建数组。

```
1. array1 = np.arange(start = 0,stop = 5.5,step = 0.5)
2. array2 = np.linspace(start = 0,stop = 5,num = 11)
3. # [0.  0.5 1.  1.5 2.  2.5 3.  3.5 4.  4.5 5. ]
```

此外，还可以利用相同数值来快速创建数组，这类函数有 zeros( )、ones( ) 和 full( )。这三种函数的不同之处在于 zeros( ) 是 0 填充数组，而 ones( ) 是 1 填充数组，full( ) 可以使用指定的值填充数组。zeros( ) 和 ones( ) 只需要指定数组的形状即可创建好数组，而 full( ) 函数还需要指定填充的值。此外，zeros( ) 和 ones( ) 默认数组的数字类型为 float，如果需更改数字类型，可以使用 dtype 参数指定。

```
1. array1 = np.full(fill_value = 0,shape = (2,2)) # [[0 0] [0 0]]
2. array2 = np.zeros((2,2)) # [[0. 0.] [0. 0.]]
```

利用随机数也可以创建数组，在 numpy.random 子模块中有很多可以创建随机数数组的方法，如可以用 np.random.rand(2，3) 创建形状为（2，3）的服从［0，1）上的均匀分布的随机数数组。

比较特殊的建立 ndarray 对象的函数是 fromfunction( )，该函数可以利用自定义的函数来创建数组。fromfunction( ) 需要两个重要参数：①function，创建数组的函数，该函数可以有 N 个参数，每个参数代表沿特定轴变化的数组坐标；②shape，数组的形状。我们可以通过 np.fromfunction(function=lambda i，j：(i+1)*(j+1)，shape=(9，9)) 得到一个九九乘法表数组。

7.1.2 ndarray 的常用属性

一个 n 维数组有多种属性，我们可以通过以下语句查看它的常用属性（见表 7-1）：

表 7-1 ndarray 的常用属性

属性	说明
ndarray. ndim	秩，即轴的数量或维度的数量
ndarray. shape	数组的形状
ndarray. size	数组元素的总个数，相当于“. shape”中行和列的乘积
ndarray. dtype	ndarray 对象的元素类型
ndarray. itemsize	ndarray 对象中每个元素的大小，以字节为单位

```
1. import numpy as np
2.
3. array = np. random. rand(2,3)
4. print(array)
5. ----------------------
6. [[0. 03408529 0. 57795575 0. 63794283]
7.  [0. 98679721 0. 97300910. 43626733]]
8.
9. print(array. ndim) # 维度:2
10. print(array. shape) # 形状:(2,3)
11. print(array. size) # 元素个数:6
12. print(array. dtype) # 元素类型:float64
13. print(array. itemsize) # 元素大小:8
```

7.1.3 ndarray 的形状改变

当原先定义的数组形状无法满足实际需求时，我们就需要改变数组的形状。这时可以使用 reshape( ) 或 resize( ) 方法来重新定义 ndarray 的形状。

```
1. import numpy as np
2.
3. array = np. ones(shape = (12,),dtype = int) # 创建一个一维数组
4. array1 = array. reshape((4, - 1)) # -1 表示自动决定列数
5. print(array1)
```

```
6. print(array)
7. ----------------------
8. [[1 1 1]
9.  [1 1 1]
10.  [1 1 1]
11.  [1 1 1]]
12. [1 1 1 1 1 1 1 1 1 1 1 1]
```

将一个（1，12）的数组转换为（4，3）的数组，传入 reshape( ) 中元组的第二个元素为－1 而不是 3。因为原本的形状是确定的，在行数确定后，即可自动计算出列数。但需要注意的是，使用－1 时，必须确保－1 所代表的维度长度为整数，否则将抛出异常。

此外，我们可以看到 reshape( ) 并没有直接修改 array 本身的形状。如果需要直接修改数组的形状，可以使用 resize( ) 方法。

```
13. array.resize(4,3)
14. print(array)
15. ----------------------
16. [[1 1 1]
17.  [1 1 1]
18.  [1 1 1]
19.  [1 1 1]]
```

也可以直接修改数组的 shape 属性，通过 array.shape =（4，3）改变数组的形状。

7.1.4 ndarray 的索引与切片

ndarray 的索引和切片操作与列表类似。[start：stop：step] 的索引形式可用于从数组中获取片段（从 start 位置开始直到 stop 位置，但不包括 stop，步长为 step）。

```
1. import numpy as np
2.
3. array = np.arange(5)
4. print(array) # [0 1 2 3 4]
5. print(array[0]) # 索引,取出单个元素:0
6. print(array[::2]) # 切片,以 2 为步长取出间隔的元素:[0 2 4]
7. print(array[::-1]) # 切片,步长为 -1 可翻转一个数组:[4 3 2 1 0]
```

对于高维数组，索引和切片也有类似的操作，不同的是需要在每个维度之间用“,”

隔开。

```
1. array = np.arange(12)
2. array.shape = (3,4)
3. print(array) # [[ 0  1  2  3] [ 4  5  6  7] [ 8  9 10 11]]
4. print(array[1,2]) # 索引,取出单个元素:6
5. print(array[:2,:2]) # 索引,取出前 2 行和前 2 列:[[0 1] [4 5]]
6. print(array[::-1,]) # 索引,-1 反转第 1 个维度[[ 8  9 10 11] [ 4  5  6
7] [ 0  1  2  3]]
```

7.1.5　ndarray 的拷贝

列表的一个切片是它的一个拷贝，而数组的一个切片是数组上的一个视图，切片和原始数组都引用的是同一块内存区域。故当改变视图内容时，原始数组的内容也被同样改变。

```
1. import numpy as np
2.
3. array1 = np.arange(5)
4. array2 = array1[::2]
5. print(array1) # [0 1 2 3 4]
6. print(array2) # [0 2 4]
7. array2[0] = 4
8. print(array1) # [4 1 2 3 4]
9. print(array2) # [4 2 4]
```

从上例中可以看出，当修改了 array2 的第一个元素时，array1 对应的元素也随之发生了变化。为了避免修改原数组，可以使用 copy( ) 来拷贝切片。

```
1. array1 = np.arange(5)
2. array2 = array1[::2].copy()
3. print(array1) # [0 1 2 3 4]
4. print(array2) # [0 2 4]
5. array2[0] = 4
6. print(array1) # [0 1 2 3 4]
7. print(array2) # [4 2 4]
```

7.1.6 ndarray 的拼接

当我们需要把多个数组拼接在一起的时候，可以使用 hstack( ) 或 vstack( ) 将数组拼接起来。hstack( ) 是行拼接，必须保证 ndarrays 数组的维度相同；vstack( ) 是列拼接，要求 ndarrays 数组每维的长度相同。

```
1. import numpy as np
2.
3. array1 = np.array([1,3,5]) # shape = (1,3)
4. array2 = np.array([[2,4,6],[1,5,9]]) # shape = (2,3)
5. array3 = np.array([2,4,6,8]) # shape = (1,4)
6.
7. harray = np.hstack((array1,array3))
8. varray = np.vstack((array1,array2))
9. print(harray)
10. print(varray)
11. ---------------------
12. [1 3 5 2 4 6 8]
13. [[1 3 5]
14.  [2 4 6]
15.  [1 5 9]]
```

如上例所示，array1 和 array2 无法进行 hstack( )，因为两者的维度不同；而 array1 和 array3 无法进行 vstack( )，因为两者长度不同，array1 每维有 3 个元素而 array3 每维有 4 个元素。

vstack( ) 和 hstack( ) 只能拼接第一维和第二维的元素，故对于高维数组常常使用 stack( ) 进行拼接。当使用 stack( ) 拼接两个（2，3）数组时，指定不同的 axis 会得到不同的结果。

```
1. array1 = np.array([[1,3,5],[2,4,6]]) # shape = (2,3)
2. array2 = np.array([[1,2,3],[3,4,5]]) # shape = (2,3)
3. array_axis_0 = np.stack((array1,array2),axis = 0)
4. print(array_axis_0)
5. print(array_axis_0.shape)
6. ---------------------
7. [[[1 3 5]
```

```
8. [2 4 6]]
9.
10.  [[1 2 3]
11. [3 4 5]]]
12. (2,2,3)
13.
14. array_axis_1 = np.stack((array1,array2),axis = 1)
15. print(array_axis_1)
16. print(array_axis_1.shape)
17. --------------------
18. [[[1 3 5]
19. [1 2 3]]
20.
21.  [[2 4 6]
22. [3 4 5]]]
23. (2,2,3)
24.
25. array_axis_2 = np.stack((array1,array2),axis = 2)
26. print(array_axis_2)
27. print(array_axis_2.shape)
28. --------------------
29. [[[1 1]
30. [3 2]
31. [5 3]]
32.
33.  [[2 3]
34. [4 4]
35. [6 5]]]
36. (2,3,2)
```

7.1.7　ndarray 的运算

ndarray 对象可以实现加、减、乘、除等基本运算。我们既可以通过基本运算符实现，也可以通过 Numpy 自带的函数实现。这些基本运算都直接作用于数组的元素级别。

```
1. import numpy as np
2.
3. array1 = np.array([[1,3,5],[2,4,6]]) # shape = (2,3)
4. array2 = np.array([[1,2,3],[3,4,5]]) # shape = (2,3)
5. print(array1 + array2)
6. print(np.add(array1,array2))
7. ----------------------
8. [[ 2  5  8]
9.  [ 5  8 11]]
10. [[ 2  5  8]
11.  [ 5  8 11]]
```

可以看到，“+”操作与 NumPy 自带的函数 add( ) 是等价的。

如果要进行矩阵运算，则需要利用 dot( ) 函数实现。

```
12. array2 = np.transpose(array2) # 转置
13. print(np.dot(array1,array2))
14. ----------------------
15. [[22 40]
16.  [28 52]]
```

此外，Numpy 还有很多高效的数学函数[①]，如 sqrt( )、exp( )、log( ) 等。

```
1. x = np.array([4,16,64])
2. print(np.sqrt(x)) # 求算术平方根:[2. 4. 8. ]
3. print(np.exp(x)) # 求以 e 为底的幂次方:[5.45981500e+01 8.88611052e+
   06 6.23514908e+27]
4. print(np.log(x)) # 求以 e 为底的对数值:[1.38629436 2.77258872
   4.15888308]
```

7.2 Pandas

Pandas 是基于 Numpy 的一种工具，该工具可以解决数据分析任务。Pandas 纳入了大量库和一些标准的数据模型，并提供了高效操作大型数据集所需的工具。Pandas 中常用

① 更多数学函数可以参阅：https：//docs.scipy.org/doc/numpy/reference/routines.math.html。

的数据结构有：①Series：由一组数据以及一组与之相关的数据标签（即索引）组成，类似于列表和Numpy中的一维数组；②DataFrame：二维表格型数据结构，含有一组有序的列，每列可以是不同的类型（数值、字符串、布尔值等），每列都有标签，可看作一个Series的字典；③Panel：三维数组，为DataFrame的容器。本章将介绍常用的Series和DataFrame及有关方法。

7.2.1 Series的创建

Series对象可以通过Series( )方法创建。向该方法中传入列表、元组或字典均可，当传入的是列表或元组时，若不传入index参数，默认索引为0～(N－1)的整数；当传入字典时，默认使用字典的键值作为Series的索引。

```
1. import pandas as pd
2.
3. a = pd.Series(data = [5,2.0,'s']) # 不设定 index 时默认为 0～(N-1)的
   整数索引
4. print(a)
5. ----------------------
6. 0     5
7. 1     2
8. 2     s
9. dtype:object
```

```
1. dic = {'a':100,'b':200,'c':300}
2. a = pd.Series(data = dic) # 没有设置 index 时会默认使用字典的 key
3. print(a)
4. ----------------------
5. a     100
6. b     200
7. c     300
8. dtype: int64
```

如果设置了index参数，则Series( )方法会优先匹配所给的index参数和字典的键值，并按照index参数的顺序对传入的数据进行排序，如果找不到字典中的键值和index匹配，则会将index标签对应的数据结果设为NaN（Not A Number）。需要注意的是NaN也是一个数据类型，不是空值。

```
1. dic = {'a':100,'b':200,'c':300}
2. a = pd.Series(data = dic,index = ['a','b','d']) # 没有设置 index 时会默
   认使用字典的 key
3. print(a)
4. ---------------------
5. a     100.0
6. b     200.0
7. d       NaN # 由于没有在字典中找到和“d”匹配的key,因此“d”的结果为 NaN
8. dtype:float64
```

7.2.2 Series 的索引及切片

在创建 Series 对象时，默认 Series 的名称为 None，可以通过设定 name 属性为 Series 命名，也可以在创建 Series 后通过 name 属性修改。而索引列的名称一般通过 index 属性修改。

```
1. import pandas as pd
2.
3. dic = {'a':100,'b':200,'c':300}
4. a = pd.Series(data = dic) # 没有设置 index 时会默认使用字典的 key
5. a.name = 'number'
6. a.index.name = 'idx'
7. print(a)
8. ---------------------
9. idx
10. a     100
11. b     200
12. c     300
13. Name:number,dtype:int64
```

在上例中，我们将 a 的名称改为“number”，而索引列则通过 a.index.name 进行了修改。

如果要修改 Series 对象中的值，与字典的修改方法类似，只需通过索引即可访问对应的值，利用赋值操作便可对 Series 对象中的值进行修改。

```
14. a['a'] = 130
15. print(a)
16. ---------------------
```

```
17. idx
18. a     130
19. b     200
20. c     300
21. Name:number,dtype:int64
```

如果需要修改索引，可使用 Series.rename( ) 方法，通过传入字典进行修改，字典的键是需要修改的索引，字典的值为新的索引。如：

```
1. a = a.rename(index={'a':'z'})
2. print(a)
3. ---------------------
4. idx
5. z     130
6. b     200
7. c     300
8. Name:number,dtype:int64
```

如果需要修改的索引较多，则可用一个新索引列表通过赋值操作直接修改 Series 的索引，但是新索引列表长度必须和原索引列表长度保持一致。

```
1. a.index = ['x','y','z']
2. print(a)
3. ---------------------
4. x     130
5. y     200
6. z     300
7. Name:number,dtype:int64
```

7.2.3　DataFrame 的创建

DataFrame 既有行索引也有列索引，可以视为由 Series 组成的字典（共用一个索引）。最常用的创建方法是直接将一个由等长列表或 Numpy 数组构成的字典传入 DataFrame( ) 方法。通过以下三种输入创建的 DataFrame 对象是等价的。

```
1. import pandas as pd
2.
```

```
3. # 方法 1:非嵌套字典
4. dic1 = {'name':['张三','李四','王五'],
5.         'age':[10,20,80],
6.         'gender':['f','m','f']}
7.
8. df1 = pd.DataFrame(dic1)
9. print(df1)
10.
11. # 方法 2:嵌套字典
12. dic2 = {'name':{0:'张三',1:'李四',2:'王五'},
13.         'age':{0:10,1:20,2:80},
14.         'gender':{0:'f',1:'m',2:'f'}}
15. df2 = pd.DataFrame(dic2)
16. print(df2)
17.
18. # 方法 3:列表
19. dic3 = [[10,'f','张三'],[20,'m','李四'],[80,'f','王五']]
20. df3 = pd.DataFrame(dic3,columns = ['age','gender','name'])
21. print(df3)
22. ----------------------
23.    age gender   name
24. 0   10      f   张三
25. 1   20      m   李四
26. 2   80      f   王五
```

7.2.4 DataFrame 的写入与读取

Pandas 支持对 DataFrame 对象的读写操作，其可以支持很多联系的文件格式，最常用的是 csv 和 xlsx 格式。当存在一个 DataFrame 时，可以通过 to_csv( ) 或 to_excel( ) 函数创建一个 csv 或 xlsx 格式的文件并保存到当前路径。

```
1. import pandas as pd
2.
3. dic = {'name':['Alice','Jack','Bob'],
4.        'age':[10,20,80],
```

```
5.          'gender':['f','m','f']}
6.
7. df = pd.DataFrame(dic)
8. df.to_csv('./person.csv') # 保存为 csv 格式
9. df.to_excel('./person.xlsx') # 保存为 xlsx 格式
```

读取 csv 或 xlsx 格式的文件时则可以使用 read_csv( ) 或 read_excel( ) 函数。

```
1. df1 = pd.read_csv('./person.csv')
2. print(df1)
3. ----------------------
4.    Unnamed:0  age gender   name
5. 0           0   10      f  Alice
6. 1           1   20      m   Jack
7. 2           2   80      f    Bob
8.
9. df2 = pd.read_excel('./person.xlsx')
10. print(df2)
11. ----------------------
12.    age gender   name
13. 0   10      f  Alice
14. 1   20      m   Jack
15. 2   80      f    Bob
```

我们可以看到，读取 person.csv 文件时多了"Unnamed：0"列，这是因为使用 to_csv( ) 将 DataFrame 对象保存为 csv 格式的文件时会自动保存索引。当读取该文件时，会将保存的索引识别为新的一列，由于原始索引没有命名，因此以"Unnamed：0"进行自动命名。

7.2.5　DataFrame 的索引

DataFrame 可以理解为由行和列构成的二维表格，其行索引可以使用 DataFrame.index（相当于 Series.name）进行查看，列索引可以使用 DataFrame.columns（相当于 Series.index）进行查看。

```
1. import pandas as pd
2.
3. df = pd.read_excel('./person.xlsx')
```

```
4. print(df)
5. print(df. index) # 查看 df 的行索引
6. print(df. columns) # 查看 df 的列索引
7. ---------------------
8.     age gender    name
9. 0    10        f   Alice
10. 1    20        m    Jack
11. 2    80        f     Bob
12. Int64Index([0,1,2],dtype = 'int64')
13. Index(['age','gender','name'],dtype = 'object')
```

我们也可以使用 rename( )、reset _ index( ) 和直接修改 DataFrame 属性等方法对索引进行修改。其中，rename( ) 只有在 inplace＝True 时，才能在原来的 DataFrame 上进行修改，reset _ index( ) 则在 drop＝True 时丢弃原有索引，否则原有索引将新生成一列名为“index”的列。

```
14. # 修改 DataFrame 的行索引 1
15. df. rename(index = {0:10,1:20,2:30},inplace = True)
16. print(df. index)
17. ---------------------
18. Int64Index([10,20,30],dtype = 'int64')
19. # 修改 DataFrame 的行索引 2
20. df. reset _ index(inplace = True,drop = True)
21. print(df. index)
22. ---------------------
23. RangeIndex(start = 0, stop = 3, step = 1)
24.
25. # 修改 DataFrame 的列索引 1
26. df. rename(columns = {'gender':'sex'}, inplace = True)
27. print(df. columns)
28. ---------------------
29. Index(['age','sex','name'],dtype = 'object')
30. # 修改 DataFrame 的列索引 2
31. df. columns = ['age','gender','name']
32. print(df. columns)
```

```
33. ---------------------
34. Index(['age','gender','name'],dtype='object')
```

除了上述提到的常用方法，还有 set_index( )、reindex( ) 等方法能修改索引。

7.2.6 DataFrame 的增、删、改、查

(1) 增加

我们通过赋值进行增加行列的操作，在 person. xlsx 上的操作如下所示。

```
1. import pandas as pd
2.
3. df = pd.read_excel('./person.xlsx')
4. print(df)
5. ---------------------
6.    age gender   name
7. 0   10      f  Alice
8. 1   20      m   Jack
9. 2   80      f    Bob
10.
11. # 增加 marriage 列,全部赋值为 1
12. df['marriage'] = 1
13. print(df)
14. ---------------------
15.    age gender   name  marriage
16. 0   10      f  Alice         1
17. 1   20      m   Jack         1
18. 2   80      f    Bob         1
19.
20. # 增加行
21. df.loc['3'] = {'age':30,'gender':'m','name':'Mary','marriage':1}
22. print(df)
23. ---------------------
24.    age gender   name  marriage
25. 0   10      f  Alice         1
26. 1   20      m   Jack         1
```

```
27. 2   80      f    Bob          1
28. 3   30      m   Mary          1
29.
30. # 增加行,必须指定 Series 的 name 作为新增行的索引或在 append 中指定
    ignore _ index 为 True,自动生成索引
31. new = pd. Series({'age':20,'gender':'m','name':'Sophia','marriage':0})
32. df = df. append(new,ignore _ index = True)
33. print(df)
34. ---------------------
35.    age gender    name  marriage
36. 0   10      f   Alice         1
37. 1   20      m    Jack         1
38. 2   80      f     Bob         1
39. 3   30      m    Mary         1
40. 4   20      m  Sophia         0
```

除了上述较为常用的方法外，还有很多其他方法（如 insert( ) 等）可以实现增加操作。

(2) 查询

我们既可以通过 loc 和 iloc 查看某些位置的具体数值，也可以通过指定行索引或列索引查看整行或整列的结果。其中 loc 为按标签查找，而 iloc 是按位置查找，位置从 0 开始标记，两者行和列之间均用“,”分隔，如果需要选定多行或多列，则需要传入待选定行列表或列列表。

```
41. # 查看 Alice 的年龄
42. print(df. loc[0,'age']) # 这里的 0 是索引值,结果:10
43. print(df. iloc[0,0]) # 这里的 0 是位置,结果:10
44. print(df[df['name'] = = 'Alice']['age']) # 条件查询
45. ---------------------
46. 0     10
47. Name:age,dtype:int64
48.
49. # 查看行
50. print(df[0:1])
51. ---------------------
52.    age gender   name  marriage
```

```
53. 0   10      f  Alice          1
54.
55. print(df.loc[0])
56. ---------------------
57. age              10
58. gender            f
59. name          Alice
60. marriage          1
61. Name:0,dtype:object
62.
63. # 查看列
64. print(df['name'])
65. ---------------------
66. 0      Alice
67. 1       Jack
68. 2        Bob
69. 3       Mary
70. 4     Sophia
71. Name:name,dtype:object
72.
73. print(df.loc[:,'name'])
74. ---------------------
75. 0      Alice
76. 1       Jack
77. 2        Bob
78. 3       Mary
79. 4     Sophia
80. Name:name,dtype:object
```

除了 loc 和 iloc 外，还有 ix 等方式可以进行查询，感兴趣的读者可以深入了解。

（3）修改

loc 和 iloc 得到的是 DataFrame 的一个视图，视图和原始 DataFrame 指向同一块内存位置，所以当改变视图内容时，原始 DataFrame 的内容也会同样改变。所以可以使用查询进行定位，然后通过赋值操作对 DataFrame 中的值进行修改。

```
81. # 修改整列
82. df['gender'] = 'f'
83. print(df)
84. ---------------------
85.    age gender     name  marriage
86. 0   10      f    Alice         1
87. 1   20      f     Jack         1
88. 2   80      f      Bob         1
89. 3   30      f     Mary         1
90. 4   20      f   Sophia         0
91.
92. # 修改指定位置
93. df.iloc[1,1] = 'm'
94. df.loc[0,'marriage'] = 0
95. print(df)
96. ---------------------
97.    age gender     name  marriage
98. 0   10      f    Alice         0
99. 1   20      m     Jack         1
100. 2   80      f      Bob         1
101. 3   30      f     Mary         1
102. 4   20      f   Sophia         0
```

（4）删除

删除操作可以使用 drop( ) 方法，需要通过指定行索引或列索引删除某列或某行，也可以通过传入一个待删除的索引列表，指明其所在的轴（axis）来进行多行或多列的删除（0 表示删除行，1 表示删除列）。inplace=True 时才能直接对原来的 DataFrame 进行修改。

```
103. # 删除行
104. df.drop(0,axis = 0,inplace = True)
105. print(df)
106. ---------------------
107.    age gender     name  marriage
108. 1   20      m     Jack         1
109. 2   80      f      Bob         1
```

```
110.3   30     f    Mary         1
111.4   20     f  Sophia         0
112.
113.# 删除列
114.df.drop(['gender','marriage'],axis = 1,inplace = True)
115.print(df)
116.--------------------
117.    age    name
118.1   20     Jack
119.2   80      Bob
120.3   30     Mary
121.4   20   Sophia
```

DataFrame的删除操作也可以通过pop( )、del等进行。

7.2.7　DataFrame的数据统计方法

DataFrame中提供丰富的属性和基本统计方法[1]，让我们能快速了解DataFrame的结构。常用的属性和方法如表7-2所示。

表7-2　DataFrame的常用属性和方法

属性/方法	说明
DataFrame.values	DataFrame的值
DataFrame.shape	DataFrame的形状
DataFrame.ndim	DataFrame的维度
DataFrame.size	DataFrame数据的数量
DataFrame.head( )	查看前几行，可设置查看的行数，默认为5行
DataFrame.tail( )	查看后几行，可设置查看的行数，默认为5行
DataFrame.info( )	DataFrame的简要摘要
DataFrame.describe( )	查看数据按列的统计信息
DataFrame.count( )	计算每行/列非空元素的数量
DataFrame.mean( )	计算每行/列的均值
DataFrame.median( )	计算每行/列的中位数
DataFrame.groupby( )	对数据进行分组并在组上进行计算操作

我们使用部分函数对加利福尼亚州住房数据集[2]进行初步探索。加利福尼亚州住房数据集基于1990年加州人口普查数据建立，包含9个变量，分别是经度、维度、房屋年龄中位数、总房间数、卧室数量、人口数、家庭数、收入中位数、房屋价值中位数。

---

① 更多属性和方法可以参阅：https://pandas.pydata.org/pandas-docs/stable/reference/frame.html。

② 加利福尼亚州住房数据集来源：https://www.dcc.fc.up.pt/~ltorgo/Regression/cal_housing.html。

```
1. import pandas as pd
2.
3. data = pd.read_csv('./cal_housing.data',header = None)
4. data.columns = ['longitude','latitude','housingMedianAge','totalRooms',
   'totalBedrooms','population','households','medianIncome','medianHouseValue']
5. print(data.shape)# 查看形状
6. ----------------------
7. (20640,9)
8.
9. print(data.head())# 查看前 5 行
10. ----------------------
11.   longitude  latitude  housingMedianAge  totalRooms  totalBedrooms  \
12.0   -122.23     37.88             41.0       880.0          129.0
13.1   -122.22     37.86             21.0      7099.0         1106.0
14.2   -122.24     37.85             52.0      1467.0          190.0
15.3   -122.25     37.85             52.0      1274.0          235.0
16.4   -122.25     37.85             52.0      1627.0          280.0
17.
18.   population  households  medianIncome  medianHouseValue
19.0      322.0       126.0        8.3252          452600.0
20.1     2401.0      1138.0        8.3014          358500.0
21.2      496.0       177.0        7.2574          352100.0
22.3      558.0       219.0        5.6431          341300.0
23.4      565.0       259.0        3.8462          342200.0
24.
25. print(data.describe()) # 按行进行描述性统计
26. ----------------------
27.           longitude      latitude  housingMedianAge    totalRooms  \
28. count  20640.000000  20640.000000      20640.000000  20640.000000
29. mean    -119.569704     35.631861         28.639486   2635.763081
30. std        2.003532      2.135952         12.585558   2181.615252
31. min     -124.350000     32.540000          1.000000      2.000000
32. 25%     -121.800000     33.930000         18.000000   1447.750000
33. 50%     -118.490000     34.260000         29.000000   2127.000000
```

```
34. 75 %        - 118. 010000       37. 710000        37. 000000     3148. 000000
35. max        - 114. 310000       41. 950000        52. 000000    39320. 000000
36.
37.          totalBedrooms      population     households  medianIncome   \
38. count    20640. 000000   20640. 000000  20640. 000000  20640. 000000
39. mean       537. 898014    1425. 476744    499. 539680       3. 870671
40. std        421. 247906    1132. 462122    382. 329753       1. 899822
41. min          1. 000000       3. 000000      1. 000000       0. 499900
42. 25 %       295. 000000     787. 000000    280. 000000       2. 563400
43. 50 %       435. 000000    1166. 000000    409. 000000       3. 534800
44. 75 %       647. 000000    1725. 000000    605. 000000       4. 743250
45. max       6445. 000000   35682. 000000   6082. 000000      15. 000100
46.
47.          medianHouseValue
48. count        20640. 000000
49. mean        206855. 816909
50. std         115395. 615874
51. min          14999. 000000
52. 25 %        119600. 000000
53. 50 %        179700. 000000
54. 75 %        264725. 000000
55. max         500001. 000000
```

如果我们需要查看各房屋年龄下的最大总房间数，首先需要对房屋年龄进行分组，然后求每组总房间数的最大值。

```
56. gb = data. groupby('housingMedianAge')
57. print(gb['totalRooms']. max())
58. ---------------------
59. housingMedianAge
60. 1         2254
61. 2        30450
62. 3        39320
63….
64. 51        4280
```

```
65.52        6186
66.Name:totalRooms,dtype:int64
```

7.2.8 缺失数据处理

在实际数据集中，由于主观或客观原因会出现数据缺失，缺失数据过多可能会影响数据分析与挖掘的效果，因此需要对此进行处理。DataFrame 有三种常用的方法来查看和处理数据缺失：①isnull( ) 方法。该方法可以判断 DataFrame 中哪些是缺失值。②dropna( ) 方法。该方法可以删除缺失值。常用的参数有 axis、how 和 subset 三个参数。其中 axis 是指定处理的轴，0 表示行，1 表示列；how 是指定如何删除缺失值，'all'表示行或列全为缺失值才删除，'any'表示行或者列只要有缺失值就删除；subset 参数指定需要查找缺失值的子列。③fillna( ) 方法。该方法可以用指定的值对缺失值进行填充。对于后两种方法，需要指定 inplace=True，否则不会对原有 DataFrame 进行修改。

```
1. import pandas as pd
2.
3. dic = {'name':['张三','李四','王五'],'gender':['f','m','f']}
4. df = pd.DataFrame(dic,columns = ['name','gender','age'])
5. print(df)
6. ---------------------
7.      name gender  age
8.  0   张三      f  NaN
9.  1   李四      m  NaN
10. 2   王五      f  NaN
```

我们可以通过 df.isnull( ) 查看是否存在缺失值，会发现 age 列为缺失值。

```
11. print(df.isnull())
12. ---------------------
13.      name  gender   age
14.1   False   False  True
15.2   False   False  True
16.3   False   False  True
```

由于 age 列全为缺失值，故可以通过 dropna( ) 方法去除该列，设置 how 参数为'all'。

```
17. df1 = df.dropna(axis = 1,how = 'all')
18. print(df1)
19. --------------------
20.     name    gender
21. 0   张三      f
22. 1   李四      m
23. 2   王五      f
```

也可以通过 fillna( ) 方法进行缺失值填充。在具体的分析工作中可以使用中位数、众数或均值等统计值进行填充。

```
24. df2 = df.fillna(value = 20)
25. print(df2)
26. --------------------
27.     name gender  age
28. 0   张三      f   20
29. 1   李四      m   20
30. 2   王五      f   20
```

7.2.9　数据离散化

数据离散化是将取值连续的属性转化为分类属性。在实际分析中，数据往往是连续属性和离散属性并存的，对取值连续的属性进行离散化对于后续的数据分析与挖掘具有重要的意义，例如一些数据挖掘算法（如分类）是基于离散型数据的离散化的特征往往更容易理解等。DataFrame 支持的离散化方法有两种：①cut( ) 方法，即等宽法，将属性的值域分成具有相同宽度的区间；②qcut( ) 方法，即等频法，按照相同的频数将属性分成不同的区间。常用参数大同小异，主要有待分组的数据（x）和组数（bins/q），还可以输入列表（labels）进行分组赋值。

```
1. import numpy as np
2. import pandas as pd
3.
4. data = np.random.randn(100) # 生成 100 个服从标准正态分布的随机数
5. group1 = pd.cut(data,bins = 5) # 等宽法离散化,将数据分为 5 组
6. group2 = pd.qcut(data,q = 5) # 等频法离散化,将数据分为 5 组
7. print('group1:\n',group1.value_counts())
```

```
8. print('group2: \ n',group2. value _ counts())
9. ---------------------
10. group1:
11. ( - 3. 073, - 2. 029]       4
12. ( - 2. 029, - 0. 99]       12
13. ( - 0. 99,0. 0487]         31
14. (0. 0487,1. 087]           37
15. (1. 087,2. 126]            16
16. dtype:int64
17. group2:
18.  ( - 3. 068, - 0. 744]     20
19. ( - 0. 744, - 0. 0239]     20
20. ( - 0. 0239,0. 243]        20
21. (0. 243,0. 896]            20
22. (0. 896,2. 126]            20
23. dtype:int64
```

7.3 NLTK

NLTK（Natural Language Toolkit）[①] 是自然语言处理工具包，集成了大量语料库和词汇资源，提供了丰富的主要基于英文的文本处理方法。接下来将介绍 NLTK 中常用的英文文本预处理方法，包括分句与分词、词性标注、符号和停用词处理、词干提取与词形还原以及词相似度计算等。

7.3.1 分句与分词

分句是指把由多个句子组成的文档拆分成句子，分词则是把由多个词语组成的句子拆分成词语。通常情况下文本分析是以词为单元进行的，因此需要对原始文档进行分句和分词的预处理。我们可以通过自定义句子间和词语间的分隔符号，使用 split( ) 进行分句和分词，也可以通过 NLTK 的 sent _ tokenize( ) 和 word _ tokenize( ) 函数进行分句和分词。

```
1. import nltk
2.
3. doc = 'Business analytics is a field that drives practical,data - driven
```

① 更多内容可以参阅：http：//www. nltk. org/。

```
   changes in a business. It is a practical application of statistical analy-
   sis that focuses on providing actionable recommendations. Analysts in
   this field focus on how to apply the insights they derive from data.'
4. sent = nltk.sent_tokenize(doc) # 分句,返回的是句子列表
5. word = nltk.word_tokenize(sent[0]) # 分词,返回的是词语列表
6. print(sent)
7. print(word)
8. ---------------------
9. ['Business analytics is a field that drives practical,data-driven chan-
   ges in a business.','It is a practical application of statistical analysis
   that focuses on providing actionable recommendations.','Analysts in this
   field focus on how to apply the insights they derive from data.']
10. ['Business','analytics','is','a','field','that','drives','practical',',','data-
    driven','changes','in','a','business','.']
```

7.3.2 词性标注

词性标注是赋予句子中每个词准确的词性标签，如动词、名词、形容词等，是句法分析、实体识别等工作的基础，是文本预处理的重要步骤之一。pos_tag( ) 函数能进行词性标注。

```
11. postag = nltk.pos_tag(word) # 词性标注
12. print(postag)
13. ---------------------
14. [('Business','NN'),('analytics','NNS'),('is','VBZ'),('a','DT'),('field','NN'),
    ('that','WDT'),('drives','VBZ'),('practical','JJ'),(',',','),('data-driven',
    'JJ'),('changes','NNS'),('in','IN'),('a','DT'),('business','NN'),('.','.')]
```

其中，NN 表示名词，DT 表示限定词，JJ 表示形容词，其他词性标签可以在 NLTK 官网中查阅。

7.3.3 符号和停用词处理

停用词是指在语言表达中常常出现但没有太多意义且通常可以忽略的词汇。在英文表达中，冠词、介词以及连词等都属于停用词（如 a、about、are、this 等），为了提高运算效率，可以去除。我们可以根据词性来过滤停用词，也可以自定义停用词表或利用 NLTK 中自带的英文停用词表进行处理。

```
1. from nltk.corpus import stopwords
2.
3. punctuation = '!"#$%&\'()*+,-./:;<=>?@[\]^_`{|}~'
   # 自定义部分标点符号
4. stw = stopwords.words('english') # NLTK 自带停用词表
5. new = [w.lower() for w in word if w not in punctuation and w not in stw]
6. print(new)
7. ---------------------
8. ['business','analytics','field','drives','practical','data-driven','changes',
   'business']
```

我们可以看到，上述处理把标点符号和 is、a 等停用词均去除了。

7.3.4 词干提取与词形还原

词干提取（stemming）是一个将词语简化为词干、词根或词形的过程。在英文表达中，一个词可能有多种形式，如动词有不同的时态、名词有单复数等。尽管形态不同，但表达的意思相近。词形还原（lemmatization）是将单词的不同形式还原到一个常见的基础形式。与词干提取不同的是，词干提取往往是简单地去掉单词的前后缀，得到词根，而词形还原并不是简单地对单词进行切断或变形，而是通过使用词汇知识库来将单词的复杂形态转变成最基础的形态。

```
1. from nltk.stem import PorterStemmer
2. from nltk.stem.wordnet import WordNetLemmatizer
3.
4. word = ['driven','drives','having','has','are','were']
5. stemmer = PorterStemmer() # 词干提取
6. stem_result = [stemmer.stem(w) for w in word]
7. print(stem_result)
8. ---------------------
9. ['driven','drives','have','ha','are','were']
10.
11. lemmatizer = WordNetLemmatizer() # 词形还原
12. lem_result1 = [lemmatizer.lemmatize(w) for w in word]
13. lem_result2 = [lemmatizer.lemmatize(w,pos = 'v') for w in word]
    # 指定词性
```

```
14. print(lem _ result1)
15. print(lem _ result2)
16. ----------------------
17. ['driven','drive','having','ha','are','were']
18. ['drive','drive','have','have','be','be']
```

我们可以看到，词形还原中指定词性后的还原效果更理想。

7.3.5　词相似度计算

NLTK 中集成了多种词典，我们可以使用 WordNet[①] 计算词与词之间的相似度。WordNet 是普林斯顿大学基于认知语言学按照词义组成的一个网络，WordNet 中的单词以（单词 . 词性 . 序号）的三元组形式存储，因为同一词性的单词可能有多个词义，所以用序号进行区分。我们可以通过 wordnet. synsets( ) 获得该词在 WordNet 中的同义词集合。

```
1. from nltk. corpus import wordnet
2.
3. print(wordnet. synsets('football')) # 输出 football 的同义词集合
4. ----------------------
5. [Synset('football. n. 01'),Synset('football. n. 02')]
6.
7. print('No. 1:',wordnet. synset('football. n. 01'). definition()) # 定义
8. print('No. 2:',wordnet. synset('football. n. 02'). definition())
9. ----------------------
10.  No. 1:any of various games played with a ball (round or oval) in which two
     teams try to kick or carry or propel the ball into each other's goal
11. No. 2:the inflated oblong ball used in playing American football
```

通过 wordnet. path _ similarity( ) 基于两个词在 WordNet 中的最短路径计算相似度，此外还有 wordnet. lch _ similarity( ) 和 wordnet. wup _ similarity( ) 等方法可以计算词相似度。

```
12. w1 = wordnet. synset('basketball. n. 01')
13. w2 = wordnet. synset('soccer. n. 01')
14. w3 = wordnet. synset('football. n. 01')
```

① WordNet 的介绍参见：https：//wordnet. princeton. edu/。

```
15. print(wordnet.path_similarity(w1,w2)) # 0.14285714285714285
16. print(wordnet.path_similarity(w2,w3)) # 0.5
```

本节简单介绍了 NLTK 中常用的处理英文文本的方法。在文本分析中还有如句法依存关系解析（syntactic dependency parsing）、实体识别（entity recognition）等文本处理技术，这些技术需要依赖其他复杂的模型，感兴趣的读者可以参考斯坦福大学自然语言处理研究团队的相关成果[①]。若要处理结构和语法都更为复杂的中文文本，可以使用 jieba[②]（“结巴”中文分词系统）、PyNLPIR[③]（中科院 NLPIR 大数据语义智能分析平台）、PyLTP[④]（哈工大语言技术平台）和 THULAC[⑤]（清华大学中文词法分析工具包）等进行处理，具体不再展开。

 7.4 思考练习题

1. 如何验证 Numpy、Pandas 等模块在科学计算中更有优势？

2. 请分别举出需要使用多维数组、改变数组形状、进行数组拼接的实际情况。

3. 练习使用 Numpy 和 Pandas 对数据进行预处理（例如异常值的判断和修改、数据标准化等）。

4. 基于 NLTK 包，如何实现词频统计？如何提取一段文档中出现频率最高的 N 个名词？

5. 英文文本分析中往往有词组的概念（如 United Nations）。如何识别和提取词组？

6. 符号和停用词处理是必要的吗？哪些情况下需要保留符号和停用词？

---

① Stanford NLP 官网：https://nlp.stanford.edu/。

② “结巴”中文分词系统：https://pypi.org/project/jieba/。

③ NLPIR 大数据语义智能分析平台：https://pypi.org/project/PyNLPIR/。

④ 哈工大语言技术平台：https://pypi.org/project/pyltp/。

⑤ 清华大学中文词法分析工具包：https://pypi.org/project/thulac/。

第 8 章　数据可视化

图表可以高效地呈现数据间的复杂关系，加深读者对数据的理解和印象，因此数据可视化尤为重要。本章将重点介绍 Python 中常用的数据可视化库：Matplotlib、Seaborn 和 PYecharts。Matplotlib 是数据可视化非常重要的一个库，能够兼容 Numpy，定制需要绘制的图形，灵活性强，绘图质量高；Seaborn 是 Matplotlib 一个高级 API，可以简单快速地画出许多精美图表；PyEcharts 提供了基于百度地图的地理数据可视化功能，能很好地展现空间数据。

8.1 Matplotlib

Matplotlib 是 Python 中最常用的可视化工具之一，可以方便地创建海量类型的二维图形和基本的三维图形，不仅画图质量高，还集成了方便快捷的绘图模块，如 Pyplot 模块和 Pylab 模块（含 Numpy 和 Pyplot 的常用函数）。本节将介绍 Pyplot 模块的一些基本方法。

8.1.1 图形的创建

创建二维图形的基本方式是使用 Pyplot 模块的 plot( ) 函数，该函数需要传入两个长度一致的横纵坐标数组，横纵坐标数组对应位置上的值构成一个点，plot( ) 会将这些点放在图像中。在未指定其他参数的情况下默认会将所有点连线。在使用 plot( ) 构造图像后，还需要调用 show( ) 函数将图像展示出来。例如下述代码绘制的图 8-1。

```
1. from matplotlib import pyplot as plt
2. import numpy as np
3.
4. def fun(x):
5.     return 0.01 * x ** 2 - np.sin(x)
6.
7. x = np.arange(-20.0,20.0,0.01)
8. y = fun(x)
```

```
9. plt.plot(x,y)
10. plt.savefig('test.jpg') # 以 jpg 格式保存图片
11. plt.show()
```

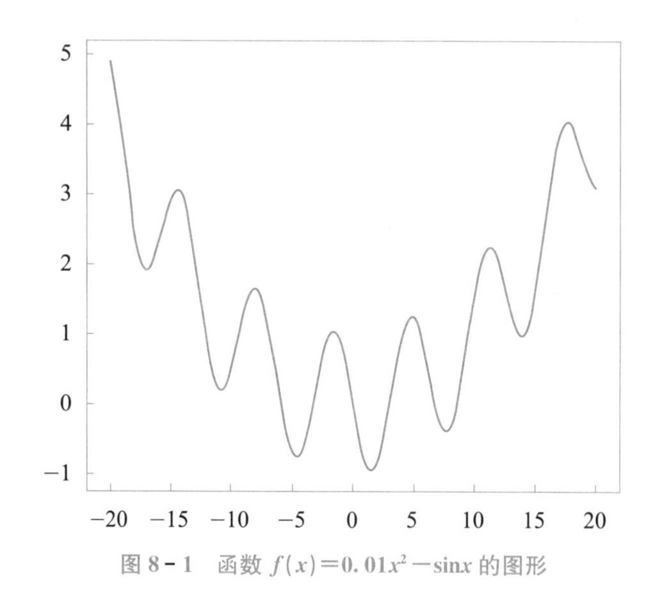

图 8-1　函数 $f(x)=0.01x^2-\sin x$ 的图形

plot( ) 函数含有几个常用参数：①color，设置线条颜色。支持常用颜色的英文名称，如'blue'；也支持颜色十六进制值，如'#DC143C'。②linestyle，设置线型。支持的线型有'—'、'——'、'—.'、'：'、'None'、'solid'、'dashed'、'dashdot'和'dotted'等。③linewidth，设置线条宽度，默认值为 1.5。我们设置上例中的这些参数来改变图形。

```
1. plt.plot(x,y,color = 'black',linestyle = '-.',linewidth = 1)
2. plt.show()
```

8.1.2　绘制多函数图像

我们在绘制图像时，经常需要把多条曲线画在同一个坐标轴中或是同时绘制多个图像且并列显示。Pyplot 模块提供了解决上述问题的方法。

将多条曲线绘制在同一个坐标系中可以通过多次调用 plot( ) 函数实现。如将 $f(x)=0.01x^2-\sin x$（见图 8-2）和 $f(x)=-0.01x^2+\sin x$ 绘制在同一个图像（见图 8-3）中可以通过如下方式实现。

```
1. from matplotlib import pyplot as plt
2. import numpy as np
3.
4. def fun(x):
```

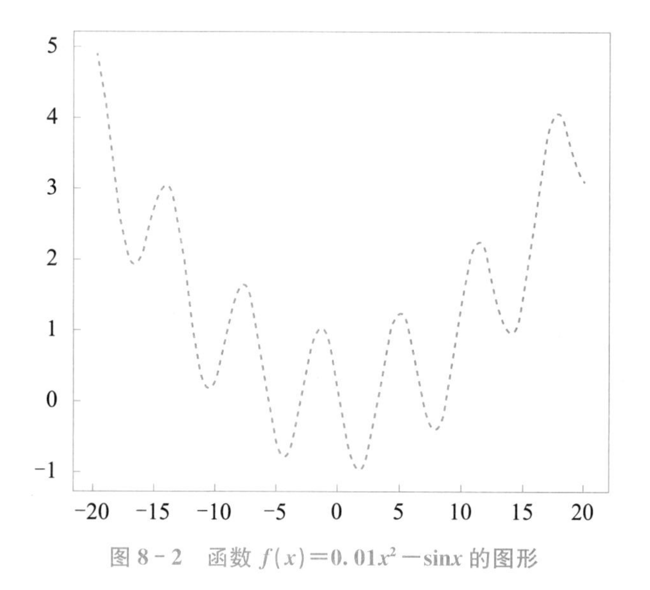

图 8-2　函数 $f(x)=0.01x^2-\sin x$ 的图形

```
5.      return 0.01 * x * * 2 - np.sin(x)
6.
7. x = np.arange( - 20.0,20.0,0.01)
8. y = fun(x)
9. plt.plot(x,y,color = 'black',linestyle = '-.',linewidth = 2)
10. plt.plot(x, - y,color = 'black',linestyle = '-',linewidth = 2)
11. plt.show()
```

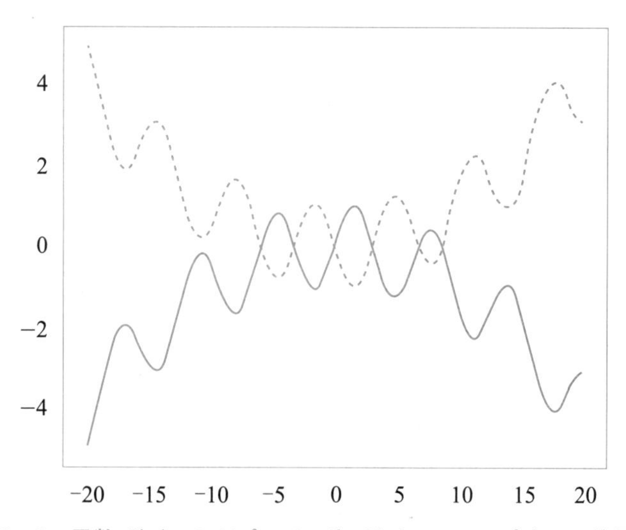

图 8-3　函数 $f(x)=0.01x^2-\sin x$ 和 $f(x)=-0.01x^2+\sin x$ 的图形

同时绘制多个图像且并列显示，即子图，可以通过 pyplot. subplot( ) 函数实现：首先，利用 pyplot. figure( ) 函数创建一张新图，表示之后的操作是基于该图像的操作；其次，利用 pyplot. subplot( ) 函数创建一张子图，其参数为三位正整数，分别表示行数、列数和索引值。索引值满足 1≤索引值≤行数 * 列数，例如 121 表示含有 1 行 2 列 2 个子图的图像中索引值为 1 的子图；最后，利用 pyplot. plot( ) 函数画出所需画的图形。如下方代码及图 8-4 所示。

```
1. def fun(x):
2.     return 0.01 * x * * 2 - np.sin(x)
3.
4. x = np.arange(-20.0,20.0,0.01)
5. y = fun(x)
6. plt.figure(1)
7. plt.subplot(121)
8. plt.plot(x,y,color = 'black',linestyle = '-.',linewidth = 2)
9. plt.subplot(122)
10. plt.plot(x,-y,color = 'black',linestyle = '-',linewidth = 2)
11. plt.show()
```

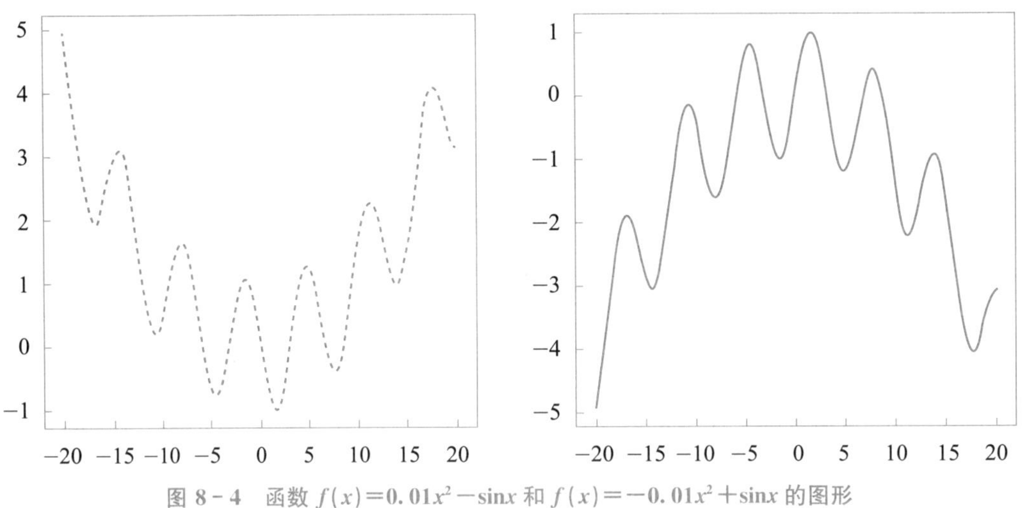

图 8-4　函数 $f(x)=0.01x^2-\sin x$ 和 $f(x)=-0.01x^2+\sin x$ 的图形

pyplot. subplot( ) 函数还有很多其他功能，如在子图状态下定义极坐标系，画出极坐标系下的图形。心脏线 $\rho=2(1+\cos\theta)$ 的图像可以通过以下代码实现，结果如图 8-5 所示。

```
1. a = np.arange(0,2 * np.pi,0.01)
2. fig = plt.figure(1)
3. ax1 = plt.subplot(111,projection = 'polar')
4. ax1.plot(a,2 * (1 + np.cos(a)))
5. plt.show()
```

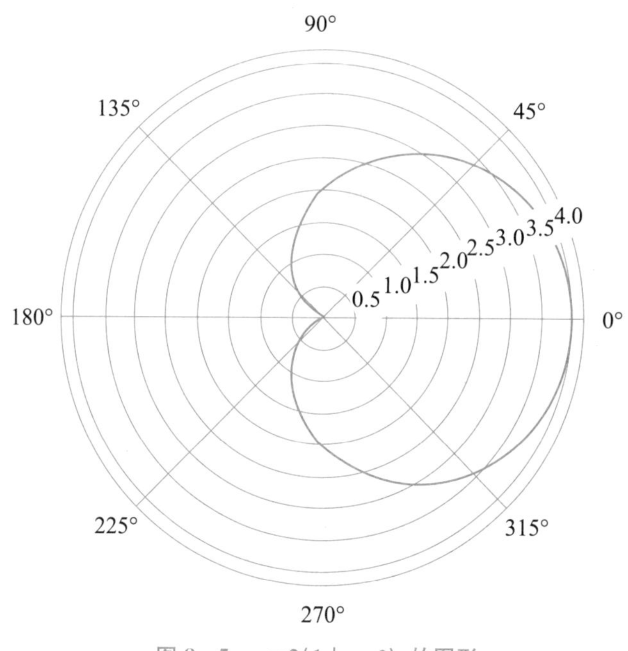

图 8-5　$\rho=2(1+\cos\theta)$ 的图形

8.1.3　添加图形信息

图形中只有曲线可能会给读者造成一定的误解，因此我们需要在图形中添加信息以便于理解。Pyplot 模块提供丰富的方法设置和修改图形信息，常用的函数如表 8-1 所示。

表 8-1　常用的设置和修改图表信息的函数

函数	说明
pyplot. axis( )	设置图表显示的坐标轴范围
pyplot. xlim( )	设置图表横坐标范围
pyplot. ylim( )	设置图表纵坐标范围
pyplot. xlabel( )	设置图表横坐标的标签
pyplot. ylabel( )	设置图表纵坐标的标签
pyplot. title( )	设置图表的标题
pyplot. legend( )	设置图表的图例信息
pyplot. grid( )	设置图表网格线
pyplot. axhline( )	添加水平直线
pyplot. axvline( )	添加垂直直线
pyplot. text( )	添加文本
pyplot. annotate( )	添加注释

我们采用表 8-1 中的部分函数对图 8-3 和图 8-4 进行优化。

图 8-3 将两个函数绘制在一张图表上，因此需要使用图例或文本进行区分。此外，我们还添加了横纵坐标的标签、图表的标题、图例、文本和网格线等（见图 8-6）。

```
1. from matplotlib import pyplot as plt
2. import numpy as np
3.
4. def fun(x):
5.     return 0.01 * x * * 2 - np.sin(x)
6.
7. x = np.arange( - 20.0,20.0,0.01)
8. y = fun(x)
9. plt.plot(x,y,color = 'black',linestyle = '-.',linewidth = 2)
10. plt.plot(x, - y,color = 'black',linestyle = '-',linewidth = 2)
11. plt.xlabel('x') # 设置 x 轴标签
12. plt.ylabel('y') # 设置 y 轴标签
13. plt.title('the curve of $ y = 0.01x^{2} - sin(x) $ and $ y = - 0.01x^{2} +
    sin(x) $') # 添加图形标题, $ y = 0.01x^{2} - sin(x) $ 是 Latex 格式,感兴
    趣的读者可以自行了解
14. plt.legend(['$ y = 0.01x^{2} - sin(x) $','$ y = - 0.01x^{2} + sin(x) $'],
    loc = 2) # 添加图例,loc 参数代表图例位置
15. plt.axvline(x = 0,color = 'black') # 添加 x = 0 的垂直线
16. plt.axhline(y = 0,color = 'black') # 添加 y = 0 的水平线
17. plt.text( - 12,3,'$ y = 0.01x^{2} - sin(x) $') # 添加文本解释曲线,前两
    个参数是坐标
18. plt.text( - 12, - 3,'$ y = - 0.01x^{2} + sin(x) $') # 添加文本解释曲线,
    前两个参数是坐标
19. plt.grid() # 添加网格线
20. plt.show()
```

图 8-4 同时绘制了两个图像，为了便于比较，应该将两张子图的坐标轴对齐。见下方代码运行结果图 8-7。

```
1. def fun(x):
2.     return 0.01 * x * * 2 - np.sin(x)
3.
4. x = np.arange( - 20.0,20.0,0.01)
5. y = fun(x)
6. plt.figure(1)
```

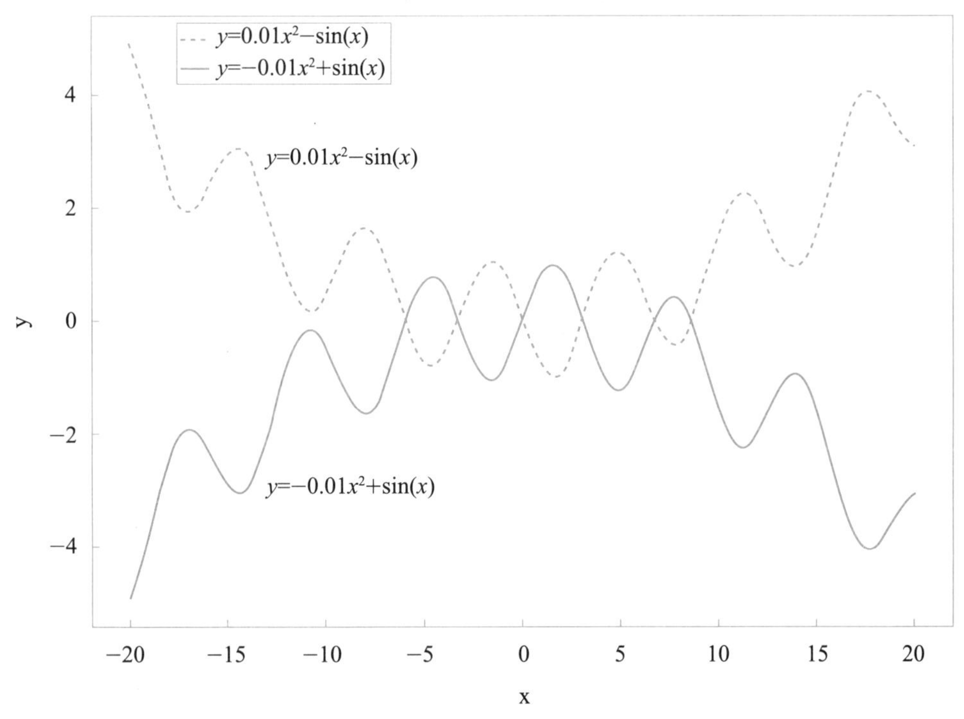

图 8-6　函数 $f(x)=0.01x^2-\sin x$ 和 $f(x)=-0.01x^2+\sin x$ 的图形

```
7. plt.subplot(121)
8. plt.plot(x,y,color = 'black',linestyle = '-.',linewidth = 2)
9. plt.ylim( - 5,5)
10. plt.xlabel('x') # 设置 x 轴标签
11. plt.ylabel('y') # 设置 y 轴标签
12. plt.title('the curve of $ y = 0. 01x^{2} - sin(x) $ ') # 添加图形标题
13. plt.axvline(x = 0,color = 'black') # 添加 x = 0 的垂直线
14. plt.axhline(y = 0,color = 'black') # 添加 y = 0 的水平线
15. plt.subplot(122)
16. plt.plot(x, - y,color = 'black',linestyle = '-',linewidth = 2)
17. plt.ylim( - 5,5)
18. plt.xlabel('x') # 设置 x 轴标签
19. plt.ylabel('y') # 设置 y 轴标签
20. plt.title('the curve of $ y = - 0. 01x^{2} + sin(x) $ ') # 添加图形标题
21. plt.axvline(x = 0,color = 'black') # 添加 x = 0 的垂直线
22. plt.axhline(y = 0,color = 'black') # 添加 y = 0 的水平线
```

```
23. plt.subplot(122)
24. plt.show()
```

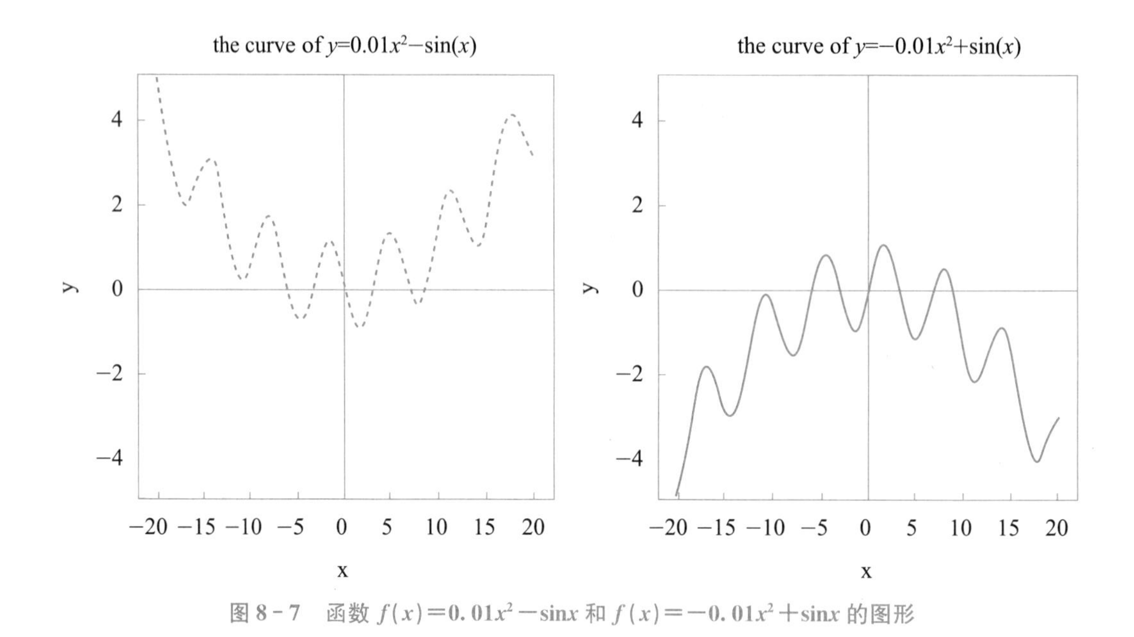

图 8-7　函数 $f(x)=0.01x^2-\sin x$ 和 $f(x)=-0.01x^2+\sin x$ 的图形

8.1.4　不同类型的图形

除了之前介绍的曲线图，Pyplot 模块还支持其他类型的基本图形，接下来将介绍直方图、柱状图、饼图和散点图的绘制方法。

（1）直方图：pyplot.hist( )

直方图能够直观地显示各组频数/频率的分布情况和各组之间的差别。Matplotlib 中可以使用 pyplot.hist( ) 来绘制直方图。该函数有几个重要参数：①x，用于绘制直方图的数据，支持列表和 Numpy 数组；②bins，直方图中箱子的数量；③range，图形的上下限，以列表形式传入；④normed，0 为频数分布直方图，1 为频率分布直方图，默认为 0。

```
1. import matplotlib.pyplot as plt
2. import numpy as np
3.
4. data = np.random.randn(50000) # 生成 50 000 个服从标准正态分布的随机数
5. plt.hist(x = data,bins = 50,range = [-4,4],normed = 1)
6. plt.text(-3,0.3,r'$ \mu = 0, \sigma = 1 $') # 添加文本,说明均值和方差
7. plt.show()# 见图 8-8
```

（2）柱状图：pyplot.bar( )

柱状图也称条形图，能够清晰地揭示各组数据的大小，便于比较各组间数据的差别。

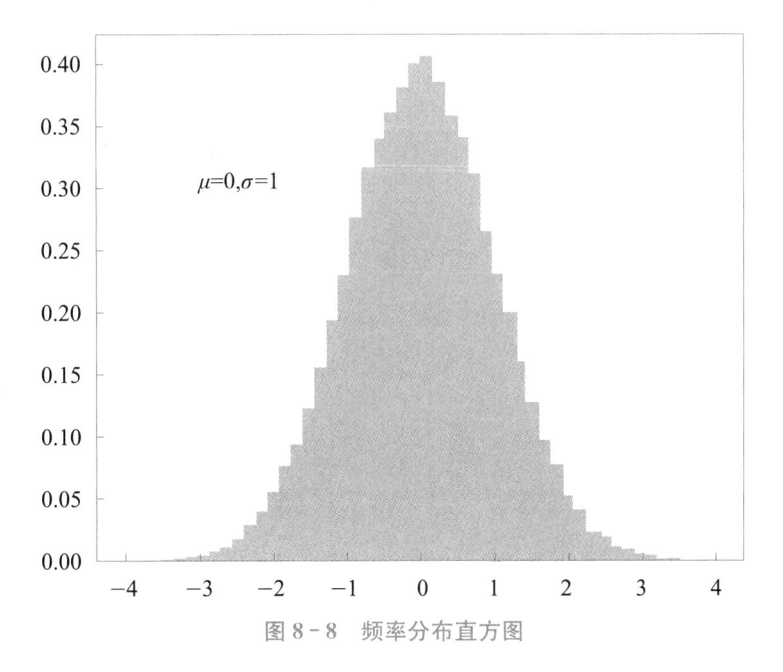

图8-8　频率分布直方图

可以通过 pyplot. bar( ) 呈现，它的两个主要参数是 x 和 height，分别表示横坐标和对应柱子的高度。

```
1. x = np.arange(0,10)
2. y = [i for i in np.random.randint(20,100,10)] # 生成10个[20,100)内的
   随机数
3. plt.bar(x = x,height = y)
4. plt.show()# 见图8-9
```

(3) 饼图：pyplot. pie( )

饼图可以直观地展示总体中各组成部分所占的比重，通过 pyplot. pie( ) 可以绘制饼图。该函数的重要参数有：①x，类型为列表或 Numpy 数组等的数据；②labels，数据标签；③explode，离中心的距离；④autopct，控制饼图内百分比的设置；⑤radius，控制饼图半径，默认值为 1。

```
1. data = np.random.randn(4) # 生成4个随机数
2. lable = ['a','b','c','d']
3. explode = [0,0,0.1,0] # 离圆心的距离
4. plt.pie(x = data, labels = lable, explode = explode, autopct = '%
   2.1f%%')
5. plt.show()# 见图8-10
```

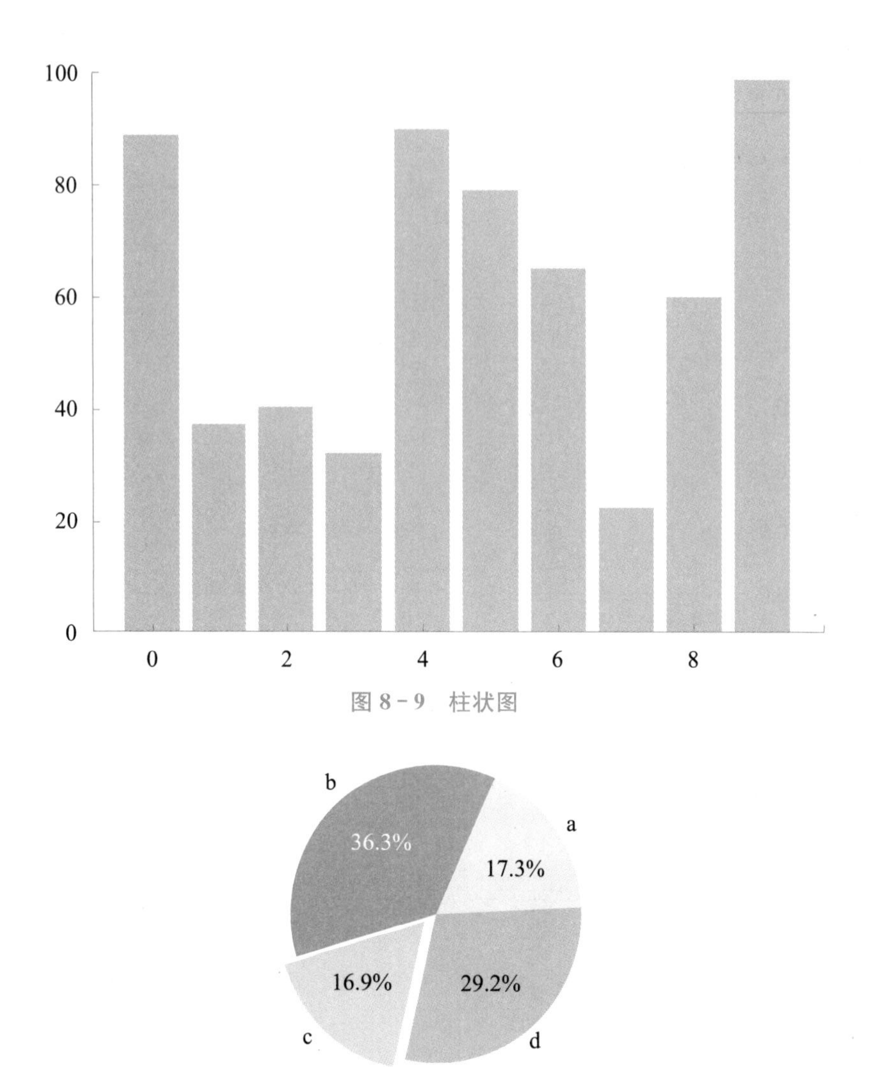

图 8-9　柱状图

图 8-10　饼图

（4）散点图：pyplot.scatter( )

散点图既可以清晰地展示数据点的分布情况，也可以发现变量之间的关系。我们可以通过 pyplot.scatter( ) 函数进行绘制，其两个参数 x 和 y 分别表示横纵坐标。

```
1. x = np.random.randn(20) # 生成 20 个随机数
2. y = np.random.randn(20) # 生成 20 个随机数
3. plt.scatter(x,y)
4. plt.show()# 见图 8-11
```

与 plot( ) 函数类似，上述四类图形的绘制方法有很多参数（如颜色、形状等）[①]，由

① 具体可以参阅：https://matplotlib.org/api/pyplot_api.html。

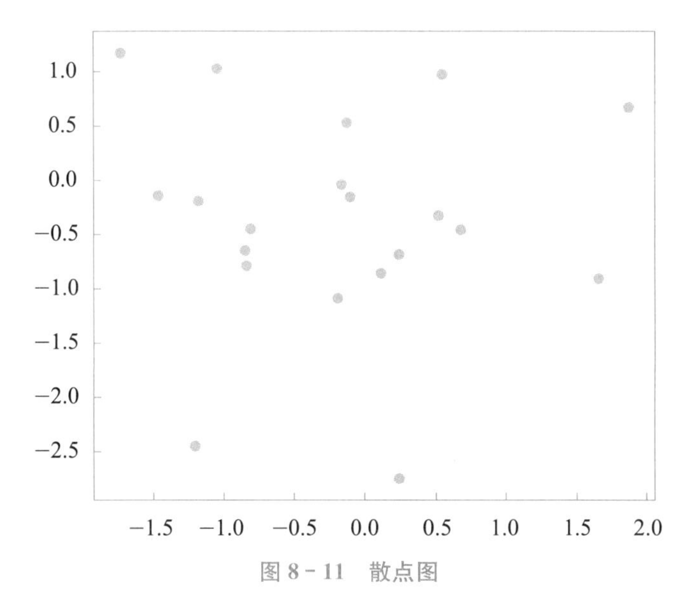

图 8－11　散点图

于篇幅限制，不再详细展开。此外，Matplotlib 还支持很多其他类型的图，如小提琴图、雷达图等，感兴趣的读者可以深入学习。

8.2　Seaborn

Seaborn 是基于 Matplotlib 的图形可视化库。它提供了一种高度交互式界面，用户能够做出各种有吸引力的统计图。Seaborn 能高度兼容 Numpy、Series 和 DataFrame 等数据结构以及 Scipy 与 statsmodels 等统计模式的可视化。本节将基于加利福尼亚州住房数据集，介绍 Seaborn 的几种常用图形，包括直方图、条形图、箱线图、散点图、结构化多图网格和回归图。

8.2.1　直方图

使用 Seaborn 库绘制直方图的函数是 seaborn. distplot( )。该函数的主要参数有：①a，数据列，支持多种数据类型；②bins，直方图中箱子的数量；③kde，False 表示不显示核密度估计，显示频数分布直方图，True 表示显示核密度估计，显示频率分布直方图，默认为 True。我们查看一下房屋价值的分布情况。

```
1. import matplotlib. pyplot as plt
2. import seaborn as sns
3. import pandas as pd
4.
5. data = pd. read _ csv('. /cal _ housing. data')
6. data. columns = ['longitude','latitude','housingMedianAge','totalRooms',
   'totalBedrooms','population','households','medianIncome','medianHouseValue']
```

```
7. sns.distplot(data['medianHouseValue'],bins = 20,kde = True)
8. plt.show() # 见图 8-12
```

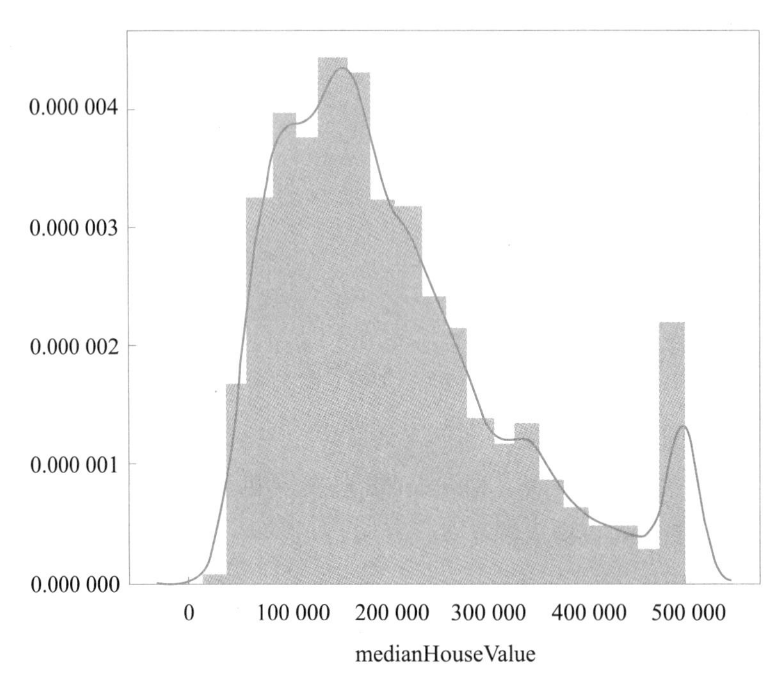

图 8-12　加州住房数据集房屋价值频率分布直方图

8.2.2　条形图

seaborn.barplot( ) 可以用来绘制条形图，该函数的主要参数有：x 和 y 分别是横纵坐标数据，hue 为分类变量。这 3 个参数可以是 Numpy 数组，也可以是 Series。该函数还有 data 参数，若 data 参数传入了 DataFrame 数据，则 x、y 和 hue 参数只需传入 DataFrame 的列索引。

为探究人均房间数和房龄类型对房价的影响情况，将房龄类型作为分类变量，人均房间数和房价的条形图如图 8-13 所示。

```
9. data['housingAgeType'] = pd.cut(data['housingMedianAge'],bins = 3,labels = ['young','median','old']) # 新增房龄类型列
10. data['totalRoomsperPopulation'] = data['totalRooms'] / data['population']
    # 新增人均房间数列
11. data = data.astype({'totalRoomsperPopulation':'int'})
    # 改变人均房间数列的数据类型
12. sns.barplot(x = 'totalRoomsperPopulation',y = 'medianHouseValue',hue =
```

```
'housingAgeType',data = data[data['totalRoomsperPopulation'] <= 5])
                          # 为了方便展示,只截取了人均房间数小于等于5的数据
13. plt. show()
```

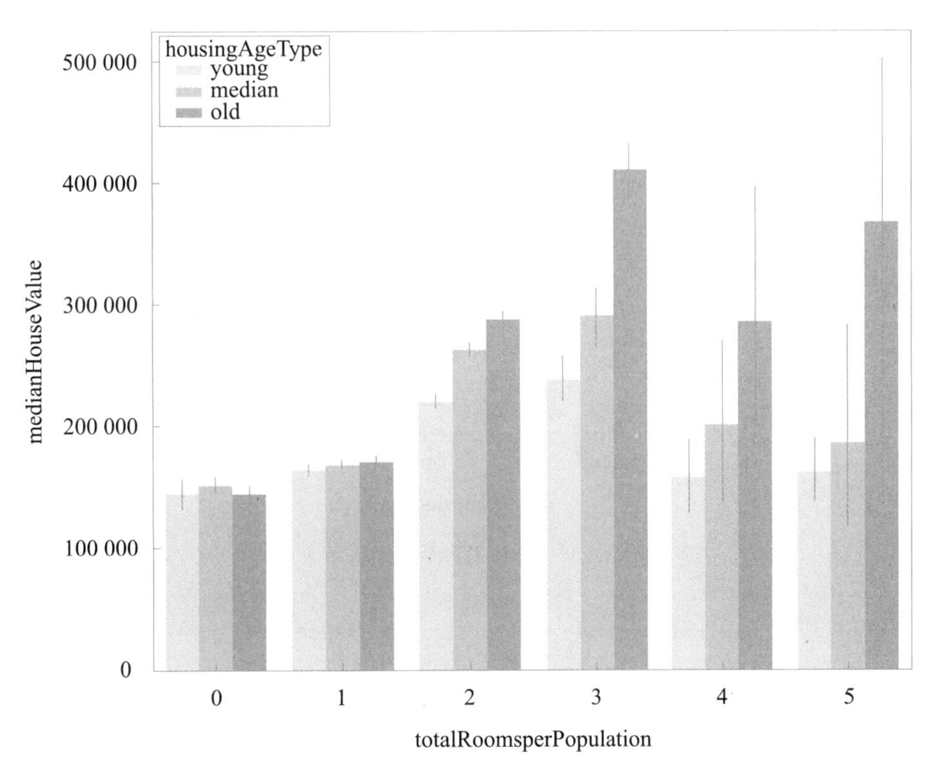

图 8-13　人均房间数、房龄类型和房价的关系

8.2.3　箱线图

绘制箱线图的函数是 seaborn. boxplot( )，该函数的主要参数与 seaborn. barplot( ) 相似。

```
14. sns. boxplot(x = 'housingAgeType', y = 'medianHouseValue', data = data)
15. plt. show() # 见图 8-14
```

每个箱线都有 5 条线，从上往下依次为该类别的上边缘、75 分位数、中位数、25 分位数和下边缘。

8.2.4　散点图

散点图的函数是 seaborn. jointplot( )，参数与 seaborn. barplot( ) 相似，但是没有 hue 参数。我们将房屋的经纬度用散点图表示出来（见图 8-15）。

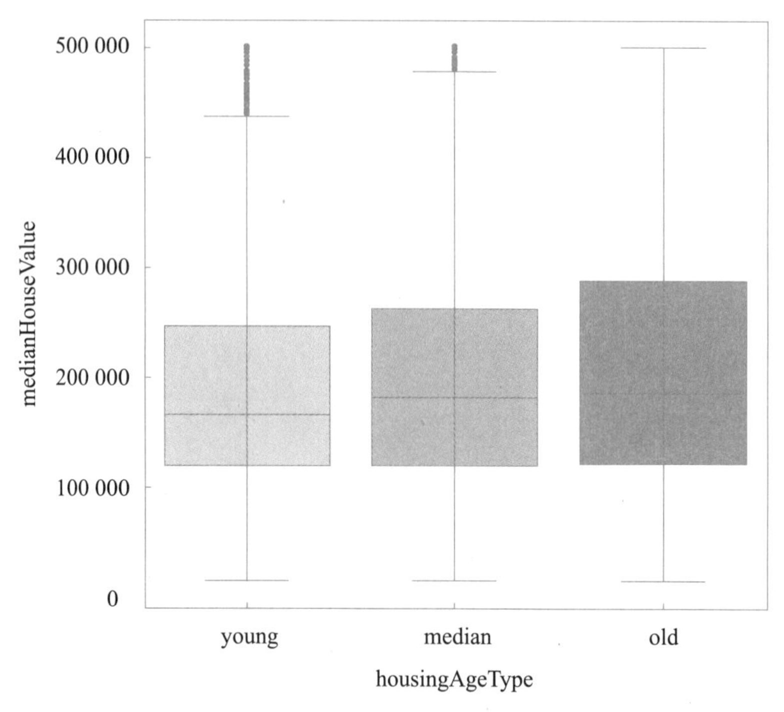

图 8-14　房龄类型与房价的关系

```
16. sns.jointplot(x = 'longitude',y = 'latitude',data = data)
17. plt.show()
```

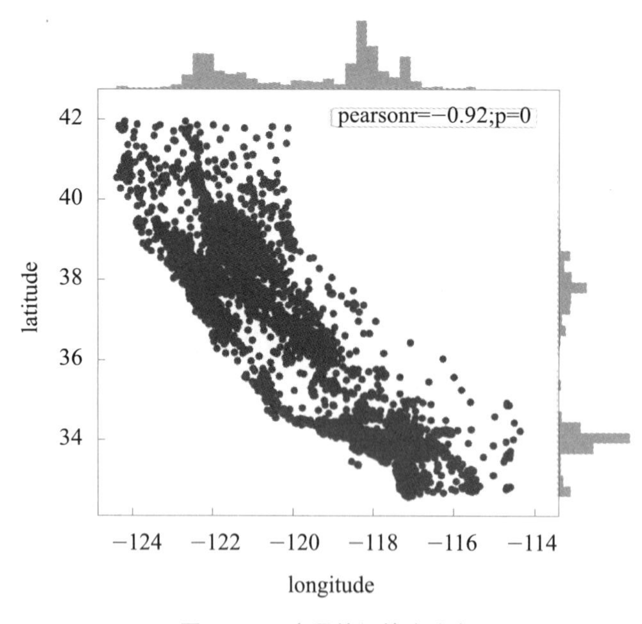

图 8-15　房屋的经纬度分布

8.2.5　结构化多图网格

seaborn. PairGrid( ) 可以绘制结构化多图网格，以快速提取有关复杂数据的大量信息。如果需要探究房龄类型、房间数和收入对房价的影响，我们可以绘制结构化多图网格进行初步探索。

```
18. fig = sns.PairGrid(data[['housingMedianAge','totalRooms','medianIncome
    ','medianHouseValue']].sample(200,random_state = 20)) # 抽取 200 个样
    本进行绘制
19. fig.map_diag(plt.hist) # 对角线使用直方图
20. fig.map_offdiag(plt.scatter) # 非对角线使用散点图
21. plt.show()# 见图 8-16
```

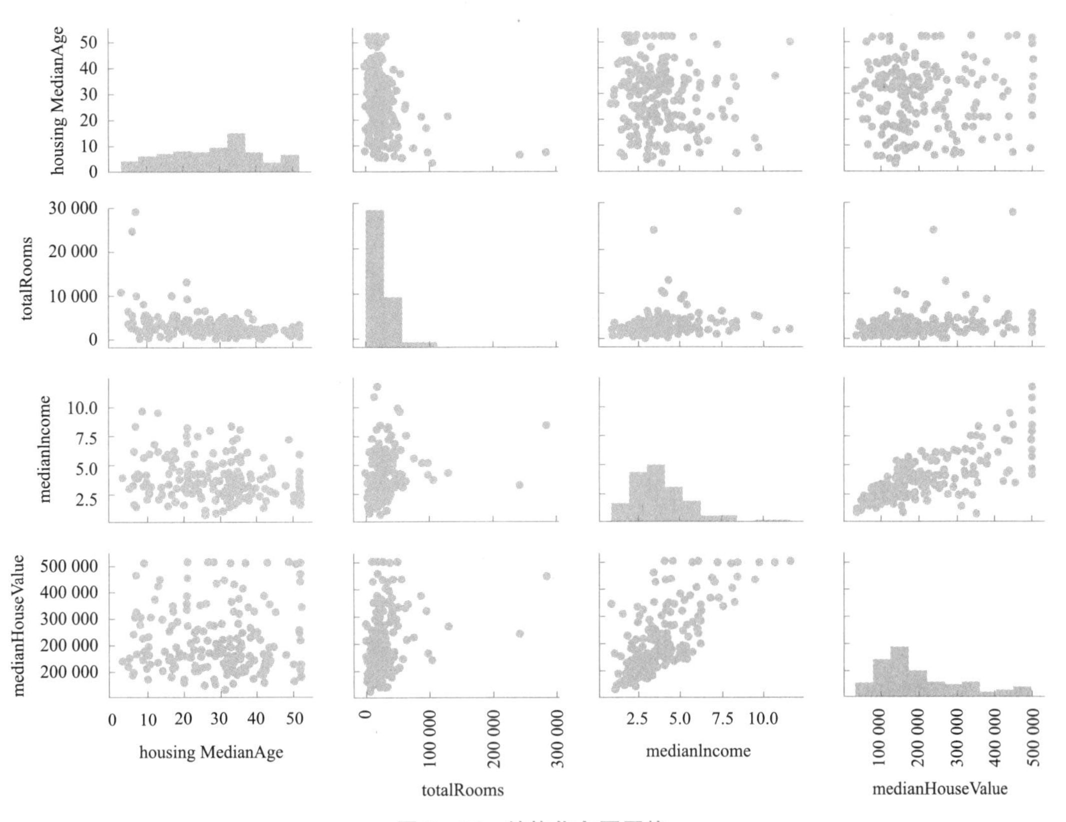

图 8-16　结构化多图网格

8.2.6　回归图

我们从结构化多图网格中观察到收入与房价的相关性较高（见图 8-16 中的第 4 行第 3 列），使用回归函数 seaborn. lmplot( ) 可以拟合两者的曲线，该函数的参数与 seaborn. barplot( ) 相似。

```
24. sns.lmplot(x = 'medianIncome',y = 'medianHouseValue',hue = 'housingAge-
    Type',data = data.sample(200 ,random _ state = 20),legend = False)
    # 为了方便展示,抽取 200 个样本进行绘制
25. plt.legend(loc = 2,title = 'medianHouseValue')
26. plt.show()# 见图 8 - 17
```

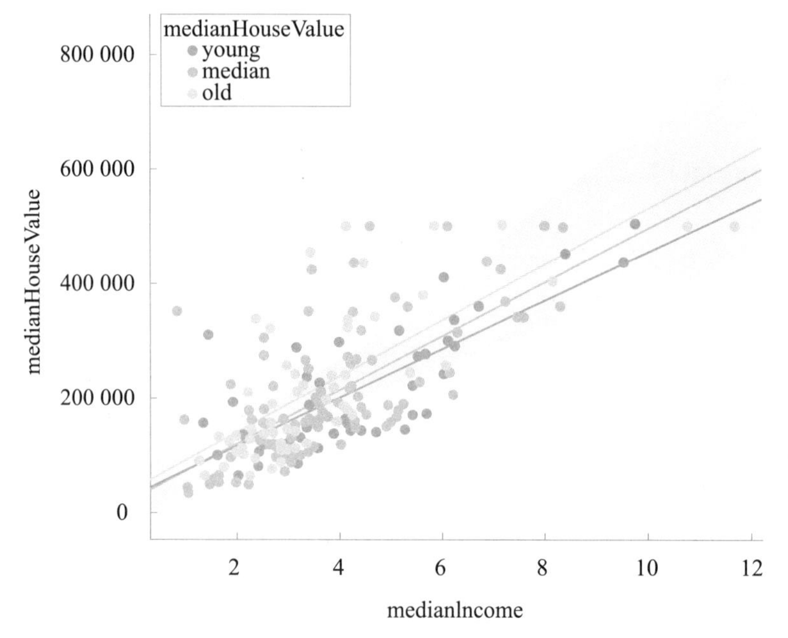

图 8 - 17　不同房龄类型下收入与房价的线性关系

除了上述图像外，Seaborn 还提供了其他丰富的函数①，感兴趣的读者可以深入研究。

8.3　PyEcharts

PyEcharts② 是用于生成 Echarts 图表的类库，Echarts 是百度开发的数据可视化工具，涵盖了 30 余种常见的图形，图形设计精美、可视化效果好。本节重点介绍 PyEcharts 库的地理数据可视化功能，该库中有三个模块可以绘制地图，分别是地理坐标系模块 Geo、地图模块 Map 和百度地图模块 BMap。我们介绍较为常用的 Geo 模块和 Map 模块，而 BMap 模块需要申请 AK 码才能调用百度地图 API，感兴趣的读者可以自行学习，不再展开介绍。在进行地理数据可视化前，需要安装所需的地图资源，可以通过以下语句安装各类地图资源：

---

① Seaborn 官方教程：http：//seaborn. pydata. org/tutorial. html。

② PyEcharts 官网：https：//pyecharts. org/#/。

全球国家地图：pip install echarts-countries-pypkg
中国省级地图：pip install echarts-china-provinces-pypkg
中国市级地图：pip install echarts-china-cities-pypkg
中国县级地图：pip install echarts-china-counties-pypkg

8.3.1 绘制地图

我们可以使用 Geo 模块来进行空间数据的可视化，基本步骤为：①创建一个 Geo( ) 实例；②通过 add _ schema( ) 方法指定需要绘制的地图类型、确定中心点等；③使用 add( ) 方法添加系列名称、传入数据集、选择 Geo 图类型（'heatmap'为热力图）等；④通过 set _ series _ opts( ) 方法来设置系列配置项，如图元、文字、标签等样式；⑤通过 set _ global _ opts( ) 方法来制定全局配置项，如标题、坐标轴、图例等；⑥使用 render( ) 方法保存为 html 文件。

```
1. from pyecharts import options as opts
2. from pyecharts.charts import Geo
3.
4. provinces = ['北京','天津','河北','山西','内蒙古','辽宁','吉林','黑龙江','上海','江苏','浙江','安徽','福建','江西','山东','河南','湖北','湖南','广东','广西','海南','重庆','四川','贵州','云南','西藏','陕西','甘肃','青海','宁夏','新疆']
5. gdp_per_capita = [140211, 120711, 47772, 45328, 68302, 58008, 55611, 43274, 134982,115168,98643,47712,91197,47434,76267,50152,66616,52949,86412,41489,51955,65933,48883,41244,37136,43398,63477,31336,47689,54094,49475]
   # 2018 年中国部分省市人均 GDP,资料来源:«中国统计年鉴 2019»
6.
7. fig = (
8.     Geo()
9.     .add_schema(maptype = 'china') # 绘制中国地图
10.    .add(series_name = 'gdp_per_capita',data_pair = [list(z) for z in zip(provinces,gdp_per_capita)],type_ = 'heatmap')
11.    .set_series_opts(label_opts = opts.LabelOpts())
12.    .set_global_opts(title_opts = opts.TitleOpts(title = '2018 年中国部分省市人均 GDP(元)'),# 设置标题
13.                     visualmap_opts = opts.VisualMapOpts(max_ = 150000,min_ = 30000) # 设置视觉映射配置项
14.                    ) # 全局配置项,可配置标题、动画、坐标轴、图例等
```

```
15.      .render('2018 人均 GDP 分布图 .html') # 保存为 html 文件
16. )
```

上述代码中我们采用了 Python 的链式调用，即 Geo( ) 实例化后紧跟着很多函数，这样可以使代码更加简洁。

我们也可以通过 Map 模块对空间数据进行可视化，基本步骤与 Geo 大同小异，其中 Geo 模块的 add _ schema( ) 在 Map 模块中整合进了 add( ) 函数中。各函数的详细参数可在官网查阅。

```
1. from pyecharts import options as opts
2. from pyecharts. charts import Map
3.
4. zhejiang = ['杭州市','宁波市','温州市','嘉兴市','湖州市','绍兴市','金华市',
   '衢州市','舟山市','台州市','丽水市']
5. gdp _ per _ capita = [140180,132603,65055,103858,90304,107853,73428,66936,
   112490,79541,63611] # 2018 年浙江省各市人均 GDP,资料来源:«浙江统计年鉴
   2019»
6.
7. fig = (
8.      Map()
9.       .add(series _ name = 'gdp _ per _ capita',data _ pair = [list(i) for i
        in zip(zhejiang,gdp _ per _ capita)],maptype = '浙江')
10.      .set _ global _ opts(title _ opts = opts.TitleOpts(title = '2018 年
        浙江省各市人均 GDP(元)'),
11.                          visualmap _ opts = opts.VisualMapOpts(max _  =
                             150000,min _  = 50000))
12.      .render('2018 年浙江省各市人均 GDP 分布图 .html')
13. )
```

8.3.2 空间流动图

空间流动图可以用来表示人口流动、信息传播和物流运输等地理位置变化的情况，通过地图上的点和箭头可以展示空间流动的状况。

```
1. from pyecharts import options as opts
2. from pyecharts. charts import Geo
```

```
3.
4. fig = (
5.     Geo()
6.     .add_schema(maptype = 'china')
7.     .add(
8.         series_name = '',
9.         data_pair = [('北京',0),('上海',0),('广州',0),('深圳',0),('杭州',
         0),('成都',0)],
10.         type_ = 'effectScatter',
11.         color = 'green'
12.     )
13.     .add(
14.         series_name = '',
15.         data_pair = [('北京','上海'),('北京','广州'),('北京','深圳'),('北
         京','杭州'),('北京','成都'),('杭州','成都')],
16.         type_ = 'lines',
17.         linestyle_opts = opts.LineStyleOpts(curve = 0.2,color = '
         orange'),# 设置线样式
18.     )
19.     .set_series_opts(label_opts = opts.LabelOpts(is_show =
     False))
20.     .set_global_opts(title_opts = opts.TitleOpts(title = '中国部
     分航线图'))
21.     .render('中国部分航线图.html')
22. )
```

 8.4　思考练习题

1. 假设某研究发现员工薪酬水平（Salary）影响员工离职率（Rate），且受工作年限（Tenure）调节。如何使用 Python 绘图来体现调节效应？

2. 假设你在分析某产品的销售情况，需要同时展示该产品每年的销售量及相比上一年度的增长率。你打算用条形图展示销售量，用折线图展示增长率。如何叠加不同类型的图形？如何将条形图和折线图绘制在同一张图中？

3. Seaborn 和 Matplotlib 有什么联系和区别？你能利用 Matplotlib 的基本功能实现 Seaborn 的效果吗？

4. 在使用 Excel 画图时，Excel 能够提供多种美观的预设模板。而使用 Python 编程时，有没有类似的“模板”资源？这些“模板”是以什么形式存在的？

5. 在哪些实际情况下，需要绘制基于地图数据的图形？

6. 书中介绍了基于地图数据的简单画图方法。基于地图数据的图像能叠加吗？例如，热力图和空间流动图能叠加吗？

方法篇

在掌握了 Python 的基本语法之后，商业数据分析人员需要关注的下一个问题就是如何使用 Python 来结合一些高效的数据分析方法。在商业数据分析中，常用的方法包括数据挖掘、机器学习、统计分析等方法。在这些方法中，Python 较为擅长的是数据挖掘和机器学习，因此，本书在方法篇中将重点介绍商业数据分析中常用的数据挖掘方法和机器学习方法。而在机器学习方法中，近年来以神经网络为代表的智能方法在商业数据分析情景中得到了广泛的应用并取得了显著的效果，所以本书在机器学习方法中将侧重介绍神经网络方法，并针对商业数据分析中最主要的一类数据——文本数据，介绍文本数据分析常用的深度神经网络方法。

第9章　关联规则

“啤酒与尿布”是一个耳熟能详的基于关联规则（Association Rule）的例子。关联规则能发现事物之间的内在关联，用于从大量数据中挖掘具有价值的关联关系。关联规则挖掘可以应用在多个领域，如在营销和销售管理中可以进行交叉销售分析，制定捆绑销售策略、指导货架商品规划；在金融领域可以根据股票间的关联关系设计和优化投资组合与避险策略等。本章将介绍关联规则的基本概念、挖掘方法和评价规则指标。

9.1　关联规则基本概念

将数据集 T 中的所有事物（如商品）作为一个集合 $I=\{I_1,I_2,\cdots,I_m\}$，每一个事物是一个数据项（item），数据集中记录了事物的组合形式（如购物记录）。作为记录 $t(t\subseteq I)$，每条记录 t 都是数据项的集合（itemset），因此数据集 T 可以表示为 $\{t_1,t_2,\cdots,t_n\}$。关联规则就是形如 $X\Rightarrow Y$ 的表达式，其中 X 与 Y 是非空项集（$X,Y\neq\emptyset,X,Y\subseteq I$）且不相交（$X\cap Y=\emptyset$），左侧的项集 X 称为前项（antecedent），右侧的项集 Y 称为后项（consequent）。关联规则中有两个基本的测量指标，分别是支持度（degree of support）和置信度（degree of confidence）。

（1）支持度

对于任意一个非空的项集 $X\subseteq I$，如果记录 t 中包含了 X 的所有数据项，即 $t\supseteq X$，则记录 t 支持项集 X。项集 X 的支持度定义为包含 X 的记录在数据集 T 中所占的比例，即 $Supp(X)=\|X\|/|T|$，其中 $\|X\|$ 表示数据集 T 中包含 X 的记录数量，$|T|$ 表示数据集 T 中记录的数量。显然，$Supp(x)\in[0,1]$。若 $|X|=k$，则称 X 为 k-项集。如果 $Supp(X)\geqslant\alpha$（α 为自定义的最小支持度阈值），则称 X 为频繁项集（frequent itemset）。

关联规则 $X\Rightarrow Y$ 的支持度定义为包含前项和后项的记录在数据集 T 中所占的比例，即 $Supp(X\Rightarrow Y)=Supp(X\cup Y)$。

（2）置信度

置信度定义为当前项 X 出现时，后项 Y 也出现的概率，即 $Conf(X\Rightarrow Y)=\|X\cup Y\|/\|X\|$，其中 $\|X\cup Y\|$ 和 $\|X\|$ 分别表示数据集 T 中包含项集 $X\cup Y$ 和 X 的记录数量。集合的并集 $X\cup Y$ 常常记为 XY。显然，$Conf(X\Rightarrow Y)\in[0,1]$。

如果 $Supp(X\Rightarrow Y)\geqslant\alpha$ 且 $Conf(X\Rightarrow Y)\geqslant\beta$（$\beta$ 与 α 相似，均是自定义的最小阈值），则称关联规则 $X\Rightarrow Y$ 是关于 α，β 的合格关联规则。我们从这个定义中可以看出，合格关联规则不仅要求 X 和 Y 同时出现的频率足够高，而且要求当 X 出现时，Y 出现的频率足够高。

接下来我们以一个简单的例子来说明以上概念。某在线图书商场某天记录的部分用户购书记录如表 9－1 所示，该数据集含有 10 条购书记录。

表 9－1　某在线图书商场的交易记录

购买记录 TID	购买书籍
T001	《商务智能原理与方法》《机器学习》
T002	《商务智能原理与方法》《机器学习》《深度学习》
T003	《Python 基础教程》《统计学习方法》《深度学习》
T004	《Python 基础教程》《机器学习》《深度学习》
T005	《Python 基础教程》《深度学习》
T006	《统计学习方法》《深度学习》
T007	《Python 基础教程》《统计学习方法》《机器学习》《深度学习》
T008	《Python 基础教程》《深度学习》
T009	《Python 基础教程》《商务智能原理与方法》《机器学习》
T010	《Python 基础教程》《机器学习》

我们可以看到，该数据集 T 中含有 5 个数据项，数据项集合为 $I=$｛《Python 基础教程》,《商务智能原理与方法》,《机器学习》,《深度学习》,《统计学习方法》｝。我们可以计算任意项集 $X\subseteq I$ 的支持度，如 $Supp$(｛《Python 基础教程》｝)＝7/10，$Supp$(｛《商务智能原理与方法》,《机器学习》｝)＝3/10。

如果给定 $\alpha=0.3$，$\beta=0.5$，那么我们可以推断出｛《Python 基础教程》｝$\Rightarrow$｛《机器学习》｝是合格的关联规则（$Supp$(｛《Python 基础教程》｝$\Rightarrow$｛《机器学习》｝)＝4/10＞0.3，$Conf$(｛《Python 基础教程》｝$\Rightarrow$｛《机器学习》｝)＝4/7＞0.5）。

9.2　关联规则挖掘方法

从前一节的例子中可以看到，给定数据集 T、最小支持度 α 和最小置信度 β 后，我们可以检验任一关联规则是否合理，但我们的目的是要挖掘所有的合格关联规则。我们可以通过循环的方式，检验并筛选出所有可能的关联规则。但是当数据集的规模十分庞大时，这一方法相当低效、耗时。从算法的角度出发，对于给定的数据集 T，计算支持度需要进行计数运算，每进行一次计数运算就需要扫描整个数据集，因此数据集的大小就会直接影响算法的复杂度，并且数据集一般储存在外存设备上，所以扫描数据集在很大程度上制约了关联规则挖掘的效率。同时，对于数据项为 m 的事物集合，对应的项集数量有 2^m，所有可能的关联规则有 3^m，随着 m 的增长，关联规则数量呈指数增长，因此也会严重影响挖掘效率。

那么该如何挖掘所有的合格关联规则呢？我们回归到支持度和置信度这两个指标，从这两个指标的性质出发，优化关联规则挖掘方法。

对于支持度，$Supp(X \Rightarrow Y)=Supp(XY)$，计算关联规则的支持度只需要计算项集 XY 的支持度。对于置信度，$Conf(X \Rightarrow Y)=\|XY\|/\|X\|=(\|XY\|/|T|)/(\|X\|/|T|)=Supp(XY)/Supp(X)$，即计算置信度可以转化为计算项集 XY 和 X 的支持度。因此，关联规则挖掘的思路可以简化为，计算所有项集的支持度，根据支持度计算置信度，这样就能得到所有关联规则的支持度和置信度，避免了在计算置信度时重复扫描数据集。

但是，这样的非空项集有 2^m-1 个，要计算所有项集的支持度需要扫描 2^m-1 次数据集，运算效率还是很低，那么我们需要计算所有非空项集的支持度吗？支持度有个很好的性质：如果一个集合是频繁集，则其子集也是频繁集，即 $Supp(X) \geqslant Supp(XY)$。该性质的等价逆否命题为：如果一个集合不是频繁集，则其超集也不是频繁集，即 $\alpha \geqslant Supp(X) \geqslant Supp(XY)$。这个性质告诉我们，在计算项集支持度时，可以采用逐层扩展的方式：计算 1—项集，2—项集，…，m—项集。在计算 k—项集支持度时（$2 \leqslant k \leqslant m$），只需考虑那些子集是频繁集的 k—项集，不必考虑包含任何非频繁子集的 k—项集。这样便可以忽略大量的项集支持度计算操作，极大地提高算法的效率。

Apriori 算法①是结合了上述优化思想的关联规则挖掘经典算法，该算法最早是由 Agrawal 等人在 1993 年针对购物篮分析问题提出的。Apriori 算法的基本步骤为：首先筛选出频繁的 1—项集 L_1，然后利用 L_1 生成并筛选出频繁的 2—项集 L_2，如此循环直至没有频繁 k—项集。每生成 L_k 就需要扫描一次数据集。为了生成 L_k，需要在 L_{k-1} 的基础上组合获得候选项集 C_k，然后计算 C_k 中所有项集的支持度，去掉非频繁的 k—项集后即生成了 L_k。筛选出所有频繁项集后，就可以生成关联规则。对于每个频繁项集 V，生成 V 的所有非空子集；对于 V 的每个非空子集 W，基于 V 和 W 的支持度计算候选规则 $W \Rightarrow (V-W)$ 的置信度，如果置信度 $\geqslant \beta$，则输出关联规则 $W \Rightarrow (V-W)$。

我们使用 Apriori 算法（计算的频繁项集及支持度见表 9-2）从表 9-1 的在线图书商场的交易记录中挖掘在 $\alpha=0.3$，$\beta=0.5$ 下的所有合格关联规则（相关置信度见表 9-3）。为了便于表示，将书籍记为《Python 基础教程》：A；《商务智能原理与方法》：B；《机器学习》：C；《深度学习》：D；《统计学习方法》：E。

表 9-2　书籍的频繁项集

1—项集	支持度	2—项集	支持度	3—项集	支持度
A	0.7	AB	0.1	ABC	0.1
B	0.3	AC	0.4	ACD	0.2
C	0.6	AD	0.5	ADE	0.1
D	0.7	AE	0.2	BCD	0.1

① Agrawal, R., Imieliński, T., Swami, A. (1993). Mining association rules between sets of items in large databases. In *Proceedings of the 1993 ACM SIGMOD International Conference on Management of Data*, pp. 207-216.

续表

1—项集	支持度	2—项集	支持度	3—项集	支持度
E	0.3	*BC*	0.3	*CDE*	0.1
		BD	0.1		
		BE	0		
		CD	0.3		
		CE	0.1		
		DE	0.3		

注：阴影部分为支持度不低于 0.3 的频繁项集。

表 9-3　书籍的关联规则

AC		*AD*		*BC*	
关联规则	置信度	关联规则	置信度	关联规则	置信度
A⇒*C*	4/7	*A*⇒*D*	5/7	*B*⇒*C*	1
C⇒*A*	4/6	*D*⇒*A*	5/7	*C*⇒*B*	3/6
CD		*DE*			
关联规则	置信度	关联规则	置信度		
C⇒*D*	3/6	*D*⇒*E*	3/7		
D⇒*C*	3/7	*E*⇒*D*	1		

注：阴影部分为置信度不低于 0.5 的关联规则。

可以看出，我们共挖掘出了 8 条合格关联规则。

Python 中的 akapriori 模块可以基于 Apriori 算法进行关联规则挖掘。apriori( ) 函数的参数为：①transactions，输入的数据集，支持列表和 Numpy 数组；②support，支持度，默认为 0.1；③confidence，置信度，默认为 0.8；④lift，提升度，默认为 1（下一节会具体介绍）；⑤minlen 和 maxlen，频繁项集的最小项数和最大项数，默认为 2，即默认情况下只挖掘前项和后项项数为 1 的关联规则。

```
1. from akapriori import apriori
2.
3. dataset = [
4. ['«商务智能原理与方法»','«机器学习»'],
5. ['«商务智能原理与方法»','«机器学习»','«深度学习»'],
6. ['«Python 基础教程»','«统计学习方法»','«深度学习»'],
7. ['«Python 基础教程»','«机器学习»','«深度学习»'],
8. ['«Python 基础教程»','«深度学习»'],
9. ['«统计学习方法»','«深度学习»'],
10. ['«Python 基础教程»','«统计学习方法»','«机器学习»','«深度学习»'],
11. ['«Python 基础教程»','«深度学习»'],
12. ['«Python 基础教程»','«商务智能原理与方法»','«机器学习»'],
```

```
13. ['«Python 基础教程»','«机器学习»']
14. ]
15. rules = apriori(dataset,support = 0.3,confidence = 0.5,lift = 0)
16. for i in rules:
17. print(i)
18. ----------------------
19. (frozenset({'«机器学习»'}), frozenset({'«深度学习»'}), 0.3, 0.5,
    0.7142857142857143)
20. (frozenset({'«商务智能原理与方法»'}),frozenset({'«机器学习»'}),0.3,
    1.0,1.6666666666666667)
21. (frozenset({'«机器学习»'}),frozenset({'«商务智能原理与方法»'}),0.3,
    0.5,1.6666666666666667)
22. (frozenset({'«Python 基础教程»'}), frozenset({'«机器学习»'}), 0.4,
    0.5714285714285714,0.9523809523809523)
23. (frozenset({'«机器学习»'}), frozenset({'«Python 基础教程»'}), 0.4,
    0.6666666666666666,0.9523809523809524)
24. (frozenset({'«统计学习方法»'}),frozenset({'«深度学习»'}),0.3,1.0,
    1.4285714285714286)
25. (frozenset({'«深度学习»'}), frozenset({'«Python 基础教程»'}), 0.5,
    0.7142857142857143,1.0204081632653061)
26. (frozenset({'«Python 基础教程»'}), frozenset({'«深度学习»'}), 0.5,
    0.7142857142857143,1.0204081632653061)
```

我们可以看到，该函数输出了 8 条合格关联规则，包含每条关联规则的前后项、支持度、置信度和提升度。结果与表 9－3 一致。

除了 Apriori 算法，还有利用树结构只需要扫描两次数据集的 FP-growth 算法[1]，感兴趣的读者可以深入了解。

9.3　关联规则兴趣性的评价指标

从支持度和置信度这两个基本的兴趣性指标来看，上述挖掘的 8 条关联规则都是合格的，但是这些规则都有价值吗？由于关联规则的挖掘是基于海量数据，挖掘得到的合格关联规则的数量可能是巨大的，会导致规则爆炸（rule explosion）的问题。同时，很多规则是常

---

① Han, J., Pei, J., Yin, Y. (2000). Mining frequent patterns without candidate generation. *ACM Sigmod Record*, 29 (2), 1－12.

识或无法理解，在商业背景中的应用价值较低。因此需要借助其他工具进行剪枝，筛选出有意义且有价值的关联规则。接下来我们将介绍几个从不同角度出发的规则兴趣性评价指标。

9.3.1 提升度

关联规则的提升度（lift）也被称为兴趣度（interest），衡量了后项 Y 在数据集 T 上的频率和在前项 X 上的频率差异。

$$Lift(X \Rightarrow Y) = Conf(X \Rightarrow Y)/Supp(Y) = Supp(XY)/(Supp(X) \cdot Supp(Y))$$

若 $Lift(X \Rightarrow Y)=1$，则说明前项与后项相互独立（独立事件的概率等式），规则的效果与直接基于数据项频率的猜测相同，无兴趣性；若 $Lift(X \Rightarrow Y)>1$，则说明规则的前项与后项正相关，有兴趣性；若 $Lift(X \Rightarrow Y)<1$，则说明规则的效果比直接基于数据项频率的猜测更差，无兴趣性。

9.3.2 杠杆度

关联规则的杠杆度（leverage）与提升度类似，反映的是关联规则前项与后项之间的关系。$Leverage(X \Rightarrow Y)=Supp(XY)-Supp(X) \cdot Supp(Y)$。该指标的对比基础是 0，越大说明前项和后项关系越紧密，规则的兴趣性越高。

9.3.3 影响度

影响度（influence）衡量关联规则前项对后项的影响程度。

$$Influence(X \Rightarrow Y) = \log \frac{Conf(X \Rightarrow Y)/(1-Conf(X \Rightarrow Y))}{Supp(Y)/(1-Supp(Y))}$$

当 $Influence(X \Rightarrow Y)>0$时，关联规则的前项对后项有正影响，该规则有兴趣性；否则，关联规则的前项对后项有负影响或没有影响，该规则没有兴趣性。

我们使用提升度对上述 8 条合格关联规则进行剪枝，相关数据见表 9-4。

表 9-4 书籍合格关联规则的提升度

关联规则	支持度	置信度	提升度
$A \Rightarrow C$	0.4	4/7	40/42
$C \Rightarrow A$	0.4	4/6	40/42
$A \Rightarrow D$	0.5	5/7	50/49
$D \Rightarrow A$	0.5	5/7	50/49
$B \Rightarrow C$	0.3	1	30/18
$C \Rightarrow B$	0.3	3/6	30/18
$C \Rightarrow D$	0.3	3/6	30/42
$E \Rightarrow D$	0.3	1	30/21

可以看到，有3条关联规则的提升度小于1，可以删去。在apriori( )函数中只需删去lift=0或显式指定lift=1即可得到提升度大于1的5条关联规则。

```
27. rules2 = apriori(dataset, support = 0.3, confidence = 0.5, lift = 1)
28. for i in rules2:
29. print(i)
30. ---------------------
31. (frozenset({'«深度学习»'}), frozenset({'«Python基础教程»'}), 0.5,
    0.7142857142857143, 1.0204081632653061)
32. (frozenset({'«Python基础教程»'}), frozenset({'«深度学习»'}), 0.5,
    0.7142857142857143, 1.0204081632653061)
33. (frozenset({'«机器学习»'}), frozenset({'«商务智能原理与方法»'}), 0.3,
    0.5, 1.6666666666666667)
34. (frozenset({'«商务智能原理与方法»'}), frozenset({'«机器学习»'}), 0.3,
    1.0, 1.6666666666666667)
35. (frozenset({'«统计学习方法»'}), frozenset({'«深度学习»'}), 0.3, 1.0,
    1.4285714285714286)
```

 9.4 思考练习题

1. 如何计算关联规则的支持度和置信度?

2. 在实际应用中，应该如何确定关联规则的阈值?

3. 关联规则中的提升度、杠杆度和影响度的实际物理意义是什么?

4. 关联规则可以把购物记录作为输入，进而分析出商品之间的关系。购物记录中的顺序对关联规则有影响吗?

5. 不同商品的实际销售情况往往不同。产品的销售量对关联规则算法会产生影响吗?

6. 假设数据中混入了少量异常数据，这对关联规则的效果会有严重影响吗?

第 10 章　分类分析

分类分析（classification）是指根据事件或对象的信息将其划分到预先给定的类别上。由于类别标签是预先知道的，因此分类分析属于有监督的学习方法。分类分析在商业分析中的应用十分广泛，如消费者分层、信用评级、情感分析等例子随处可见。本章将介绍分类分析的基本概念、常用方法和评价指标。

10.1　分类分析基本概念

分类分析需要从已知类别标签的数据中学习分类规则，然后利用学习到的分类规则对类别标签未知的数据进行类别划分。我们以一个简单的例子来了解分类的具体过程。某银行系统中记录了银行用户的信息，包含是否中年（A）、是否高收入（I）、是否已婚（M）、是否曾经发生过贷款拖欠（D）和信用等级这五项数据，其中信用等级就是类别标签，如表 10－1 所示。

表 10－1　某银行的用户信息

序号	是否中年	是否高收入	是否已婚	是否拖欠	信用等级
01	1	1	0	0	高
02	1	0	1	0	高
03	0	0	1	0	中
04	1	1	1	1	低
05	0	1	0	0	高
06	1	0	0	0	中
07	0	0	0	1	低
08	0	1	1	0	高
09	1	0	0	1	低
10	1	0	0	0	中

根据上表中用户信息的情况，我们可能得到以下 4 条分类结果：①若用户曾经发生过贷款拖欠，则信用等级为低；②若用户未曾发生过贷款拖欠且收入高，则信用等级为高；③若用户未曾发生过贷款拖欠、收入低且已婚，则信用等级为高；④若用户未曾发生过贷款拖欠、收入低且未婚，则信用等级为中。

上述过程就是从已知类别标签的数据中学习可能的分类规则，即建立一个分类模型描述已知数据属性与给定类别之间的对应关系，这就是分类分析的第一步。之后，我们检验所获得的分类模型，然后就可以利用该分类模型对类别标签未知的新数据进行类别划分。如果该银行来了一名未曾发生过贷款拖欠且高收入的未婚新用户，银行系统就可以将其标记为高信用等级。

其中，用于构建分类模型的已知类别标签的数据称为训练集，训练集的每一条记录称为一个样本数据，由若干属性（如上例中的是否属于中年人、是否为高收入等）和对应的类别标签组成。构建分类器是为了通过分析训练集数据来挖掘数据属性与类别之间的关系。

使用分类器对新数据进行类别划分前，需要用另一个已知标签的数据（称为测试集）来评估分类器的准确率。准确率是指在测试集中，分类器预测正确的样本数占所有样本数的比例。测试集的结构与训练集的结构相同，每个样本数据包含若干属性和对应的类别标签。为什么我们不直接用训练集来测试分类器的准确率呢？因为构建分类器的过程就是不断逼近训练集的过程，再用训练集来评估分类器的准确性必然会使准确性很高，但这样的分类器在进行预测时可能会表现很差，即出现过拟合（overfit）问题，故需要独立于训练集的测试集对分类器的准确性进行评估。

10.2　分类方法介绍

上一节我们通过人工方式得到了一些可能的分类规则，但是当数据量和属性数量不断增加时，我们不太可能继续通过这种方式来获得分类规则，因此本节将介绍三种常用的分类分析方法，分别是决策树分类、贝叶斯分类和支持向量机分类。

10.2.1　决策树分类

决策树（decision tree）[①] 是基于一种树结构的分类方法，采用自上而下的流程形式呈现分类规则，提供决策依据。上例中银行用户信用等级分类的决策树可以表示为图 10－1。决策树中的节点可以分为内部节点和叶子节点两类。每个内部节点对应一个属性（称为分裂属性），内部节点向下的分枝对应属性的属性值，根据该属性的不同取值可以将数据分成不同的几部分，内部节点的每个分枝就代表该属性一个具体的取值。如“是否拖欠”就属于分裂属性，有“是”和“否”两个取值，对应不同的分枝。叶子节点对应一个分类类别，如“信用等级低”就是一个叶子节点。

决策树方法可以分为两个阶段：决策树构建和决策树剪枝。决策树构建就是利用训练集，确定内部节点的分裂属性和分枝，形成树形结构。由于训练集中存在噪声或异常数据，在构建决策树的过程中，可能会生成导致分类效率和结果准确性降低的分枝，因此，需要引入决策树剪枝操作来识别并消除这类分枝，以提高分类的准确性。决策树构造完成

---

① Breiman，L.，Friedman，J.，Stone，C. J.，Olshen，R. A.（1984）. *Classification and regression trees*. Boca Raton：CRC press.

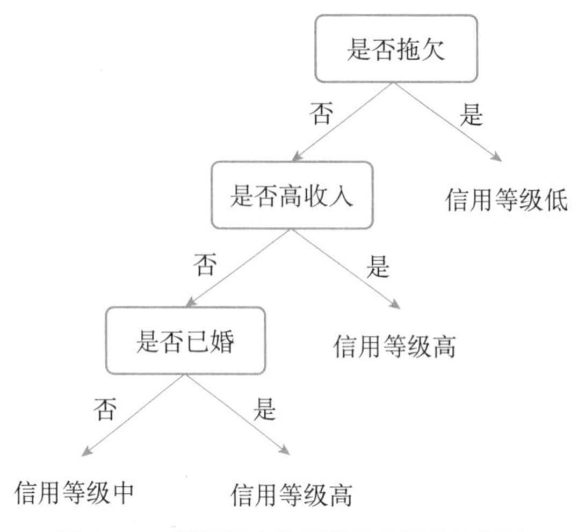

图 10-1 银行用户信用等级分类的决策树

后，就可以用来对未知类别标签的对象进行类别划分。从决策树的根节点到叶子节点的一条路径就是一个分类规则，整棵决策树就对应着一组规则。

(1) 决策树构建

决策树构建是一个递归过程，采用自上而下的贪婪算法。基本思想是：在训练集中递归地寻找最优的分裂属性，直到满足指定条件后结束。“最优的分裂属性”是指根据该属性的不同取值可以把训练集分成差异最大的子集。决策树通常要求属性的数据类型为离散型，对于连续型属性则需要对其进行离散化处理，如上例中的“收入”原本是连续型变量，离散化处理之后就变成了取值为“是”和“否”的二元变量。

决策树构建的过程：对于任一节点，如果该节点的所有样本数据均为同一类别，则创建一个叶子节点，标记为该类别；否则，选择最优的分裂属性，根据取值创建不同分枝，每一个分枝连接相应的叶子节点或内部节点；对每一个节点重复上述过程，直至满足指定条件。在构建过程中每个属性最多只能使用一次。

指定条件可以是：①当前节点的所有样本均为同一类别；②当前节点的样本为空，可以创建一个默认类别的叶子节点；③所有属性均被纳入决策树中；④当前分枝的所有样本在所有属性上的取值相同，无法划分，则创建一个默认类别叶子节点。

我们从决策树的构建过程中可以看出，最重要的环节是选择最优分裂属性。常用的分裂标准有信息增益、基尼系数等。信息增益对应的方法有 ID3、C4.5 等，基尼系数对应的方法有 CART、SLIQ 等。接下来我们将介绍以信息增益为选择依据的决策树构建方法。

信息论中使用信息熵（entropy）来描述信息的不确定状态，并定义 $-\log_2(p)$ 来量化消息中包含的信息量，其中 p 为消息出现的概率。例如，有 4 个出现概率相同的消息，则每个消息表达的信息量是 $-\log_2(1/4)$ 或 2 比特。信息增益标准就是选择具有最高信息增益（即信息熵减少的程度最大）的属性作为当前节点的分裂属性，这样能使对划分后的训练样本子集进行再分类所需要的信息最少。采用这种方法能有效地减少分类所需要的次数，保证决策树的结构相对简单。

假设从一个数据集 T 中随机抽取一个样本并说明它属于某个类别 C_k，则该消息出现的概率 p 为 $freq(C_k,T)/|T|$，它所表达的信息量为 $-\log_2(p)$。其中，$|T|$ 为数据集 T 中的样本数量，$freq(C_k,T)$ 是数据集 T 中属于类别 C_k 的记录数。区分数据集 T 中某个样本的类别需要的平均信息量为：

$$info(T)=-\sum_{k=1}^{g}\frac{freq(C_k,T)}{|T|}\times\log_2\left(\frac{freq(C_k,T)}{|T|}\right)$$

其中，g 表示类别数。

假设某一属性 A 有 n 个不同的取值，则可将数据集 T 分为 n 个子集 T_1，T_2，…，T_n。根据属性 A 的不同取值将数据集 T 进行划分后的平均信息量为：

$$info_A(T)=\sum_{t=1}^{n}\frac{|T_i|}{|T|}\times info(T_i)$$

其中，$info(T_i)$ 表示区分子集 T_i 中某一样本的类别所需的平均信息量。

由此，得到属性 A 对于划分数据集 T 的信息增益为：$gain(A)=info(T)-info_A(T)$。

信息增益的基本思路是计算出每个属性的信息增益，并选择信息增益最高的属性作为当前节点的分裂属性，根据分裂属性的取值创建分枝。

我们使用信息增益法构建表 10－1 银行用户信用等级的决策树。从数据中可以得出类别数 $g=3$，信用等级高、中、低类别的出现概率分别为 $freq(C_1,T)/|T|=0.4$，$freq(C_2,T)/|T|=0.3$，$freq(C_3,T)/|T|=0.3$。

那么对该数据集中的样本进行分类所需的平均信息量为：

$$info(T)=-0.4\times\log_2(0.4)-0.3\times\log_2(0.3)-0.3\times\log_2(0.3)\approx 1.5710$$

接下来计算每一个属性的平均信息量。首先计算属性“是否中年”的信息量，从数据中可以得出，根据该属性可以分为两个数据集 $T_0=4$ 和 $T_1=6$，下标表示取值。在“非中年”的子集中，信用等级高、中、低类别的出现概率分别为 $freq(C_1,T_0)/|T_0|=0.5$，$freq(C_2,T_0)/|T_0|=0.25$，$freq(C_3,T_0)/|T_0|=0.25$。故在该子集中对样本进行分类所需的平均信息量为：

$$info(T_0)=-0.5\times\log_2(0.5)-0.25\times\log_2(0.25)-0.25\times\log_2(0.25)=1.5$$

同理，在“是中年”的子集中对样本进行分类所需的平均信息量为：

$$info(T_1)=-\frac{2}{6}\times\log_2\left(\frac{2}{6}\right)-\frac{2}{6}\times\log_2\left(\frac{2}{6}\right)-\frac{2}{6}\times\log_2\left(\frac{2}{6}\right)\approx 1.5850$$

所以，根据属性“是否中年”的不同取值对数据集 T 进行划分后的平均信息量为：

$$info_A(T)=0.4\times info(T_0)+0.6\times info(T_1)=1.5510$$

同样可以计算出其他属性的平均信息量分别为：$info_I(T)=1.2$，$info_M(T)=1.5510$，$info_D(T)=0.6897$。

进而各属性划分数据集的信息增益，分别为：$gain(A)=info(T)-info_A(T)=0.0200$，$gain(I)=info(T)-info_I(T)=0.3710$，$gain(M)=info(T)-info_M(T)=$

0.020 0，$gain(D)=info(T)-info_D(T)=0.881\ 3$。

因此，信息增益最大的属性即最优分裂属性为“是否曾经发生过贷款拖欠”，根据其取值创建两个分枝。当曾经发生过贷款拖欠时，因所有样本的类别均相同，故创建一个叶子节点，类别标签为“信用等级低”；当未曾发生过贷款拖欠时，对数据子集进一步选择分裂属性。不断递归上述过程，直至决策树满足终止条件，最终形成的决策树如图 10-1 所示。

（2）决策树剪枝

从决策树的构建过程可以看出，决策树能很好地将训练集的各个类别划分出来，但由于训练集中存在噪声或异常数据，决策树会存在过拟合问题，即部分分枝可能会影响分类效率和降低结果的准确性，因此需要剪枝（pruning）来提高决策树对未知标签数据的分类能力，简化决策树，提高分类效率。剪枝策略有先剪枝和后剪枝两种。

先剪枝（pre-pruning）是指在构建决策树的过程中就进行剪枝操作。在构建过程中，对每个节点先进行评估，再决定是否分枝。例如，利用信息增益法构建决策树时，可以利用信息增益作为评估标准，事先设定一个信息增益阈值，若某一属性的信息增益小于阈值，则不进行分枝，即将其从决策树中剪枝。该方法的关键在于如何确定阈值，阈值过大会导致决策树过于简单，分类精度降低；阈值过小，又会导致剪枝不够彻底。又如可以设定分枝对应的样本中比例最大的类别的阈值，某分枝对应的样本虽然不完全属于同一类别，但当样本某一类别的比例超过阈值时，仍为该分枝构建一个叶子节点，并标记为该类别。这种方法在当前节点上就对是否继续分裂该节点所含的训练集样本进行评估，从而实现剪枝的目的。

后剪枝（post-pruning）是指决策树构建完成后再进行剪枝操作。决策树构建完成后，自下而上地评估每个节点分枝的必要性，然后删除不必要的节点和分枝。后剪枝策略中常用的方法是以决策树的分类错误率作为评估标准。对于决策树中的每个内部节点，计算该节点在剪枝后对应新决策树的分类错误率，再根据每个分枝的错误率和权重（样本量分布），计算不剪枝时的分类错误率。比较这两个分类错误率，若剪枝导致分类错误率变高，则不进行剪枝，否则就删去该节点和分枝。剪枝后，将该节点变成叶子节点，标记为该分枝对应的样本中大比例类别。这一方法可以设定不同的阈值，这样就会生成不同的候选决策树，然后利用测试集对这些候选决策树的分类准确率进行评估，选择分类准确率最高的决策树。

先剪枝策略能够在决策树构建过程中剪掉部分节点和分枝，缩短构建时间和降低过拟合风险，但由于剪枝的同时剪掉了当前节点及子节点和分枝，因此在一定程度上带来了欠拟合风险。而后剪枝策略在构建决策树后，自下而上地遍历所有内部节点，评估后进行剪枝操作，比先剪枝需要更多的计算时间，但相应地，决策树的分类性能更好。在实际运用中，可以同时使用先剪枝策略和后剪枝策略，构成混合的剪枝方法，提升决策树的效果。

接下来我们对 Adult 数据集[①]进行分析。该数据集是美国 1994 年部分人口普查数据，包含 48 842 个样本，数据集被划分为含 32 561 个样本的训练集和含 16 281 个样本的测试

① 资料来源：http：//archive.ics.uci.edu/ml/datasets/Adult。

集，有 age（年龄）、sex（性别）、occupation（职业）、education（学历）、marital-status（婚姻）等 14 个属性，根据年收入是否超过 50k（5 万）美元将样本分成两类。根据基础信息对用户收入进行预测在商业领域中有着广泛的应用，如金融机构可以根据用户的收入调整信用额度，零售企业可以针对不同收入的群体进行差异化营销等。我们从 14 个属性中选择 age（年龄）、workclass（工作性质）、education-num（受教育年限）、sex（性别）、capital-gain 减 capital-loss（资本净收益）和 hours-per-week（每周工作时间）这 6 个属性对年收入是否超过 5 万（50K）美元进行预测。

Python 中 sklearn 库[①]中的 tree 模块可以实现决策树分类，tree. DecisionTreeClassifier ( ) 的主要参数有：①criterion，分裂属性选择标准，可以选择信息熵“entropy”或基尼系数“gini”，默认为“gini”。②splitter，属性划分标准，有“best”和“random”两种标准。“best”是在所有属性中找出最优的分裂属性，而“random”是随机地在部分属性中找局部最优的分裂属性。默认为前者，适合样本量不大的情况，如果样本量非常大，此时决策树构建推荐使用“random”。③max _ depth，决策树最大深度，默认为 None。在样本量大且属性多的情况下，建议限制最大深度，以解决过拟合问题。④min _ samples _ split，内部节点再划分所需最小样本数，默认为 2。⑤min _ impurity _ decrease，节点分裂阈值，默认为 0。这一参数属于先剪枝策略，如果某节点的属性分裂标准（信息增益、基尼系数）小于阈值，则该节点不再生成子节点。还有很多其他参数可以调整决策树模型，感兴趣的读者可以深入研究。

```
1. import pandas as pd
2. from sklearn import tree
3.
4. attr = ['age','workclass','fnlwgt','education','education - num','marital -
   status','occupation','relationship','race','sex','capital-gain','capital -
   loss','hours-per-week','native-country','earnings']
5. train _ data = pd. read _ csv('. /adult. data',header = None,names = attr)
6. test _ data = pd. read _ csv('. /adult. test',header = None,names = attr)
7. def workclass _ change(x):
8. if x. strip() in ['Self - emp - not - inc','?','Without - pay','Never - worked']:
9. return 0
10. elif x. strip() in ['Local-gov','State - gov','Federal-gov']:
11. return 1
12. else:
13. return 2
```

① sklearn 官网：https：//scikit-learn. org/stable/。

```
14. # 数据预处理
15. train_data['new_age'] = pd.cut(train_data['age'],bins = [0,20,40,60,
    100],labels = [0,1,2,3]) # 数据离散化
16. test_data['new_age'] = pd.cut(test_data['age'],bins = [0,20,40,60,
    100],labels = [0,1,2,3]) # 数据离散化
17. train_data['new_workclass'] = train_data['workclass'].apply(lambda
    x:workclass_change(x)) # 数据离散化
18. test_data['new_workclass'] = test_data['workclass'].apply(lambda x:
    workclass_change(x)) # 数据离散化
19. train_data['edu_num'] = pd.cut(train_data['education-num'],bins =
    [0,5,10,20],labels = [0,1,2]) # 数据离散化
20. test_data['edu_num'] = pd.cut(test_data['education-num'],bins = [0,5,
    10,20],labels = [0,1,2]) # 数据离散化
21. train_data['new_sex'] = train_data['sex'].apply(lambda x:0 if x.strip() = =
    'Male' else 1)
22. test_data['new_sex'] = test_data['sex'].apply(lambda x:0 if x.strip() = =
    'Male' else 1)
23. train_data['net'] = pd.cut((train_data['capital-gain'] - train_data['capital-
    loss']),bins = [-5000,0,2500,5000,100000],labels = [0,1,2,3]) # 数据离散化
24. test_data['net'] = pd.cut((test_data['capital-gain'] - test_data['capital-
    loss']),bins = [-5000,0,2500,5000,100000],labels = [0,1,2,3]) # 数据离散化
25. train_data['hpw'] = pd.cut(train_data['hours-per-week'],bins = [0,20,
    40,60,100],labels = [0,1,2,3]) # 数据离散化
26. test_data['hpw'] = pd.cut(test_data['hours-per-week'],bins = [0,20,40,
    60,100],labels = [0,1,2,3]) # 数据离散化
27. train_data['earn_tag'] = train_data['earnings'].apply(lambda x:0 if
    x.strip() = ='<= 50K' else 1)
28. test_data['earn_tag'] = test_data['earnings'].apply(lambda x:0 if
    x.strip() = ='<= 50K.' else 1)
29. train_x = train_data[['new_age','new_workclass','edu_num','new_sex','net',
    'hpw']]
30. train_y = train_data['earn_tag']
31. test_x = test_data[['new_age','new_workclass','edu_num','new_sex',
    'net','hpw']]
```

```
32. test_y = test_data['earn_tag']
33.
34. decision_tree_clf = tree.DecisionTreeClassifier(criterion = 'entropy') # 
    配置决策树模型
35. decision_tree_clf.fit(train_x,train_y) # 训练模型
36. accuracy1 = decision_tree_clf.score(test_x,test_y) # 模型在测试
    集上的平均准确率
37. print('Accuracy:',accuracy1)
38. print('Predict:',list(decision_tree_clf.predict(test_x[0:10]))) #
    利用模型预测前 10 个样本
39. print('Actual:',list(test_y[0:10])) # 前 10 个样本的真实值
40. ---------------------
41. Accuracy:0.8172716663595603
42. Predict:[0,0,0,1,0,0,0,0,0,0]
43. Actual:[0,0,1,1,0,0,0,1,0,0]
```

我们可以看到这一决策树模型的准确率约为 81.73%。使用训练好的决策树对测试集的前 10 个样本进行类别预测，发现有 2 个样本的类别预测错误。

如果我们想了解这一决策树的分类规则，可以通过 Graphviz 软件[①]和 Python 中的 pydotplus 模块对决策树进行可视化。安装完 Graphviz 后需要配置环境变量，类似于 2.4 节将形如“D：\ Graphviz2.38 \ bin”的路径添加至环境变量中。

```
1. import pydotplus
2.
3. dot_data = tree.export_graphviz(decision_tree_clf,feature_names = ['new_
   age','new_workclass','edu_num','new_sex','net','hpw'],filled = True,round-
   ed = True,out_file = None)
4. graph = pydotplus.graph_from_dot_data(dot_data)
5. graph.write_pdf('./result.pdf')
```

export_graphviz( ) 是将决策树输出为 DOT 格式，其中 feature_names 可以指定属性的名称，filled 能根据指标大小用不同颜色对节点进行标识，rounded 可以将节点以圆角矩形方式呈现，更多参数详见官网。所得部分决策树见图 10－2。

① Graphviz 官网：http：//www.graphviz.org/。

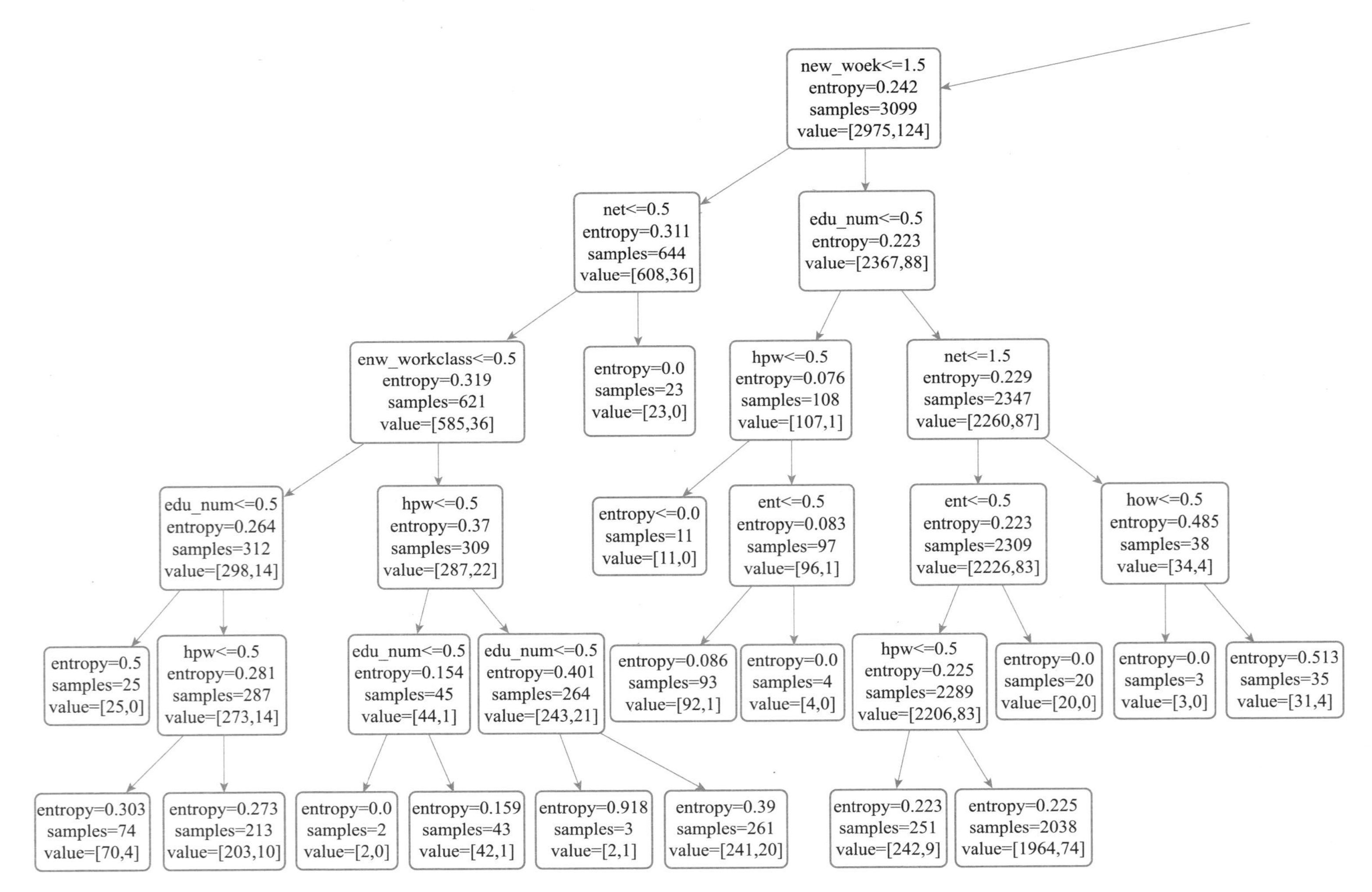

图10-2 Adult数据集决策树（部分）

我们从图10-2中可以看到，每个节点中包含划分依据、当前数据集的信息熵、样本量和各类别样本的分布情况。

10.2.2 贝叶斯分类

贝叶斯分类是一类以贝叶斯定理为基础的统计分类算法。这类算法通过计算未知对象属于每个类别的概率，判断该对象最可能的类别。

贝叶斯定理又称为贝叶斯推理，通过计算条件概率来解决“逆向概率”的问题。假设 H_1，H_2，…，H_n 互斥且构成一个完全事件，已知它们发生的概率分别为$P(H_i)$，$i=1$，2，…，n。某事件 A 与 H_1，H_2，…，H_n 伴随出现。已知在事件 H_1 发生的情况下事件 A 发生的概率为 $P(A \mid H_1)$，我们希望知道在事件 A 发生的情况下事件 H_1 发生的概率 $P(H_1 \mid A)$。通过贝叶斯公式可以计算出 $P(H_1 \mid A)=P(H_1)\times P(A \mid H_1)/P(A)$。

其中，$P(H_1 \mid A)$ 称为条件 A 下 H_1 的后验概率，简称后验概率。相应地，$P(H_1)$ 称为 H_1 的先验概率，简称先验概率。后验概率比先验概率包含了更多信息。

如何使用贝叶斯定理来进行分类呢？接下来将介绍朴素贝叶斯分类（naive Bayes classification）①。朴素贝叶斯分类假设类别条件独立，即一个指定类别中各属性的取值是相互独立的。虽然这一假设比较苛刻，在现实中很难满足，在某种程度上会影响分类的准确率，但能极大地简化贝叶斯分类器的构造过程，在实践应用中有很好的效果。

假设数据集 T 中有 g 个不同的类别 C_1，C_2，…，C_g，计算样本 X 属于类别 C_k 的概率 $P(C_k \mid X)$，$k=1$，2，…，g，最大概率对应的类别 C_k 即为该样本的类别，这样就可以利用贝叶斯公式来解决分类问题。但是，样本 X 往往有多个属性，条件概率 $P(X \mid C_k)$ 是所有属性上的联合概率，难以从有限的训练样本中直接获得。而类别条件独立假设就设定了数据集中的每个属性都独立地对分类结果产生影响，极大地简化了计算过程。

朴素贝叶斯分类的具体步骤为：

①利用训练集中属于类别 C_k 的样本数占样本总量的比例计算先验概率 $P(C_k)=freq(C_k,T)/\mid T\mid,k=1,2,\cdots,g$。

②对于有 n 个属性的样本 $X=\{a_1,a_2,\cdots,a_n\}$，求 $P(a_i \mid C_k),i=1,2,\cdots,n;k=1,2,\cdots,g$。

若属性是离散变量，则 $P(a_i \mid C_k)=freq(C_k,T_i)/freq(C_k,T)$，其中 T_i 是属性取值为a_i 的样本集合。

若属性是连续变量，则假设该属性服从正态分布：

$$P(a_i \mid C_k)=\frac{1}{\sqrt{2\pi}\,\sigma_k}\mathrm{e}^{\frac{(a_i-\mu_k)^2}{2\sigma_k{}^2}}$$

其中，μ_k 和 σ_k 分别是训练集中属于类别 C_k 的样本属性的均值和方差。

③根据类别条件独立假设，X 的属性是相互独立，所以 $P(X \mid C_k)=\prod_{i=1}^{n}P(a_i \mid C_k)$，

① Duda，R. O.，Hart，P. E.（1973）. Pattern classification and scene analysis（Vol. 3）. New York：Wiley.

$k=1,2,\cdots,g$。

④根据贝叶斯公式计算后验概率 $P(C_k \mid X)=P(X \mid C_k)\times P(C_k)/P(X)$。

⑤选择后验概率 $P(C_k \mid X)$ 值最大的类别 C_k 作为该样本的所属类别。

我们将表 10-1 银行用户信用等级作为训练集，使用朴素贝叶斯分类对未曾发生过贷款拖欠且收入高的已婚中年人（即 $X=\{1, 1, 1, 0\}$）的信用等级进行预测。

从训练集中可以得出信用等级高、中、低类别的先验概率分别为 $P(C_1)=freq(C_1,T)/\mid T\mid=0.4, P(C_2)=freq(C_2,T)/\mid T\mid=0.3, P(C_3)=freq(C_3,T)/\mid T\mid=0.3$。

对于样本 X，我们可以计算每个属性值在各类中出现的概率：

$$P(A=1 \mid C_1)=2/4, P(A=1 \mid C_2)=2/3, P(A=1 \mid C_3)=2/3$$

$$P(I=1 \mid C_1)=3/4, P(I=1 \mid C_2)=0, P(I=1 \mid C_3)=1/3$$

$$P(M=1 \mid C_1)=2/4, P(M=1 \mid C_2)=1/3, P(M=1 \mid C_3)=1/3$$

$$P(D=0 \mid C_1)=1, P(D=0 \mid C_2)=1, P(D=0 \mid C_3)=0$$

然后，可以根据贝叶斯公式计算出后验概率：

$$P(X \mid C_1)=P(A=1 \mid C_1)\times P(I=1 \mid C_1)\times P(M=1 \mid C_1)\times P(D=0 \mid C_1)=0.1875$$

$$P(X \mid C_2)=P(A=1 \mid C_2)\times P(I=1 \mid C_2)\times P(M=1 \mid C_2)\times P(D=0 \mid C_2)=0$$

$$P(X \mid C_3)=P(A=1 \mid C_3)\times P(I=1 \mid C_3)\times P(M=1 \mid C_3)\times P(D=0 \mid C_3)=0$$

显然，后验概率 $P(X \mid C_1)$ 最大，所以该用户的类别为信用等级高。

从上述计算过程可以看到，在某类别中当某个属性值对应的样本数为 0 时，样本属于该类别的概率为 0，不再受其他属性的影响，这可能会造成分类结果错误，大大降低分类器的效果。可以引入拉普拉斯（Laplace）平滑以避免这一问题，即在计算 $P(a_i \mid C_k)$ 时分子和分母同时增加一个小常数 q。当样本量足够大时，这一操作对概率估计造成的影响可以忽略不计。假设数据集中有 1 000 个样本，某属性有两个取值 A 和 B，1 000 条取值均为 A，则对应的概率分别为 1 和 0。为这两个取值分别增加常数 $q=1$，重新计算概率为 1 001/1 002≈0.999，1/1 002≈0.001。这样既能解决概率为 0 的问题，又不会对结果产生重大影响。

Python 中 sklearn 库中的 naive_bayes 模块可以实现朴素贝叶斯分类，naive_bayes.MultinomialNB( ) 和 naive_bayes.GaussianNB( ) 分别针对离散型变量和连续型变量进行朴素贝叶斯分类。naive_bayes.MultinomialNB( ) 的参数有：①alpha，拉普拉斯平滑，默认为 1.0。②fit_prior，是否考虑先验概率，默认为 True。若设定为 False，则所有样本都有相同的类别先验概率。③class_prior，类别先验概率，默认为 None。可以自定义，如果指定，则模型将指定值作为先验概率，而不会根据样本情况进行调整。naive_bayes.GaussianNB( ) 的参数有：①priors，与 class_prior 相同，若不指定，则模型会根据样本数据利用极大似然法计算。②var_smoothing，在估计方差时，为了提高模型稳定性，将所有属性方差中最大的方差以某一比例添加到估计的方差中，默认为 1e−9。下面我们使用朴素贝叶斯来分析 Adult 数据集。

```
1. from sklearn import naive _ bayes
2.
3. naive _ bayes _ clf = naive _ bayes. MultinomialNB() # 配置朴素贝叶斯分类模型
4. naive _ bayes _ clf. fit(train _ x, train _ y) # 训练模型, train _ x 等数据
   与决策树相同
5. accuracy2 = naive _ bayes _ clf. score(test _ x, test _ y) # 在测试集上的平
   均准确率
6. print("Accuracy:" ,accuracy2)
7. print('Predict:',list(naive _ bayes _ clf. predict(test _ x[0:10]))) # 利
   用模型预测前 10 个样本
8. print('Actual:',list(test _ y[0:10])) # 前 10 个样本的真实值
9. ---------------------
10. Accuracy:0. 7868067072047171
11. Predict:[0,0,0,1,0,0,0,1,0,0]
12. Actual:[0,0,1,1,0,0,0,1,0,0]
```

我们可以看到使用朴素贝叶斯分类得到的分类器的准确率约为 78.68%，效果略逊于决策树模型。但该分类器对测试集的前 10 个样本进行类别预测时，仅 1 个样本的类别发生了错误。

10.2.3　支持向量机分类

支持向量机（Support Vector Machines）[①] 是一种二分类模型，其基本思路是在 n 维样本空间中寻找一个 $n-1$ 维的超平面（通常称为线性分类器）来对样本进行分割。分割的原则是最大化不同类别样本的间隔，因此可以转化为一个凸二次规划问题进行求解。如图 10－3 所示，能将两类样本划分开的平面有无数个，但线性分类器要求最大化不同类别样本的间隔，因此划分超平面位于两类样本“正中间”，即图 10－3 中的实线。这一划分超平面离两类样本均较远，所以受数据局部扰动的影响最小，分类结果的稳定性最佳，对数据的划分能力最优。

在样本空间中，可以用$\omega^{\mathrm{T}}x+b=0$ 来表示划分超平面，记为（ω，b）。$\omega=(\omega_1, \omega_2, \cdots, \omega_d)$ 为空间中的法向量，决定超平面的方向；b 是位移项，决定超平面与原点间的距离。样本空间中任意一点 x 到超平面的距离可以表示为 $r=|\omega^{\mathrm{T}}x+b|/\|\omega\|$，其中 $\|\omega\|$ 为法向量的模。

① Cristianini，N.，Shawe-Taylor，J.（2000）. *An introduction to support vector machines and other kernel-based learning methods*. Cambridge：Cambridge University Press.

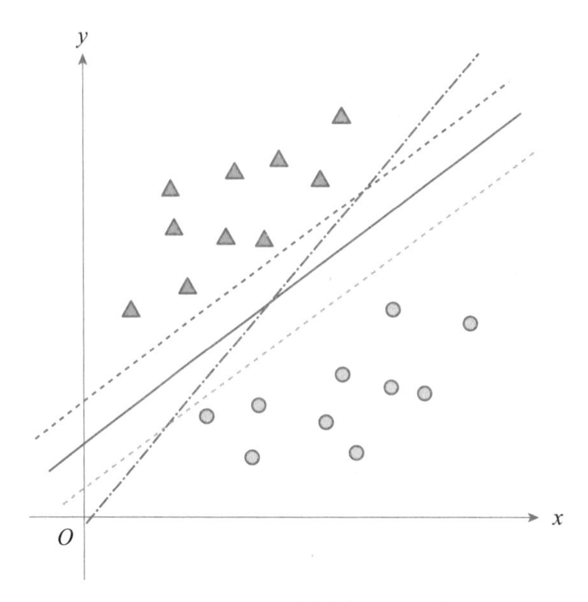

图 10-3　SVM 划分超平面示例

给定训练集 $D=\{(x_1,y_1),(x_2,y_2),\cdots,(x_m,y_m)\}$，其中 $y_i\in\{-1,+1\}$ 表示样本类别。假设超平面（ω，b）可以将训练样本正确分类，则有：

$$\begin{cases}\omega^{\mathrm{T}}x_i+b\geqslant+1, & y_i=+1\\ \omega^{\mathrm{T}}x_i+b\leqslant-1, & y_i=-1\end{cases}$$

我们将距离超平面最近的训练样本，即使上式中等号成立的样本，称为支持向量样本点。支持向量样本点到超平面的距离之和，称为间隔 $r=2/\|\omega\|$。如图 10-4 所示。最大化不同类别样本的间隔就是最大化间隔 r。为了简化求解，可以将最大化问题转换为最小化 $1/2\times\|\omega\|^2$。同时，还要求分类的准确性，因此需要满足上式，可以将上式转化为 $y_i(\omega^{\mathrm{T}}x_i+b)\geqslant 1$。最终，最大化不同类别样本的间隔就转化成一个有约束的最小化问题。

$$\min\frac{1}{2}\|\omega\|^2,\ \text{s. t. }\ y_i(\omega^{\mathrm{T}}x_i+b)\geqslant 1$$

以上就是支持向量机的基本模型，可以引入拉格朗日乘子法（Lagrange multiplier method)，然后转换成对偶的形式进行求解，具体不再展开。

上述介绍的方法有样本是线性可分的潜在假设，即存在一个超平面能将训练样本正确分类。然而在很多现实任务中，如图 10-5 所示，往往很难保证样本在空间中线性可分。

如何解决线性不可分问题呢？最直接的一个方法是引入“软间隔”，适当地把限制条件放宽，即允许支持向量机在部分样本上出错。如对训练集中的每个样本都加上一个松弛因子（ξ_i)，使得函数距离加上松弛因子后仍满足大于等于 1 的要求。松弛因子越大，样本点离超平面的距离越小，若松弛因子大于 1，则表示允许该样本点分错。解决线性不可分问题最常用的方法是核函数，通过事先选择的核函数将原始样本映射到高维空间，使得样本在高维空间中是线性可分的，从而在高维空间中构造最优的划分超平面。常用的核函数

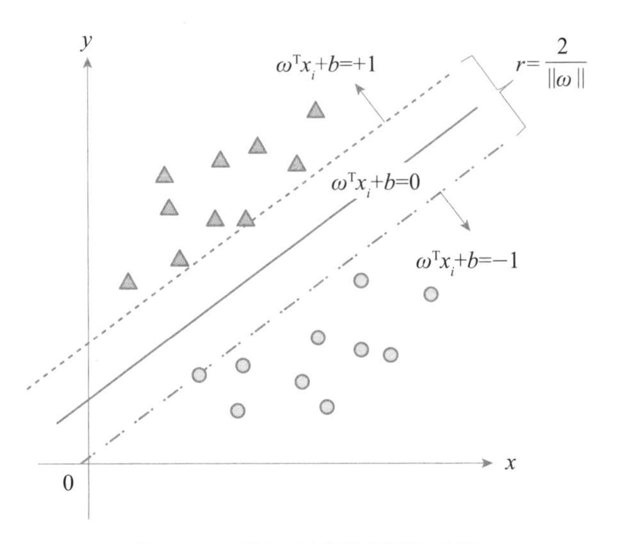

图 10－4　SVM 划分超平面和间隔

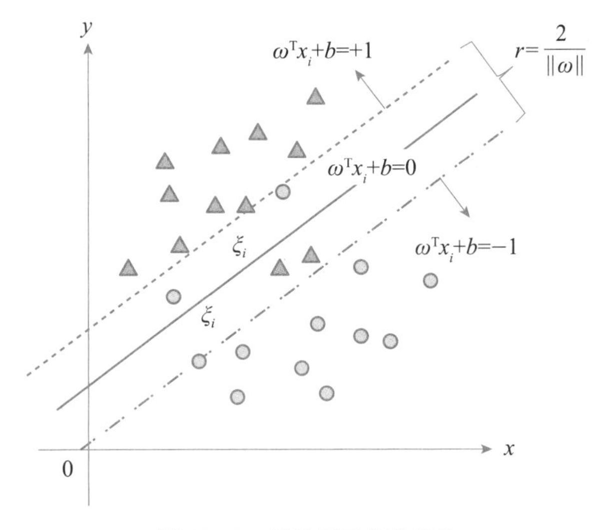

图 10－5　线性不可分的情况

有线性核函数、多项式核函数、高斯核函数（RBF 核函数）和 sigmoid 核函数。核函数的选择需要结合数据实际情况，其中应用最广泛的是高斯核函数。

Python 中 sklearn 库中的 svm 模块可以实现支持向量机分类，svm. SVC( ) 的主要参数有：①C，正则化参数，是对错误分类的惩罚程度，可以理解为松弛因子，必须为正数，默认为 1.0。C 越大，越不允许出现分类错误，越可能导致过拟合问题。②kernel，核函数，可以选择“linear”、“poly”、“rbf”和“sigmoid”等核函数，默认为“rbf”。③degree、gamma 和 coef0 都是核函数的参数，degree 默认为 3，gamma 默认为“auto”，coef0 默认为 0.0。具体含义详见表 10－2。④decision _ function _ shape，使用二分类算法来解决多分类问题的一种策略，有“ovr”、“ovo”和 None 三种。“ovr”在划分时采用一对剩余策略，将剩余的所有类型当作一类；“ovo”采用一对一策略，多个一对一进行组合就完成了多分类问题。更多参数详见官网，不再一一展开。

表 10-2　svm.SVC( ) 的核函数及参数

核函数	参数	解决问题	函数形式	degree	gamma	coef0
线性核	linear	线性	$K(x, y)=x^{T}y=x \cdot y$	No	No	No
多项式核	poly	偏线性	$K(x,y)=(\gamma(x \cdot y)+r)^{d}$	Yes	Yes	Yes
RBF 核	rbf	偏非线性	$K(x, y)=e^{-\gamma\|x-y\|^{2}}$	No	Yes	No
sigmoid 核	sigmoid	非线性	$K(x,y)=\tanh(\gamma(x \cdot y)+r)$	No	Yes	Yes

下面我们使用支持向量机来对 Adult 数据集进行分类。

```
1. from sklearn import svm
2.
3. svm_clf = svm.SVC(C = 1,kernel = 'rbf',gamma = 1,random_state = 0) # 配置支持向量机模型
4. svm_clf.fit(train_x,train_y) # 训练模型,train_x 等数据与决策树相同
5. accuracy3 = svm_clf.score(test_x,test_y) # 模型在测试集上的平均准确率
6. print("Accuracy:" ,accuracy3)
7. print('Predict:',list(svm_clf.predict(test_x[0:10])))
8. print('Actual:',list(test_y[0:10]))
9. ----------------------
10. Accuracy:0.8175173515140348
11. Predict:[0,0,0,1,0,0,0,0,0,0]
12. Actual:[0,0,1,1,0,0,0,1,0,0]
```

可以看到支持向量机分类模型的准确率约为 81.75%，略好于决策树模型，对测试集前 10 个样本的预测效果与决策树相同。

上面介绍了三种常用的分类方法，这三种方法的优缺点如表 10-3 所示，在实践应用中需要结合具体问题和数据选择合适的分类方法。

表 10-3　三种分类方法的优缺点比较

分类方法	优点	缺点
决策树分类	(1) 计算复杂度较小，速度快； (2) 准确性高，易于转换成规则的形式，容易理解和解释； (3) 适用于高维数据集。	(1) 对于类别样本数量分布不同的数据集，信息增益的结果偏向于频率更高的属性； (2) 对噪声数据较为敏感，容易出现过拟合问题； (3) 忽略了属性之间的相关性。

续表

分类方法	优点	缺点
贝叶斯分类	（1）分类效率稳定，容易解释； （2）需要估计的参数少，对缺失数据不敏感； （3）没有复杂的迭代过程，适用于规模大的数据集。	（1）属性间独立性假设往往不成立； （2）需要知道先验概率，分类决策存在错误率。
支持向量机分类	（1）适用于小样本数据集； （2）可以解决高维、非线性问题； （3）可以提高泛化性能，具有较好的稳定性。	（1）难以对大规模训练样本实施； （2）解决多分类问题较为麻烦； （3）对数据缺失和参数选择较敏感； （4）结果难以解释。

除了上述介绍的分类方法，还有基于贝叶斯定理的贝叶斯信念网络①、k-最近邻分类方法（k-NN）② 和深度学习中的神经网络（详见第 13 章）等分类方法，感兴趣的读者可以深入学习。

10.3　分类准确率的测量方法

我们之前介绍过评价分类器最重要的指标是准确率，它衡量使用分类器对类别标签未知的新数据进行分类的准确性。在前面的实例中我们简单地计算了各个分类器的准确率，本节将更深入地介绍分类器的准确率的基本技术和方法。

10.3.1　经典的分类准确率的测量方法

常用的经典的分类准确率的测量方法有保持法（hold-out）、交叉验证法（cross-validation）和自助法（bootstrap）。

（1）保持法

保持法的思路和方法最简单，通常将所有样本按预先定义的比例划分为不相交的训练集和测试集，常用的比例有 2∶1，1∶1 等。2∶1 是指从数据集中随机抽样 2/3 的数据作为训练集，剩下 1/3 的数据作为测试集。由于划分训练集和测试集是随机的，因此可以将保持法重复 n 次，取各次准确率的平均值作为总体准确率。由于需要划分出一定比例的样本作为测试集，因此该方法不适用于样本总量较少的情况。同时，由于采用的是随机抽样的方式，各次试验中的训练集和测试集之间可能有重叠的部分。

（2）交叉验证法

交叉验证法通常称为 k 折交叉验证法，这一方法将数据集分为独立的互不相交的 k 份，每份数据量基本相等，每次将其中的 $k-1$ 份作为训练集，剩下的 1 份作为测试集，如此进行 k 次分类训练和测试，最终取各次分类准确率的均值作为总体准确率。该方法能

---

① Friedman, N., Geiger, D., Goldszmidt, M. (1997). Bayesian network classifiers. *Machine Learning*, 29(2-3), 131-163.

② Cover, T., Hart, P. (1967). Nearest neighbor pattern classification. *IEEE Transactions on Information Theory*, 13(1), 21-27.

使所有样本都参与分类器的构建，也都能参与分类器效果的测试，充分利用了样本数据。常用的交叉验证法有 10 折交叉验证。

（3）自助法

自助法是基于统计学中有放回抽样的分类准确率的测量方法。在原始数据集中，采用有放回的随机抽样构造一个与原数据集大小相等的训练集，把没有被抽到的样本作为测试集。假设原始数据集有 n 个样本，则样本未被抽中的概率为 $1-1/n$，因此一个样本在 n 次有放回抽样中没有被抽到的概率为 $(1-1/n)^n \approx e^{-1} \approx 0.368$。对于样本量足够大的数据集，测试集包含了约 36.8% 的样本。在评价分类器的准确率时，使用 $Acc=0.632\ Acc_{test}+0.368\ Acc_{train}$ 的方式计算分类器的总体准确率，其中 Acc_{test} 表示分类器在测试集上的准确率，Acc_{train} 为分类器在训练集上的准确率。这一方法在样本量较小时很常用，但是有放回的抽样方法会改变原始数据集的分布，可能会引入估计偏差。

值得注意的是，多次抽样方法不仅可以在准确率测量阶段使用，还可以在构造分类器时应用，后续将进一步介绍。

10.3.2 混淆矩阵

假设数据集的类别为正类（+）和负类（−），利用训练好的分类器对测试集进行类别预测，根据预测结果可以得到如表 10-4 所示的混淆矩阵（confusion matrix）。

表 10-4 混淆矩阵

	实际	
预测	+	−
+	正确的正样本数（TP）	错误的正样本数（FP）
−	错误的负样本数（FN）	正确的负样本数（TN）

混淆矩阵的这四个数值可以计算其他常用的度量指标，具体如表 10-5 所示。

表 10-5 分类器常用的度量指标

指标	计算方式	含义
sensitivity/recall	$TP/(TP+FN)$	表示正样本中被正确分类的比例
specificity	$TN/(FP+TN)$	表示负样本中被正确分类的比例
accuracy	$(TP+TN)/(TP+FN+TN+FP)$	表示样本中被正确分类的比例
errorrate	$(FP+FN)/(TP+FN+TN+FP)$	表示样本中被错误分类的比例
precision	$TP/(TP+FP)$	表示预测是正类的样本中确实是正类的比例
$F_{1-measure}$	$(2\times TP)/(2\times TP+FP+FN)$	*recall* 和 *precision* 的调和平均数

上表中除 *errorrate* 外的所有指标均为指标值越大，分类器的性能越好。

在比较不同分类算法构建的分类器的性能时，还可以利用图形，最常用的是 ROC（receiver operating characteristic）曲线。ROC 曲线一般用于分析二分类模型的性能，以 *sensitivity* 为纵坐标，1−*specificity* 为横坐标，所有曲线都经过点（0，0）和点（1，1）。

通过点（0，0）和（1，1）的直线表示分类器随机将样本划分为正类或负类，是分类器的最低标准。ROC 曲线越靠近点（0，1），表示分类器的分类能力越强。不同分类器的 ROC 曲线有可能会相交，表明这两个分类器中没有哪一个在任何情况下都绝对优于另一个。为了更直接地比较分类器的优劣，可以用 ROC 曲线下的面积 AUC 来衡量。AUC 的值越大，说明分类器的准确率越高。

我们可以通过 Python 中 sklearn 库中的 metrics 模块计算混淆矩阵和相关指标。接下来以 Adult 数据集的 SVM 分类器为例，计算相关指标。

```
1. from sklearn import metrics
2. import matplotlib.pyplot as plt
3.
4. pred_y = svm_clf.predict(test_x) # 利用训练好的 SVM 预测测试集
5. print(metrics.confusion_matrix(y_true = test_y, y_pred = pred_y))
   # 输出混淆矩阵
6. print('Accuracy:', metrics.accuracy_score(y_true = test_y, y_pred =
   pred_y)) # 计算准确率, 与 svm_clf.score(test_x, test_y)相同
7. print('Precision:', metrics.precision_score(y_true = test_y, y_pred =
   pred_y)) # 计算精确率
8. print('Recall:', metrics.recall_score(y_true = test_y, y_pred = pred_
   y)) # 计算召回率
9. print('F1 - measure:', metrics.f1_score(y_true = test_y, y_pred = pred_y)) #
   计算 f1 - measure
10. pred_prob = svm_clf.decision_function(test_x) # 利用训练好的 SVM
    计算测试集中每个样本离划分超平面的距离
11. fpr, tpr, threshold = metrics.roc_curve(y_true = test_y, y_score =
    pred_prob)# 计算 ROC
12. print('AUC:', metrics.auc(x = fpr, y = tpr)) # 基于 ROC 的结果计算 AUC
13. print('AUC:', metrics.roc_auc_score(y_true = test_y, y_score = pred_
    prob)) # 直接计算 AUC
14. plt.plot(fpr, tpr, color = 'black', label = 'ROC curve (area = %0.2f)' %
    metrics.auc(fpr, tpr))
15. plt.plot([0,1], [0,1], color = 'blue', linestyle = '--')
16. plt.xlim([0.0, 1.0])
17. plt.ylim([0.0, 1.0])
18. plt.xlabel('1 - specificity')
```

```
19. plt. ylabel('sensitivity')
20. plt. legend(loc =" lower right" )
21. plt. show()
22. ---------------------
23. [[11575   860]
24.  [ 2111  1735]]
25. Accuracy:0. 8175173515140348
26. Precision:0. 6685934489402697
27. Recall:0. 45111804472178885
28. F1-measure:0. 5387362210836827
29. AUC:0. 7053713214069375
30. AUC:0. 7053713214069375
```

上述指标不仅可用于二分类问题，而且同样适用于多分类问题。各函数参数不再详细展开，读者可以在 sklearn 官网上进行查阅。

在 Adult 数据集上 SVM 分类器的 ROC 曲线如图 10－6 所示，ROC 曲线表明模型的分类效果较为理想。

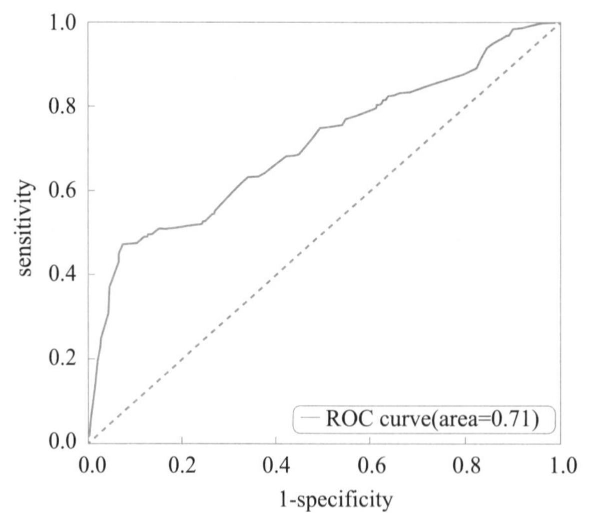

图 10－6　Adult 数据集 SVM 分类器的 ROC 曲线

10.4　分类准确率的提升方法

我们可以看到决策树分类、朴素贝叶斯分类和支持向量机分类在 Adult 数据集上的准确率都有提高的空间，有没有方法提升分类准确率呢？接下来，我们将介绍两种利用已有分类器进行更准确的分类的预测方法：Bagging① 和 Boosting②。

10.4.1 Bagging

Bagging（Bootstrap aggregating），引导聚集算法，又称装袋算法，是一种并行集成方法，通过结合多个模型降低泛化误差。使用 Bagging 方法构造出的模型会降低单一模型的误差，准确率有较大的提升，且对噪声数据的处理更加稳定。这一方法的过程为：①从原始数据集中有放回地随机抽取 T 个与原始数据集样本量相等的数据集作为训练集，训练集之间是相互独立的；②利用 T 个训练集训练得到 T 个不同的模型，具体方法可以结合实际问题进行选择；③利用 T 个模型对当前样本进行判断，用投票的方式得到最终分类结果。

应用 Bagging 方法的典型方法是由 Leo Breiman 和 Adele Cutler 提出的基于决策树分类器的随机森林（Random Forest）③。随机森林在决策树的训练过程中引入了随机属性选择，即从属性集合中随机选择一个属性子集，然后从这个子集中选择最优属性作为分裂属性，对样本进行的分类预测则是由各个决策树输出类别的众数决定的。随机森林的分类性能往往优于单一决策树且非常稳定，降低了过拟合的风险。此外，随机森林在处理高维数据时不需要做特征选择，在训练完之后还可以给出比较重要的属性，因此在高维数据分析中有更好的优势。但随机森林的算法比决策树更为复杂，需要更多的训练时间，当噪音较大时易出现过拟合问题。

sklearn 库中的 ensemble 模块可以实现 Bagging 方法，ensemble.BaggingClassifier( ) 的主要参数有：①base_estimator，基本模型，默认为决策树；②n_estimators，模型数量，默认为 10；③max_samples 和 max_features，分别是抽取的最大样本数量和属性数量，可以直接指定数量，也可以是比例，默认为 1。下面我们对决策树分类使用 Bagging 方法。

```
1. from sklearn import tree
2. from sklearn import ensemble
3.
4. clf1 = ensemble.BaggingClassifier(base_estimator = tree.DecisionTreeClassifier
   (criterion = 'entropy'),n_estimators = 100,random_state = 0)
5. clf1.fit(train_x,train_y) # 训练模型
6. score = clf1.score(test_x,test_y) # 模型在测试集上的平均准确率
7. print("Accuracy:" ,score) # Accuracy:0.8176401940912721
```

① Breiman, L. (1996). Bagging predictors. *Machine Learning*, 24(2), 123 - 140.

② Freund, Y., Schapire, R. E. (1995). A desicion—theoretic generalization of on-line learning and an application to boosting. In *European Conference on Computational Learning Theory*. Berlin: Springer, pp. 23 - 37.

③ Breiman, L. (2001). Random forests. *Machine Learning*, 45(1), 5 - 32.

可以看到使用 Bagging 方法的决策树模型的准确率提升至 81.76%。

此外，也可以直接通过 ensemble. RandomForestClassifier( ) 进行随机森林的构建，函数参数与 tree. DecisionTreeClassifier( ) 函数和 ensemble. BaggingClassifier( ) 函数类似。在 Adult 数据集上，随机森林的效果也有所提升。

```
1. clf2 = ensemble. RandomForestClassifier(random _ state = 0)
2. clf2. fit(train _ x, train _ y)
3. score2 = clf2. score(test _ x, test _ y)
4. print("Accuracy:" , score2) # Accuracy:0. 8173330876481789
```

10.4.2 Boosting

Boosting，提升算法，是一种串行集成方法，通过将一个弱分类器转化为强分类器来减小偏差。Boosting 算法是一个不断迭代提升的过程，其基本思想是对每个训练样本赋予一个权重，通过学习生成一系列分类器，然后将这些分类器组合得到最终分类器。具体过程为：①基于训练集训练一个略好于随机方法的弱分类器，根据该弱分类器的分类结果更新样本权重，如增大分类错误的样本的权重，减小分类正确的样本的权重，构成新的数据集；②利用新数据集再训练一个新的弱分类器，根据分类结果迭代样本权重组成新的数据集，如此重复便可得到若干个弱分类器；③利用这些弱分类器对当前样本进行判断，用投票的方式得到最终分类结果。

使用 Boosting 方法的经典方法有 AdaBoost（Adaptive Boosting）算法[①]和梯度提升决策树（Gradient Boost Decision Tree，GBDT）算法[②]。AdaBoost 算法采用加权多数投票的方式，加大分类错误率小的弱分类器的权重，使其在分类过程中发挥更大的作用。Adaboost 算法的精度高，构造过程比较灵活，不易过拟合，结果易理解，但对噪音数据敏感，噪音在迭代中可能会获得较高的权重，最终影响分类准确率。GBDT 算法是一种迭代的决策树算法，根据已知样本和已有模型损失函数的梯度，建立新的决策树以减少已有模型的残差，最后将所有模型组合就可以得到最终模型。GBDT 算法能够灵活地处理连续型数据和离散型数据，预测精度高，该算法使用稳定性高的损失函数，对异常值的处理能力强。但由于弱分类器之间存在串行关系，难以并行训练数据，因此算法复杂度较高，比较适合低维数据的分类。

ensemble 模块中 ensemble. AdaBoostClassifier( ) 和 ensemble. GradientBoostingClassifier( ) 可以实现 AdaBoost 和 GBDT 算法。ensemble. AdaBoostClassifier( ) 函数的主要参数有：①base _ estimator，基本模型，默认为决策树；②n _ estimators，模型数量，默认为 50；

---

① Bauer, E., Kohavi, R. (1999). An empirical comparison of voting classification algorithms: bagging, boosting, and variants. *Machine Learning*, 36(1-2), 105-139.

② Friedman, J. H. (2001). Greedy function approximation: a gradient boosting machine. *Annals of Statistics*, 1189-1232.

③learning_rate，学习率，默认为 1；④algorithm，Boosting 算法，可以选择"SAMME"或"SAMME.R"，前者是对样本中预测错误的概率进行划分，后者是对预测错误的比例进行划分，默认为后者。ensemble.GradientBoostingClassifier( ) 函数的主要参数有：①loss，损失函数，可以选择对数似然损失函数"deviance"和指数损失函数"exponential"，默认为前者；②learning_rate，学习率，默认为 1；③subsample，拟合各基本模型的样本比例，默认为 1，选择小于 1 的比例可以减少方差，防止过拟合；④criterion，分裂属性选择标准，可以选择"friedman_mse"、"mse"和"mae"，默认是表现最好的"friedman_mse"。其他参数与 tree.DecisionTreeClassifier( ) 函数类似，更多内容可以在官网查阅。

```
1. clf3 = ensemble.AdaBoostClassifier(random_state = 0)
2. clf3.fit(train_x,train_y) # 训练模型
3. score3 = clf3.score(test_x,test_y) # 模型在测试集上的平均准确率
4. print(" Accuracy:" ,score3) # Accuracy:0.8200356243473989
5.
6. clf4 = ensemble.GradientBoostingClassifier ( subsample = 0.8, random_
   state = 0)
7. clf4.fit(train_x,train_y) # 训练模型
8. score4 = clf4.score(test_x,test_y) # 模型在测试集上的平均准确率
9. print("Accuracy:" ,score4) # Accuracy:0.8175787728026535
```

在这一数据集上，AdaBoost 和 GBDT 算法的效果都有所提升。

Bagging 和 Boosting 方法提高分类的准确率的方式略有差异，前者通过降低模型方差而后者通过降低模型偏差以达到提高分类的准确率的目的。此外，还有 Voting、Stacking[①] 等方法可以提高分类的准确率，感兴趣的读者可以深入研究。

 10.5 思考练习题

1. 什么是过拟合问题？应该如何解决过拟合问题？
2. 有哪些常用的分类方法？方法之间有优劣之分吗？
3. 如何评价分类方法的效果？
4. 决策树如何生成新的分枝？如何删除新的分枝？
5. 朴素贝叶斯分类如何解决某类别中某个属性值对应样本数为 0 的情况？
6. 支持向量机分类如何进行核函数的选择？

① Wolpert，D. H.（1992）. Stacked generalization. *Neural Networks*，5(2)，241-259.

第 11 章　聚类分析

聚类分析（clustering）是将大量未知类别的数据集划分为若干类的过程，由于类别标签是未知的，因此聚类分析属于无监督的学习方法。聚类分析与分类分析不同，分类分析是通过例子进行学习（learning by example），而聚类分析是通过观察进行学习（learning by observation）。聚类分析按照各样本内在特征的相似性对样本进行逐步划分，达到类内相似度较高、类间相似度较低的划分效果。聚类分析可以用来分析用户地理位置信息，从而进行选址和消息推送；可以对用户数据进行分析，进行用户画像，实现精准营销和提供个性化服务等。本章将介绍聚类分析中的相似度测量方法、常用的聚类方法和类别数量的确定方法。

11.1　相似度测量方法

聚类分析的基础是数据对象间的相似度的测量，只有明确了数据间相似度的测量方法，才能将相似度作为聚类的标准并设定聚类目标，以达到相同类别数据间的相似度较高、不同类别数据间的相似度较低的最终结果。

本节将重点介绍数据对象之间的相似度（类内相似度）和类之间的相似度（类间相似度）的测量方法。类内相似度根据不同的数据类型可以分为数值数据、类别数据和文本数据的相似度测量方法，类间相似度依据类的不同特征进行衡量。

11.1.1　数值数据的相似度

数值数据对象可以用向量进行表征。对于一个含有 n 个属性的对象 t_i，可以表示为 $t_i=(x_{i1},x_{i2},\cdots,x_{in})$，其中，$x_{ik}$ 表示该数据对象在第 k 个属性上的取值。

数值数据的相似度是通过数据间的距离进行测量的，距离越大，相似度越低。常用的距离测量方法有欧几里得距离（Euclidean Distance，欧氏距离）、曼哈顿距离（Manhattan Distance，绝对值距离）和闵可夫斯基距离（Minkowski Distance，闵氏距离）等。

（1）欧几里得距离：$d(t_i,t_j)=\sqrt{\sum_{k=1}^{n}(t_{ik}-t_{jk})^2}$

（2）曼哈顿距离：$d(t_i,t_j)=\sum_{k=1}^{n}|t_{ik}-t_{jk}|$

欧几里得距离和曼哈顿距离均有如下数学性质：①$d(t_i,t_j)\geqslant 0$，两个数据对象之间的距离为非负数；②$d(t_i,t_i)=0$，数据对象自身的距离为零；③$d(t_i,t_j)=d(t_j,t_i)$，两个数据对象之间的距离是对称的；④$d(t_i,t_h)+d(t_h,t_j)\geqslant d(t_i,t_j)$，若将两个对象之间的距离用一条边来表示，则三个对象之间的距离满足“两边之和不小于第三边”的性质，t_h 为有别于 t_i 和 t_j 的对象。

（3）闵可夫斯基距离：

$$d(t_i,t_j)=\left(\sum_{k=1}^{n}|t_{ik}-t_{jk}|^m\right)^{1/m}$$

我们可以发现，闵可夫斯基距离是欧几里得距离和曼哈顿距离的一般形式。当 $m=1$ 时，闵可夫斯基距离就是曼哈顿距离；当 $m=2$ 时，闵可夫斯基即为欧几里得距离。

以上三个距离都将属性视为同等重要的，但在实际分析中，各属性对结果的影响程度有时是不相等的。因此，可以给距离函数中的每一个属性变量赋予权值ω_k，以表示不同属性的重要程度。例如，加权的闵可夫斯基距离公式为：

$$d(t_i,t_j)=\left(\sum_{k=1}^{n}\omega_k\times|t_{ik}-t_{jk}|^m\right)^{1/m}$$

11.1.2　类别数据的相似度

类别数据是离散型数据，最简单的形式就是二元数据。设 x，y 是两个二元向量，c_{00} 为 x 取 0 且 y 取 0 的属性个数，c_{01} 为 x 取 0 且 y 取 1 的属性个数，c_{10} 为 x 取 1 且 y 取 0 的属性个数，c_{11} 为 x 取 1 且 y 取 1 的属性个数。根据属性取值为 0 与 1 的重要程度差异，有简单匹配系数和 Jaccard 系数两种相似度测量方式。

（1）简单匹配系数（simple matching coefficient）

简单匹配系数衡量取值为 0 和 1 同等重要时的两个二元向量的相似度：

$$d(t_i,t_j)=\frac{c_{00}+c_{11}}{c_{00}+c_{01}+c_{10}+c_{11}}$$

（2）Jaccard 系数

Jaccard 系数更关心属性取值为 1 而不关心取值均为 0 的情况，计算方式如下：

$$d(t_i,t_j)=\frac{c_{11}}{c_{01}+c_{10}+c_{11}}$$

假设有两个二元向量，$t_1=(1,0,0,1,0,1,0,1,0,0)$和 $t_2=(0,0,0,1,0,0,0,1,1,0)$，则简单匹配系数$d_1(t_1,t_2)=(5+2)/(5+1+2+2)=0.7$及 Jaccard 系数$d_2(t_1,t_2)=2/(1+2+2)=0.4$。我们可以看到当 0 和 1 同等重要时，$t_1$ 和 t_2 的相似度为 0.7；当我们并不关心两者取值均为 0 的属性时，t_1 和 t_2 的相似度仅为 0.4。

二元数据的相似度的测量方法可以推广到多类别数据，不再展开介绍。

11.1.3　文本数据的相似度

文本数据最重要的是将文本表征为向量空间，然后基于向量计算相似度。对文本数据进行表征的方法有很多，有传统的词袋模型（bag-of-words）和 TF-IDF 模型，也有

Word2Vec 等基于神经网络的表征模型，具体见 14.1 节。

将文本向量化后，就可以使用余弦相似度（cosine）计算两个向量的夹角以度量向量的相似性，公式如下：

$$d(t_i,t_j)=\frac{t_i \cdot t_j}{|t_i|\times|t_j|}$$

假设有两个英文文档，文档 1 为 Jim likes math and physics but hates English. 文档 2 为 Alice likes math and English，Tom likes too. 我们可以建立一个词典｛1：'Jim'，2：' likes'，3：' math'，4：'and'，5：' physics'，6：' but'，7：'hates'，8：' English'，9：'Alice'，10：'Tom'，11：'too'｝。

根据词袋模型，将词典中的词作为文档的属性，词出现的次数作为属性取值，对文档进行向量化。文档 1 的向量 $t_1=(1,1,1,1,1,1,1,1,0,0,0)$ 和文档 2 的向量 $t_2=(0,2,1,1,0,0,0,1,1,1,1)$。

这两个文档的余弦相似度为：

$$d(t_1,t_2)=\frac{2+1+1+1}{\sqrt{8}\times\sqrt{10}}=\frac{\sqrt{5}}{4}$$

11.1.4 类的相似度

以上介绍的相似度的计算方法是用来测量数据对象的，而聚类后得到的类的相似度根据类的不同特征也有不同的测量方式。类的特征常用重心、半径和直径等进行描述。

给定某一类别K_m，该类别包含 N 个数据对象，重心、半径和直径的计算方式如下：

$$重心=C_m=\frac{\sum_{i=1}^{N}t_i}{N}$$

$$半径=R_m=\sqrt{\frac{\sum_{i=1}^{N}(t_i-C_m)^2}{N}}$$

$$直径=D_m=\sqrt{\frac{\sum_{i=1}^{N}\sum_{j=1}^{N}(t_i-t_j)^2}{N(N-1)}}$$

重心是类别的“中心”，但并不一定有数据对象位于重心。在一些聚类方法中有时会使用类别中相对处于中心位置的数据对象［即中心点（Medoid）］来表示该类别。半径指的是类别中所有数据对象到重心距离的均方根。直径是类别中所有的两点间距离的均方根。

给定两个类K_i 和K_j，分别包含 M 和 N 个数据对象，两个类没有重叠，它们之间的相似度可以用距离进行度量，主要有：

（1）最小距离

最小距离是指分属于两个类别的距离最近的两个数据对象之间的距离。

$$d(K_i,K_j)=\min(d(t_i,t_j))$$

其中，$\forall t_i\in K_i$，$\forall t_j\in K_j$且$t_i\notin K_j$，$t_j\notin K_i$，$d(t_i, t_j)$ 可为任意的数据对象的距离计算

方式，下同。

（2）最大距离

最大距离是指分属于两个类别的距离最远的两个数据对象之间的距离。

$$d(K_i, K_j) = \max(d(t_i, t_j))$$

（3）平均距离

平均距离是指分属于两个类别的任意数据对象之间的距离平均数。

$$d(K_i, K_j) = \frac{1}{MN}\sum_{i=1}^{M}\sum_{j=1}^{N} d(t_i, t_j)$$

（4）离差距离

K_i 和K_j的直径分别为R_i 和R_j，将这两个类合并后形成新的类K_{i+j}，对应的半径为R_{i+j}，则离差距离为：

$$d(K_i, K_j) = \sqrt{R_{i+j} - R_i - R_j}$$

（5）重心距离

重心距离是指两个类别重心之间的距离。K_i 和K_j的重心分别为C_i 和C_j，则计算方式为：

$$d(K_i, K_j) = d(C_i, C_j)$$

（6）中心点距离

中心点距离是指两个类别中心点之间的距离，K_i 和K_j的中心点分别为M_i 和M_j，则有：

$$d(K_i, K_j) = d(M_i, M_j)$$

根据数据集的不同特征和实际分析情景，可以采用不同的距离计算方式，以提高聚类分析的效果。

11.2　聚类方法介绍

不同的聚类方法在相同数据集上可能会有不同的聚类效果，因此在实际分析中需要结合数据特征和实际分析背景选择合适的聚类方法。本节将介绍常见的划分方法（partitioning methods）、层次方法（hierarchical methods）和基于密度的方法（density-based methods）这三类聚类分析方法。

11.2.1　划分方法

最基本的聚类方法当属划分方法，这一类聚类方法有 k-means、k-medoids、PAM（Partitioning Around Medoid）、CLARA（Cluster LARger Application）和 CLARANS（Cluster LARger Application based upon RANdomized Search）① 等算法。

对于一个含有 n 个数据对象的数据集，划分方法的基本思路为：首先，将数据集初始

① Han, J., Kamber, M., Tung, A. K. (2001). Spatial clustering methods in data mining. *Geographic Data Mining and Knowledge Discovery*, 188 - 217.

划分为 k 个类别，$k \leqslant n$。这些划分要求每一个类别至少包含一个数据对象，每一个数据对象属于且仅属于一个类别。然后，通过不断地迭代来改变划分，使得每次改进之后的划分结果都优于改进之前。划分的目标就是类内相似度越大越好，类间相似度越小越好，可以使用聚类评价函数进行度量。最后，当相邻两次聚类评价函数值没有发生任何变化或收敛到一定误差范围内时，聚类结束。

聚类评价函数用来衡量类内的差异 $w(K)$ 和类间的差异 $b(K)$。类内的差异通常采用类内数据对象到类别重心的距离平方和，具体为：$w(K)=\sum_{i=1}^{k}\sum_{t \in K_i} d(t, C_i)$ 。类间的差异一般采用类别重心间的距离平方和，即 $b(K)=\sum_{1 \leqslant i<j \leqslant k} d(C_i, C_j)$ 。聚类评价函数可以是 $w(K)$ 和 $b(K)$ 的单调组合，如 $b(K)/w(K)$，该值越小，表明类内相似度越大，类间相似度越小，聚类效果越好。

划分方法中的 k-means 算法是最广泛使用的聚类算法。k-means 算法将用户输入的常数 k 作为期望划分的类别数，首先，从含 n 个数据对象的数据集中随机选择 k 个数据对象作为初始类别中心；然后，通过计算每一个对象与初始类别中心之间的距离，将剩下的所有对象划分到距离最近的类别中；最后，以每个类别的重心作为新的聚类中心，不断迭代这一过程直至聚类评价函数收敛。

但是，k-means 算法对噪声和离群点（outlier）是非常敏感的。因此，可以采用 k-medoids 算法进行改进，将 k-means 算法中的类别重心改为中心点，即类别中最靠近中心的数据对象。PAM 算法就是 k-medoids 的基础算法之一。

CLARA 和 CLARANS 是基于 k-medoids 思想的对样本量较大的数据集具有较好聚类质量和可伸缩性的改进算法。CLARA 算法的主要思想为从大数据集中随机地抽取一小部分样本作为数据集的代表，利用 k-medoids 方法对抽样数据进行聚类分析。重复这个过程数次后，根据聚类评价函数输出其中最好的结果。CLARANS 算法与 CLARA 算法的不同之处在于，CLARA 算法每次的抽样数是固定的，而 CLARANS 算法则不固定抽样数，在每一次搜索中随机地抽取样本。这一算法的性能优于 CLARA 算法，且可以用于探测孤立点。

sklearn 库中的 cluster 模块可以实现最常用的 k-means 算法，cluster. KMeans( ) 的主要参数有：①n _ clusters，类的数量，默认为 8；②init，初始划分方法，可以选择“k－means＋＋”“random”等方法，“k－means＋＋”以一种更高效的方式进行初始划分以加速迭代收敛速度，“random”是以随机的方式进行初始划分，默认为“k－means＋＋”；③n _ init，用不同初始划分进行聚类的次数，最终输出最佳结果，默认为 10；④max _ iter，每次聚类的迭代次数，默认为 300。还有其他参数可以设置，具体参阅官网。

接下来我们对批发顾客数据集[①]进行聚类分析，该数据集记录了一个批发商的 440 个不同顾客每年在 Fresh（生鲜）、Milk（牛奶）、Grocery（杂货）、Frozen（冷冻产品）、

---

① 资料来源：http：//archive. ics. uci. edu/ml/datasets/Wholesale＋customers。

Detergents-Paper（洗涤剂和纸制品）及 Delicassen（熟食）这 6 个品类商品上的支出。根据顾客在不同品类商品上的支出情况可以对顾客进行划分，批发商可以针对每一类顾客的特征制定不同的营销策略来提高销量。

```
1. import pandas as pd
2. from sklearn import cluster,decomposition,preprocessing
3. import matplotlib.pyplot as plt
4.
5. data = pd.read_csv('./Wholesale customers data.csv')
6. features = preprocessing.StandardScaler().fit_transform(data[['Fresh',
   'Milk','Grocery','Frozen','Detergents_Paper','Delicassen']]) # 对原始数据
   进行标准差标准化处理
7. kmeans = cluster.KMeans(n_clusters = 3,random_state = 0) # 配置 k-means 模型
8. kmeans.fit(features) # 聚类
9. print(kmeans.cluster_centers_) # 输出类别中心
10. print(kmeans.inertia_) # 输出样本与其最近中心的距离平方和
11. data_pca = decomposition.PCA(n_components = 2).fit_transform(fea-
    tures) # 使用主成分分析对原始 6 个属性进行降维,便于可视化
12. df1 = pd.concat([pd.DataFrame(data_pca),pd.DataFrame(kmeans.labels_)],
    axis = 1)
13. df1.columns = ['x','y','label']
14. colors = ['#377eb8','#ff7f00','#4daf4a']
15. for i in range(3):
16. plt.scatter(df1.loc[df1['label'] == i]['x'],df1.loc[df1['label'] == i]['y'],
    color = colors[i],label = i)
17. plt.legend()
18. plt.show()
19. ----------------------
20. [[-0.50731318  0.58556291  0.80971598  -0.3241831  0.80418162
    0.08314832]
21. [ 1.12931914  3.80515119  3.37123923  1.57377916  3.28774148
    2.19858788]
22. [ 0.12656323  -0.37241784  -0.43122186  0.04312416  -0.42559607
    -0.12634983]]
23. 1614.5183504384179
```

我们从类中心可以看出（见图 11－1），类别 0 的顾客在牛奶、杂货、洗涤剂和纸制品上的支出较多，批发商可以针对这类顾客设计不同的产品组合进行捆绑销售，提高这类顾客在其他品类商品上的消费。类别 1 的顾客在所有品类上的支出均高于其他两类，属于忠诚顾客，应该重点维护客户关系以防流失。类别 2 的顾客在各个品类上的支出均较低，批发商可以针对这类低频顾客推出促销活动，以扩大销量。

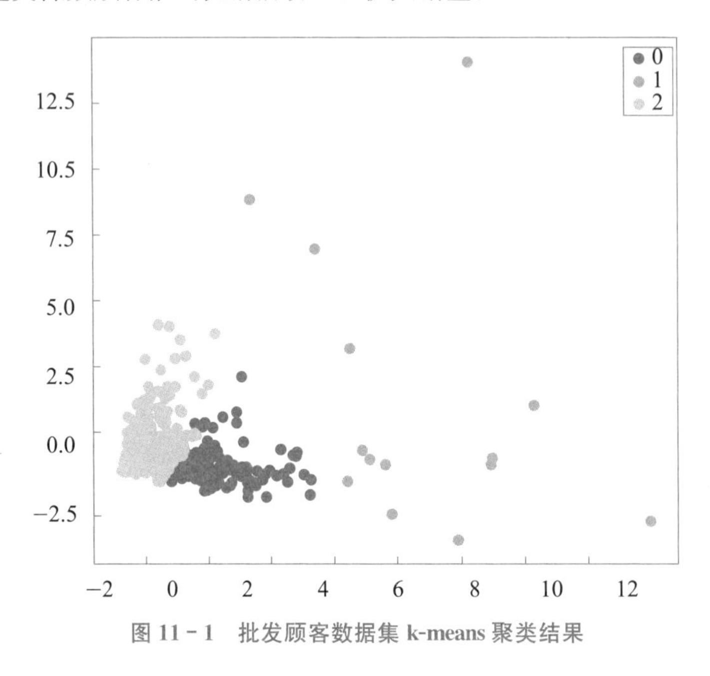

图 11－1　批发顾客数据集 k-means 聚类结果

11.2.2　层次方法

层次聚类是通过生成一棵有层次的嵌套聚类树进行类别划分的方法。在聚类树中，原始数据对象是树的最低层，树的顶层是聚类的根节点。创建聚类树有自下而上聚合和自上而下分解两种方法。其中，前者的适用范围更广，在实践中也更为常用。

自下而上的聚合层次聚类方法的思路是：首先将每个原始数据对象视为一个类别，然后按一定的聚合条件将这些类别聚合成较大的类别，直至聚合成一个类别（聚类树中的根节点）或满足一定的聚合终止条件。而自上而下的分解层次聚类方法的思路是相反的，首先将所有原始数据对象视为一个类别（聚类树中的根节点），然后按一定的分解条件将大类别分成较小的类别，直至将所有对象分解成一个独立类别或满足一定的分解终止条件。

聚合层次聚类方法的代表算法是 AGNES（AGglomerative NESting）算法，该算法的聚合条件通常为类间距离最小，即每次迭代对类间距离最小的两个类进行聚合，其中类间距离一般采用最小距离。当所有对象被聚合成一个类别或者类别数量达到了设定值时，算法终止。

分解层次聚类方法的典型代表是 DIANA（DIvisive ANAlysis）算法，这一算法的分解条件通常采用类内最邻近对象的最大欧式距离。算法的终止条件为所有对象都被分解成独立类别或类别数量达到了设定值。

层次聚类方法非常简单，但在实际应用时常会遇到无法选择合适的点进行合并或分解的问题。为了解决这一困难，需要将其他聚类技术结合到层次聚类中，以改进聚类质量。由此涌现出了 BIRCH（Balanced Iterative Reducing and Clustering using Hierarchies）[①]、CURE（Clustering Using REpresentatives）[②]、ROCK（RObust Clustering using linKs）[③]和 Chameleon[④] 等改进算法。

BIRCH 是一种使用聚类特征和聚类特征树来概括聚类描述的综合层次聚类方法。其中，聚类特征树是一种高度平衡树，每一节点由若干个聚类特征构成。该算法首先要构建聚类特征树，然后使用其他聚类算法（如 k-means）等对聚类特征树的叶子节点进行聚类。BIRCH 算法只需扫描一次数据集就能构建聚类特征树，算法效率高，适用于样本量大且期望类别数量多的数据集。

CURE 算法是结合了划分方法思想的层次方法，该算法不再单纯地以一个点（重心或中心点）作为类别的代表，而是从每个类中选取固定数量且分布较好的有代表性的数据对象代表类别。首先，该算法从原始数据集中随机抽取一部分样本作为子集，并进行均匀划分。然后，在这些类别中选取代表点，并以一个适当的收缩因子向类别中心“收缩”，使这些点更靠近中心。最后，合并距离最近的代表点类别，如此迭代，直至类别数目达到预期值。在完成样本聚类后，以一定的策略将非样本分配到相应的类别中。该方法适用于大规模数据集，不仅可以发现非球形的几何形状，而且对孤立点数据的处理更加稳定，能有效地消除噪声和离群点的影响。

ROCK 算法引入了近邻和连接这两个概念：当两个样本的相似度达到了设定的阈值时，这两个样本就是近邻；若两个样本有共同的近邻，则说明两者之间有连接。遵循类间连接总数最小、类内连接总数最大的原则，将初始作为独立类别的样本合并，直至类别数目达到期望值。这一算法适用于分类数据，但聚类效果对近邻相似度阈值较为敏感。

Chameleon 算法是一种采用动态模型的层次聚类方法。该算法的主要思想为：首先，将原始数据集构造成一个稀疏的 k 最近邻图；然后，采用图划分算法将 k 最近邻图划分成较小的子类；最后，基于类内数据对象的连接情况（互连性）和类间的相似性（邻近性）来评估类的相似度，使用聚合层次聚类方法对子类进行合并。这一算法能挖掘高质量的任意形状的类，但是算法复杂度相对较高。

sklearn 库中的 cluster. AgglomerativeClustering( ) 和 cluster. Birch( ) 能分别实现 AG-

---

① Zhang, T., Ramakrishnan, R., Livny, M. (1996). BIRCH: an efficient data clustering method for very large databases. *ACM Sigmod Record*, 25(2), 103-114.

② Guha, S., Rastogi, R., Shim, K. (1998). CURE: an efficient clustering algorithm for large databases. *ACM Sigmod record*, 27(2), 73-84.

③ Guha, S., Rastogi, R., Shim, K. (2000). ROCK: A robust clustering algorithm for categorical attributes. *Information Systems*, 25(5), 345-366.

④ Karypis, G., Han, E. H., Kumar, V. (1999). Chameleon: hierarchical clustering using dynamic modeling. *Computer*, 32(8), 68-75.

NES 算法和 BIRCH 算法。cluster. AgglomerativeClustering( ) 的主要参数有：①n _ clusters，类的数量，默认为 2；②affinity，数据对象相似度的计算方式，可以选择“euclidean”、“manhattan”和“cosine”等相似度计算方法，默认为“euclidean”；③linkage，类的合并标准，有“ward”、“complete”、“average”和“single”，其中“ward”是最小化类内的方差，“complete”、“average”和“single”则分别指最小化两个类之间的最大距离、平均距离和最小距离，默认为“ward”。cluster. Birch( ) 的主要参数有：①threshold，聚类特征树叶子节点中每个聚类特征的半径阈值，该阈值越小，在构造聚类特征树时叶子节点中的聚类特征进行分裂时的概率越大，因此聚类特征树的规模也越大，默认为 0.5；②branching _ factor，节点（叶子节点和内部节点）中聚类特征的最大数量，默认为 50；③n _ clusters，类的数量，默认为 3；④compute _ labels，表示是否输出类别标识，默认为 True。更多参数详见官网。

我们继续对批发顾客数据集使用层次方法进行聚类分析。

```
1. import pandas as pd
2. from sklearn import cluster,decomposition,preprocessing
3. from scipy. cluster import hierarchy
4. import matplotlib. pyplot as plt
5.
6. data = pd. read _ csv('. /Wholesale customers data. csv')
7. features = preprocessing. StandardScaler(). fit _ transform(data[['Fresh',
   'Milk','Grocery','Frozen','Detergents _ Paper','Delicassen']]) # 对原始数据
   进行标准差标准化处理
8. AggCl = cluster. AgglomerativeClustering(n _ clusters = 3, affinity = 'eu-
   clidean',linkage = 'ward') # 配置层次聚类模型
9. AggCl. fit(features) # 聚类
10. data _ pca = decomposition. PCA(n _ components = 2). fit _ transform(fea-
    tures) # 使用主成分分析对原始 6 个属性进行降维,便于可视化
11. df2 = pd. concat ([ pd. DataFrame ( features ), pd. DataFrame ( data _ pca ),
    pd. DataFrame(AggCl. labels _ )],axis = 1)
12. df2. columns = ['Fresh','Milk','Grocery','Frozen','Detergents _ Paper','Delic-
    assen','x','y','label']
13. for i in range(3): # 输出每类中心
14.     center = [ ]
15.     for j in ['Fresh','Milk','Grocery','Frozen','Detergents _ Paper','Delicassen']:
16.         center. append(round(df2. loc[df2['label'] = = i][j]. mean(),5))
17.     print(i,center)
```

```
18. plt. subplot(121)
19. link _ matrix = hierarchy. linkage(features, method = 'ward', metric = 'eu-
   clidean')
20. hierarchy. dendrogram(link _ matrix, truncate _ mode = 'level', p = 5)
21. plt. title('Dendrogram for the Agglomerative Clustering')
22. plt. subplot(122)
23. colors = ['#377eb8', '#ff7f00', '#4daf4a']
24. for i in range(3):
25.         plt. scatter(df2. loc[df2['label'] = = i]['x'], df2. loc[df2['label'] = = i]
    ['y'], color = colors[i], label = i)
26. plt. title('Agglomerative Clustering Result')
27. plt. legend()
28. plt. show()
29. ----------------------
30. 0 [1. 22511, 5. 12018, 4. 91313, 1. 07518, 4. 64822, 3. 09665]
31. 1 [0. 24132, - 0. 37696, - 0. 4382, 0. 15784, - 0. 44588, - 0. 07631]
32. 2 [ - 0. 49126, 0. 49154, 0. 61212, - 0. 33205, 0. 63663, 0. 01872]
```

可以看出，这一聚类结果与 k-means 聚类结果效果类似，类别 0、1、2 分别对应 k-means 的类别 1、2、0。此外，我们通过 Scipy 库中的 cluster 模块对层次聚类树进行可视化，图 11-2 中的树状图能直观地呈现出数据间的层次关系。

我们使用 BIRCH 算法再进行分析。

```
33. birch = cluster. Birch(n _ clusters = 3) # 配置 BIRCH 聚类模型
34. birch. fit(features) # 聚类
35. data _ pca = decomposition. PCA(n _ components = 2). fit _ transform(fea-
    tures) # 使用主成分分析将原始 6 个属性进行降维,便于可视化
36. df3 = pd. concat ([ pd. DataFrame ( features ), pd. DataFrame ( data _ pca ),
    pd. DataFrame(birch. labels _ )], axis = 1)
37. df3. columns = ['Fresh', 'Milk', 'Grocery', 'Frozen', 'Detergents _ Paper', 'Delic-
    assen', 'x', 'y', 'label']
38. for i in range(3): # 输出每类中心
39.         center = []
40.         for j in ['Fresh', 'Milk', 'Grocery', 'Frozen', 'Detergents _ Paper', 'Delic-
    assen']:
```

```
41.         center. append(round(df3. loc[df3['label'] = = i][j]. mean(),5))
42.     print(i,center)
43. colors = ['#377eb8','#ff7f00','#4daf4a']
44. for i in range(3):
45.         plt. scatter(df3. loc[df3['label'] = = i]['x'],df3. loc[df3['label'] = = i]['y'],
    color = colors[i],label = i)
46. plt. legend()
47. plt. show()
48. ---------------------
49. 0 [0. 03221, - 0. 19564, - 0. 23803,0. 01168, - 0. 24573, - 0. 05828]
50. 1 [ - 0. 35133,1. 72608,2. 21932, - 0. 27474,2. 33598,0. 15856]
51. 2 [1. 96682,5. 1755,1. 28722,6. 9006, - 0. 55486,16. 47845]
```

我们可以看到 BIRCH 的聚类结果与 AGNES 的聚类结果存在差异（如图 11－3 所示），BIRCH 将 AGNES 的类别 0 和类别 2 合并，形成了新的类别 1，而原本类别 0 中有一个孤立点单独形成了类别 2，这一孤立点就是图 11－2 中树状图最左边的那个样本。

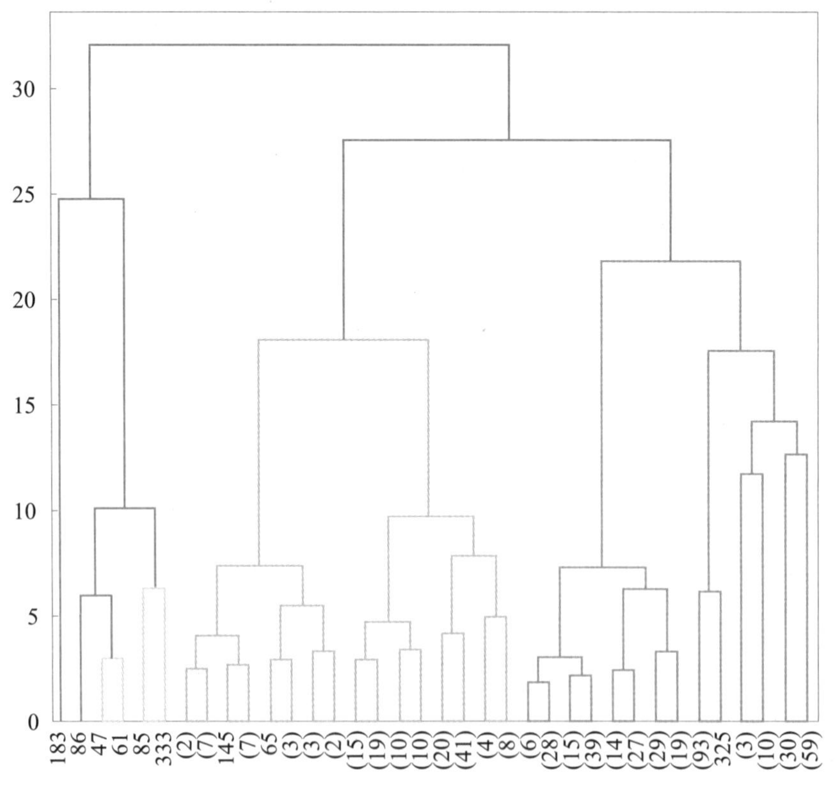

图 11－2　批发顾客数据集 AGNES 聚类结果

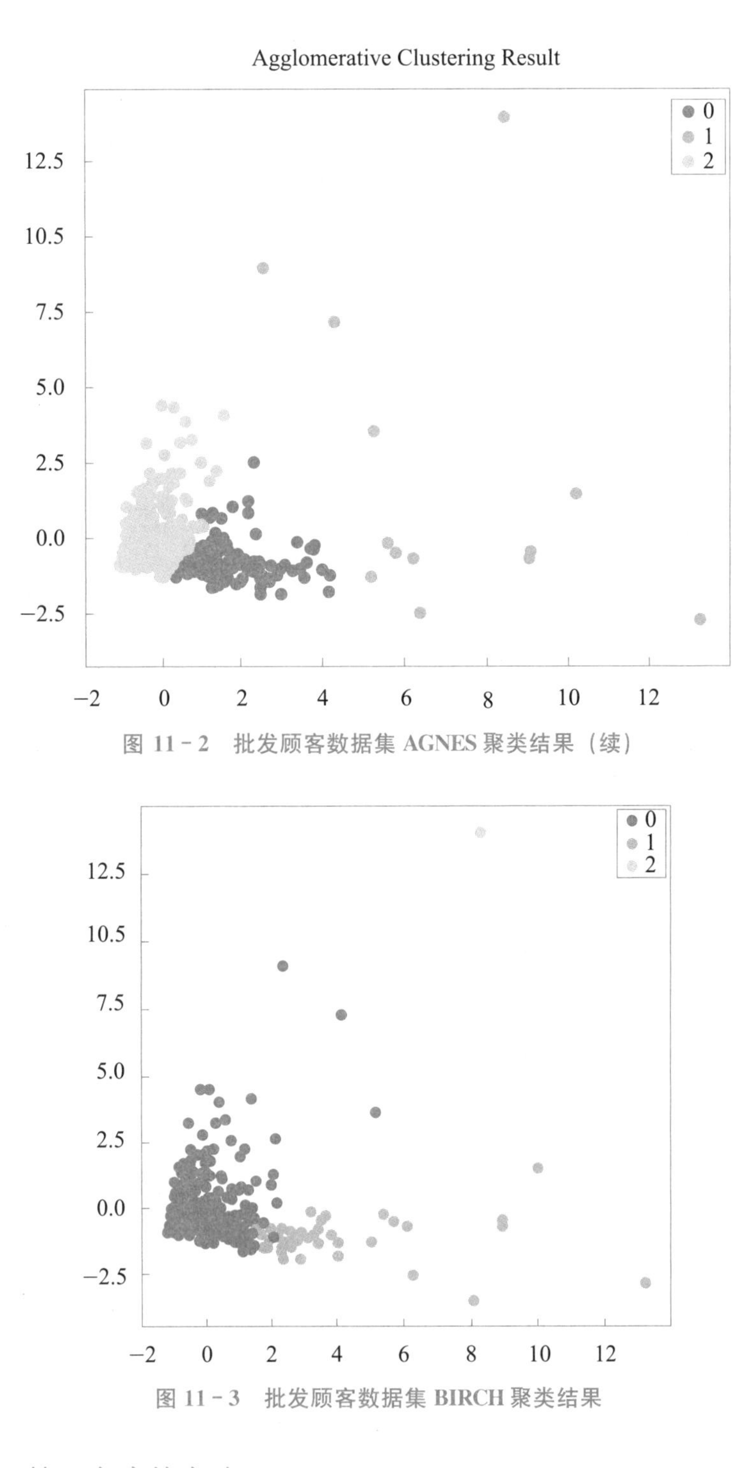

图 11 - 2　批发顾客数据集 AGNES 聚类结果（续）

图 11 - 3　批发顾客数据集 BIRCH 聚类结果

11.2.3　基于密度的方法

基于密度的聚类方法是以样本在空间分布上的密度为依据进行聚类分析的方法，将类别视为空间中被低密度区域分割开的高密度数据对象区域。只要一个区域内的样本密度大于设定的密度阈值，就把它加到与之相近的类别中去。这类方法可以避免基于距离的聚类算法使聚类结果是球状类别的缺点，能够发现任意形状的聚类结果，且在处理孤立点数据时更加稳定。但是这类方法计算密度的复杂度较大，需要频繁扫描整个数据集，时间复杂度较高。基于密度的聚类方法主要有 Mean Shift①、DBSCAN（Density-Based Spatial Clustering of Applications with Noise）② 和 OPTICS（Ordering Points To Identify the Clustering Structure）③ 等算法。

Mean Shift 是一种核密度估计算法，根据数据概率密度不断地移动其均值中心，直到满足终止条件。该方法的核心思想与 k-means 方法相似：第一步，随机选择 k 个数据对象作为初始中心点；第二步，以中心点为圆心，设定值为半径画圆，落在圆内的数据对象就属于这一类别，并记录每个数据对象在每个类中出现的频次；第三步，圆心和落在圆内的所有点组成了向量，所有向量相加就得到了 shift 向量；第四步，中心点沿着 shift 方向移动；第五步，重复第二至第四步直至 shift 向量收敛；第六步，当任意两个类的中心距离小于阈值时，将这两个类合并，每个点出现的频次也加总。重复第一至第五步，直至所有样本的出现频次均大于等于 1，最后根据样本在每一类中出现的频次大小，确定样本的归属。

DBSCAN 是一种基于高密度连接区域的密度聚类方法。该方法先以固定半径和密度阈值来定位核心对象，若一个核心对象在另一个核心对象的邻域内，则将两者相连形成一个类，所有低于密度阈值的对象则连到最近的核心对象中，以完成对所有点的划分。DBSCAN 可以在有噪声或孤立点的数据集中找到任意形状的类别，但半径和密度阈值直接影响聚类效果。

DBSCAN 算法中的半径和密度阈值是全局固定值，这就使得该方法在某些数据集（如空间聚类的密度不均匀、类间距离相差较大）上的聚类效果不佳。而 OPTICS 算法在此基础上引入核心距离和可达距离对 DBSCAN 进行改进，以解决对用户输入参数敏感的问题。

以上三种方法在 Python 中都能通过 sklearn 库中的 cluster 模块实现。cluster.MeanShift( ) 函数能实现 Mean Shift 算法，主要参数有：①bandwidth，RBF 核的边界宽度，即半径，默认会根据数据集自动估计；②cluster_all，是否对所有点都进行聚类，默认为 True，即把所有孤立点分配到距离最近的类，如果设置为 False，则孤立点的类别标签将被设为－1。cluster.DBSCAN( ) 函数的重要参数有：①eps，半径，默认为 0.5；②min_samples，密度阈值，默认为 5；③metric，数据对象之间的距离计算方式，默认为“euclidean”；④algorithm，计算两点间的距离和查找最近邻对象的算法，可以选择“auto”、“ball_tree”、“kd_tree”和“brute”，默认为“auto”。cluster.OPTICS( ) 函

---

① Comaniciu, D., Meer, P. (2002). Mean shift: a robust approach toward feature space analysis. *IEEE Transactions on Pattern Analysis and Machine Intelligence*, 24(5), 603-619.

② Ester, M., Kriegel, H. P., Sander, J., Xu, X. (1996). A density-based algorithm for discovering clusters in large spatial databases with noise. In *Kdd*, 96(34), pp. 226-231.

③ Ankerst, M., Breunig, M. M., Kriegel, H. P., Sander, J. (1999). OPTICS: ordering points to identify the clustering structure. *ACM Sigmod Record*, 28(2), 49-60.

数的主要参数为：①min _ samples、max _ eps、metric 和 algorithm 等参数与 cluster. DBSCAN( ) 函数大同小异，不再赘述；②cluster _ method，使用可达距离和排序进行类别提取的方法，可以选择“xi”和“dbscan”，默认为“xi”。其他参数的具体含义和设置方法详见官网。

我们再通过基于密度的方法对批发顾客数据集进行分析，看看聚类结果是否会发生变化。

```
1. import pandas as pd
2. from sklearn import cluster,decomposition,preprocessing
3. import matplotlib. pyplot as plt
4.
5. data = pd. read _ csv('. /Wholesale customers data. csv')
6. features = preprocessing. StandardScaler(). fit _ transform(data[['Fresh',
   'Milk','Grocery','Frozen','Detergents _ Paper','Delicassen']]) # 对原始数据
   进行标准差标准化处理
7. meanshift = cluster. MeanShift() # 配置 Mean Shift 聚类模型
8. meanshift. fit(features) # 聚类
9. dbscan = cluster. DBSCAN() # 配置 DBSCAN 聚类模型
10. dbscan. fit(features) # 聚类
11. optics = cluster. OPTICS() # 配置 OPTICS 聚类模型
12. optics. fit(features) # 聚类
13. data _ pca = decomposition. PCA(n _ components = 2). fit _ transform(fea-
    tures) # 使用主成分分析对原始 6 个属性进行降维,便于可视化
14. df4 = pd. concat ([pd. DataFrame (features), pd. DataFrame (data _ pca),
    pd. DataFrame (meanshift. labels _ ), pd. DataFrame (dbscan. labels _ ),
    pd. DataFrame(optics. labels _ )],axis = 1)
15. df4. columns = ['Fresh','Milk','Grocery','Frozen','Detergents _ Paper','Delic-
    assen','x','y','ms _ label','db _ label','op _ label']
16. plt. subplot(131)
17. for i in range(len(set(meanshift. labels _ ))):
18.         plt. scatter(df4. loc[df4['ms _ label'] = = i]['x'],df4. loc[df4['ms _
    label'] = = i]['y'],label = i)
19. plt. legend()
20. plt. title('Mean Shift Result')
21. plt. subplot(132)
```

```
22. for i in range( - 1,len(set(dbscan. labels _ )) - 1):
23.        plt. scatter(df4. loc[df4['db _ label'] = = i]['x'],df4. loc[df4['db _
    label'] = = i]['y'],label = i)
24. plt. legend()
25. plt. title('DBSCAN Result')
26.  plt. subplot(133)
27. for i in range( - 1,len(set(optics. labels _ )) - 1):
28.        plt. scatter(df4. loc[df4['op _ label'] = = i]['x'],df4. loc[df4['op _
    label'] = = i]['y'],label = i)
29. plt. legend()
30. plt. title('OPTICS Result')
31. plt. show()# 见图 11 - 4
```

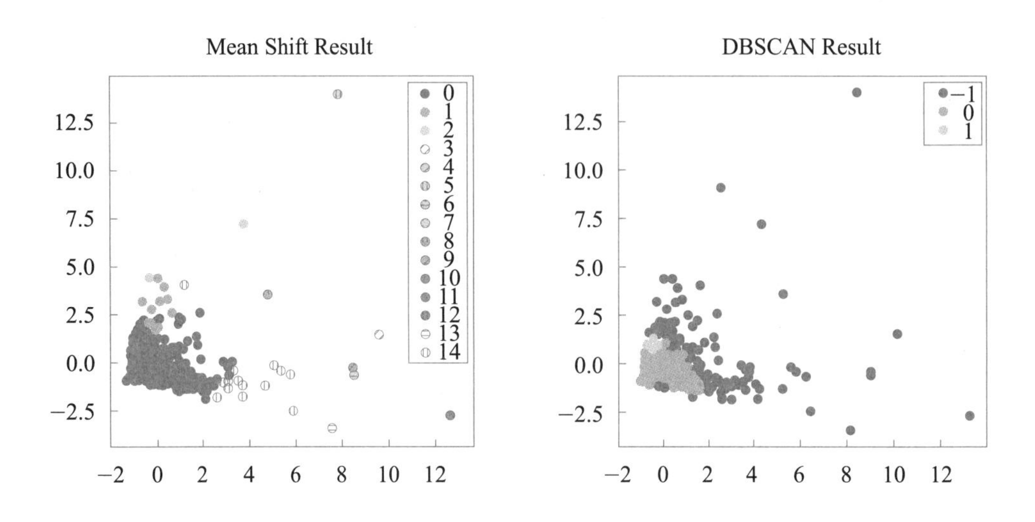

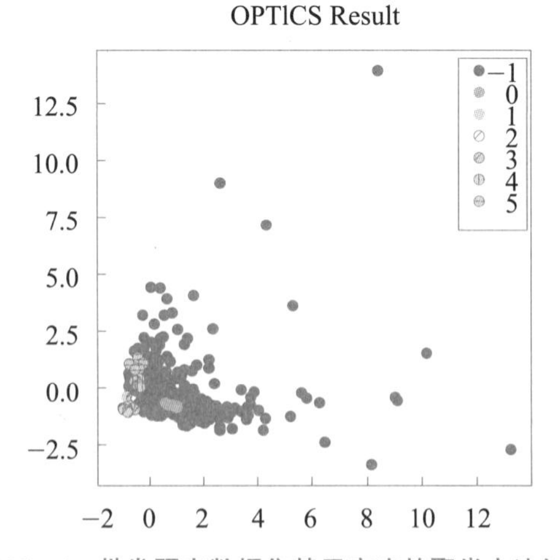

图 11 - 4　批发顾客数据集基于密度的聚类方法结果

我们从图 11-4 中可以看出，基于密度的方法在批发顾客数据集上的表现并不理想，Mean Shift 方法将数据集划分为 15 类，除了类别 0，其余类别的样本量均较少，而 DB-SCAN 和 OPTICS 将大量样本视为噪音（类别为－1），说明在该数据集上不适合使用基于密度的聚类方法。

此外，还有如 STING（STatistical INformation Grid）①、WaveCluster② 和 CLIQUE（CLustering In QUEst）等基于网格的方法（grid-based methods），如 Spectral Clustering③ 和 Affinity Propagation Clustering④ 等基于图的方法（graph-based methods），如 COBWEB⑤ 和 SOM（Self-Organizing feature Map）⑥ 等基于模型的方法（model-based methods），这里不再一一介绍，感兴趣的读者可以深入学习。

11.3 类别数量的确定方法

我们可以看到划分方法和层次方法中聚类算法的类别数量是需要自己设定的，那么如何设置才是合理的呢？接下来将介绍手肘法、轮廓系数（Silhouette Coefficient）⑦ 和 Calinski-Harabasz 准则⑧三种常用的类别数量的确定方法。

11.3.1 手肘法

手肘法的核心思想是随着类别数量的增多，样本划分得更加精细，每个类的聚合程度会逐步提高，因此误差平方和会逐渐减小。误差平方和 $SSE=\sum_{i=1}^{k}\sum_{t\in K_i}(t-C_i)^2$，其中 C_i 是类 K_i 的重心，t 为类别 K_i 的样本。当类别数 k 小于合理类别数时，随着 k 的增大，SSE 会大幅下降；而当 k 等于合理类别数时，再增大类别数 k 会使得 SSE 的下降幅度迅速减小，并趋于平缓。因此，SSE 和 k 的关系形成了类似于手肘的形状，肘部对应的 k 即为合理类别数。

---

① Wang, W., Yang, J., Muntz, R. (1997). STING: a statistical information grid approach to spatial data mining. In *VLDB*, 97, pp. 186-195.

② Sheikholeslami, G., Chatterjee, S., Zhang, A. (1998). Wavecluster: a multi-resolution clustering approach for very large spatial databases. In *VLDB*, 98, pp. 428-439.

③ Shi, J., & Malik, J. (2000). Normalized cuts and image segmentation. *IEEE Transactions on Pattern Analysis and Machine Intelligence*, 22(8), 888-905.

④ Frey, B. J., Dueck, D. (2007). Clustering by passing messages between data points. *Science*, 315(5814), 972-976.

⑤ Fisher, D. H. (1987). Knowledge acquisition via incremental conceptual clustering. *Machine Learning*, 2(2), 139—172.

⑥ Kohonen, T. (1982). Self-organized formation of topologically correct feature maps. *Biological Cybernetics*, 43(1), 59-69.

⑦ Rousseeuw, P. J. (1987). Silhouettes: a graphical aid to the interpretation and validation of cluster analysis. *Journal of Computational and Applied Mathematics*, 20, 53-65.

⑧ Caliński, T., Harabasz, J. (1974). A dendrite method for cluster analysis. *Communications in Statistics-theory and Methods*, 3(1), 1-27.

cluster. KMeans( ) 函数聚类后有 inertia _ 属性，该属性就是对应类别数量下的 SSE。我们对批发顾客数据集使用手肘法来确定 k-means 算法的合适的类别数量参数。

```
1. import pandas as pd
2. from sklearn import cluster,preprocessing
3. import matplotlib. pyplot as plt
4.
5. data = pd. read _ csv('. /Wholesale customers data. csv')
6. features = preprocessing. StandardScaler(). fit _ transform(data[['Fresh',
   'Milk','Grocery','Frozen','Detergents _ Paper','Delicassen']]) # 对原始数据
   进行标准差标准化处理
7. SSE = []
8. for i in range(2,10):
9.       kmeans = cluster. KMeans(n _ clusters = i,random _ state = 0)
10.      kmeans. fit(features)
11.      SSE. append(kmeans. inertia _ )
12. plt. plot(range(2,10),SSE,linestyle = '-',marker = 'o')
13. plt. xlabel('k')
14. plt. ylabel('SSE')
15. plt. show()
```

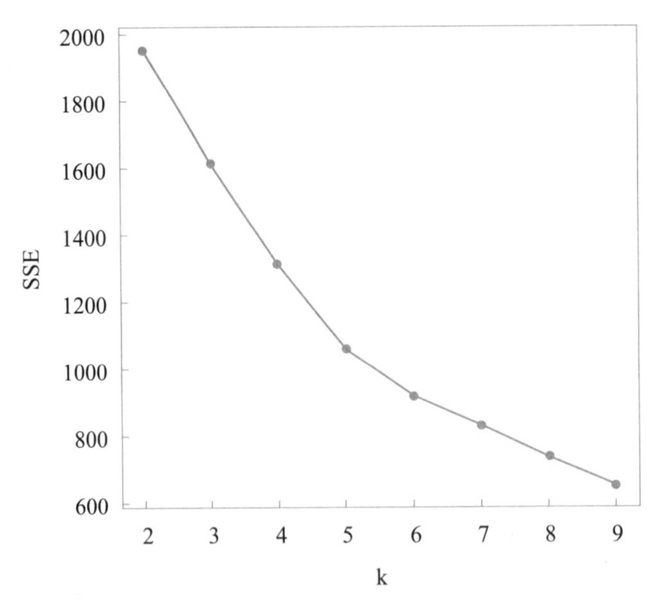

图 11-5　批发顾客数据集 k-means 聚类手肘图

批发顾客数据集 k-means 聚类手肘图在 $k=5$ 处有个较为明显的拐点，因此在该数据集上 k-means 算法的合理类别数为 5。

11.3.2　轮廓系数

理想的聚类要求达到类内相似度高、类间相似度低的效果。轮廓系数通过考虑这两方面对聚类效果进行评估，以选择合理类别数。轮廓系数计算方式为：对于一个特定样本 t，首先，计算该样本与其所在类内其他样本之间的平均距离 a；然后，计算其与距离最近的类中所有样本的平均距离 b，得到该样本的轮廓系数 $sc=(b-a)/\max(a,b)$；最后，计算所有样本的轮廓系数的平均值，就可以衡量聚类划分的性能了。轮廓系数的取值范围为 [－1，1]，值越大，聚类效果越好，当轮廓系数取值为 0 时，表示聚类有重叠。

sklearn 库中的 metrics 模块就可以计算轮廓系数，我们继续对批发顾客数据集的 k-means 算法的合理类别数进行探究。

```
1. import pandas as pd
2. from sklearn import cluster,preprocessing,metrics
3. import matplotlib.pyplot as plt
4.
5. data = pd.read_csv('./Wholesale customers data.csv')
6. features = preprocessing.StandardScaler().fit_transform(data[['Fresh',
   'Milk','Grocery','Frozen','Detergents_Paper','Delicassen']]) # 对原始数据
   进行标准差标准化处理
7. sc = []
8. for i in range(2,10):
9.       kmeans = cluster.KMeans(n_clusters = i,random_state = 0)
10.      kmeans.fit(features)
11.      sc.append(metrics.silhouette_score(features,kmeans.labels_))
12. plt.plot(range(2,10),sc,linestyle = '-',marker = 'o')
13. plt.xlabel('k')
14. plt.ylabel('Silhouette Coefficient')
15. plt.show()# 见图 11-6
```

我们看到 k-means 聚类的轮廓系数在 $k=2$ 时最大，因此在批发顾客数据集上 k-means 算法的合理类别数为 2。

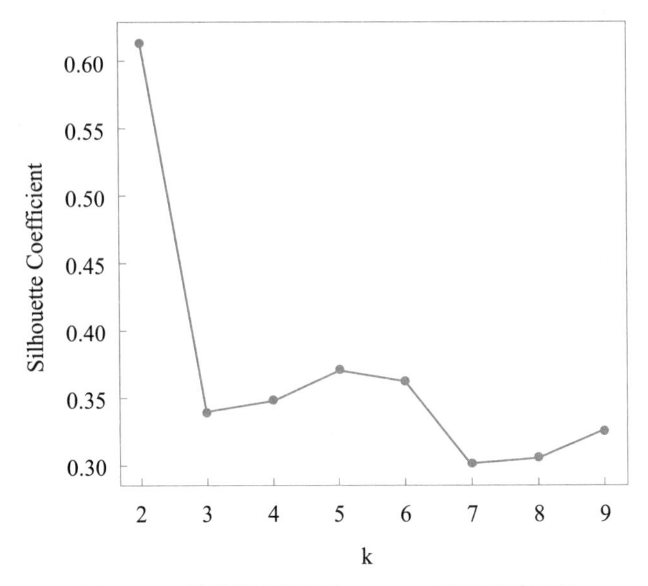

图 11-6　批发顾客数据集 k-means 聚类轮廓系数

11.3.3　Calinski-Harabasz 准则

Calinski-Harabasz 准则通过计算类间离散程度和类内离散程度的比例来衡量聚类效果，具体计算方式为：

$$VRC=\frac{tr(B_k)}{k-1}\bigg/\frac{tr(W_k)}{n-k}$$

其中 n 为样本量，k 为类别数，$B_k=\sum_{i=1}^{k}n_i(C_i-C_n)(C_i-C_n)^{\mathrm{T}}$，$W_k=\sum_{i=1}^{k}\sum_{t\in K_i}(t-C_i)(t-C_i)^{\mathrm{T}}$，$n_i$ 和 C_i 分别是类别 i 的样本量和重心，C_n 是所有数据的中心，$tr(\ )$ 是求矩阵的迹。B_k 衡量类间离散程度，而 W_k 则衡量类内离散程度。从该指数的计算方式可以看出，类间离散程度越大越好，类内离散程度越小越好，因此，Calinski-Harabasz 值越大，聚类效果越好。sklearn 库中的 metrics 模块可以计算 Calinski-Harabasz 准则的得分。

```
7. ch = [ ]
8. for i in range(2,10):
9.      kmeans = cluster.KMeans(n_clusters = i,random_state = 0)
10.     kmeans.fit(features)
11.     ch.append(metrics.calinski_harabaz_score(features,kmeans.labels_))
12. plt.plot(range(2,10),ch,linestyle = '-',marker = 'o')
13. plt.xlabel('k')
14. plt.ylabel('Calinski-Harabasz Criterion')
15. plt.show()
```

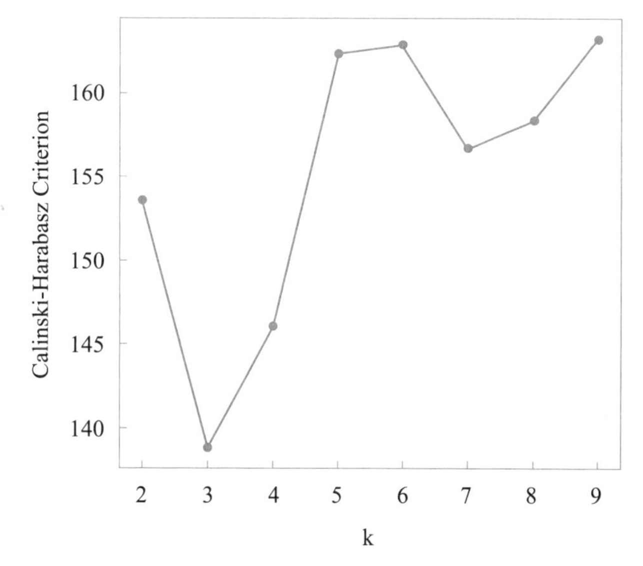

图 11-7　批发顾客数据集 k-means 聚类 Calinski-Harabasz 准则得分

如图 11-7 所示，我们看到在批发顾客数据集上 k-means 聚类的类别数 $k=5$，6，9 时的 Calinski-Harabasz 准则得分较大，结合手肘法可以得出合理类别数为 5。

除了以上三种类别数量的确定方法，还有 Adjusted Rand Index①、Mutual Information②、Dunn Validity Index③、Davies-Bouldin Index④ 和 Fowlkes-Mallows Index⑤ 等，不同方法可能会推荐不同的合理类别数，具体需要结合实际分析背景进行合理选择。

这些类别数量的确定方法在一定程度上也可以用来衡量聚类的效果，评价聚类效果的指标还有 Entropy 和 Purity 等，这些指标也可以用来评估类别数量的合理性。

 11.4　思考练习题

1. 聚类方法和分类方法有哪些不同?

2. 有哪些常见的相似度测量方法？这些测量方法有什么区别?

---

① Hubert，L.，Arabie，P.（1985）. Comparing partitions. *Journal of Classification*，2(1)，193-218.

② Vinh，N. X.，Epps，J.，Bailey，J.（2010）. Information theoretic measures for clusterings comparison：variants，properties，normalization and correction for chance. *The Journal of Machine Learning Research*，11，2837-2854.

③ Dunn，J. C.（1973）. A fuzzy relative of the ISODATA process and its use in detecting compact well-separated clusters. *Journal of Cybernetics*，Vol. 3，pp. 32-57.

④ Davies，D. L.，Bouldin，D. W.（1979）. A cluster separation measure. *IEEE Transactions on Pattern Analysis and Machine Intelligence*，(2)，224-227.

⑤ Fowlkes，E. B.，Mallows，C. L.（1983）. A method for comparing two hierarchical clusterings. *Journal of the American Statistical Association*，78（383），553-569.

3. 聚类分析方法可以分为哪几大类?

4. 如果想用可视化方法直观展示聚类结果，往往需要对数据进行降维处理。此时，聚类结果是基于高维数据还是低维数据? 用高维或低维数据进行聚类，结果会有差异吗?

5. 如果利用层次分析法进行聚类，如何确定最终的聚类结果?

6. 基于密度的聚类方法适用于什么样的数据? 如果结果不理想，可以如何调整?

第 12 章　社会网络分析

社会网络（social network）是指由许多节点（node）和关系（tie）组成的一种结构，节点可以代表个人、组织、网页等实体，而关系则是指节点间的某种联系，可以是朋友关系、合作关系、贸易关系等。随着微博、微信等社交软件的流行，人们每天都在关注感兴趣的动态信息，同时也将自己的信息分享给他人，这些社会网络应用极大地改变了人们的生活方式。从社会网络中挖掘有价值的信息，关注节点之间的联系如何影响行为等就是社会网络分析（social network analysis）的研究内容。利用社会网络分析，可以找到网络中的关键节点，如识别关键意见领袖（KOL），引导信息的传播，借此企业可以扩大自己的影响力；可以识别网络中的社区，研究群体特征，如挖掘爱好相近的群体，借此企业可以开发或引入有针对性的产品。本章将介绍社会网络的基本概念、中心性、链接分析和社区发现。

12.1　社会网络的基本概念

社会网络可以用图或邻接矩阵进行表示，图 12-1 就是用无向图 $G=\{V, E\}$ 表示的一个社会网络，其中 V 是节点的集合，而 E 是边（也可称为连接、关系等）的集合。

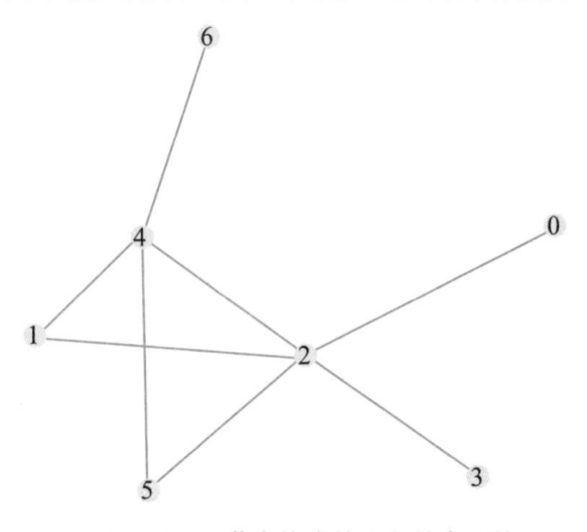

图 12-1　七节点构成的无向社会网络

上述无向图也可以用如下邻接矩阵表示，若节点之间有连接，则取值为 1，否则取值为 0。无向图的邻接矩阵是对称矩阵。此外，社会网络中的节点和关系都有可能包含信息，因此，当边有大小时，邻接矩阵元素的取值就不局限于 0 和 1 了。图 12－1 的邻接矩阵如下：

$$G=\begin{bmatrix} 0 & 0 & 1 & 0 & 0 & 0 & 0 \\ 0 & 0 & 1 & 0 & 1 & 0 & 0 \\ 1 & 1 & 0 & 1 & 1 & 1 & 0 \\ 0 & 0 & 1 & 0 & 0 & 0 & 0 \\ 0 & 1 & 1 & 0 & 0 & 1 & 1 \\ 0 & 0 & 1 & 0 & 1 & 0 & 0 \\ 0 & 0 & 0 & 0 & 1 & 0 & 0 \end{bmatrix}$$

12.1.1　度

度（degree）是节点的重要属性。节点与其他节点的关系数量就是度，有向图中根据关系的指向又可以分为入度和出度，入度是指其他节点指向该节点的边的数量，出度则是该节点指向其他节点的边的数量。如图 12－1 中节点 2 的度为 5。

网络中所有节点的度的平均值称为网络平均度，可以反映网络的疏密程度，上述网络的平均度为 16/7。

度分布（degree distribution）则类似于分布直方图，能刻画网络的整体特征和节点的重要性。

12.1.2　最短路径长度

网络中一个节点到另一个节点的通路往往有很多条，在所有通路中最短的称为最短路径，可以刻画节点之间信息传递的速度。如图 12－1 中节点 3 到节点 6 的不重复路径中 3—2—4—6 的路径最短，最短路径长度为 3。

平均最短路径长度（average shortest path length）是指网络中任意两个节点间最短路径长度的平均值，在社交网络中可以衡量用户之间关系的紧密程度，代表用户之间最短关系链中的朋友数量。上述网络的平均路径长度为 36/21。

网络直径（diameter）则是指网络中所有最短路径中长度最大的路径长度，图 12－1 的直径为 3。

12.1.3　网络密度

网络密度（density）用来揭示网络中节点的连通性，具体为网络中实际存在的关系数和网络在全连通情况下的所有关系数之比。在上述七节点构成的无向社会网络中，实际存在的关系数为 8，全连通情况下的关系数为 C_7^2，因此网络密度为 8/21。

12.1.4　聚集系数

聚集系数（clustering coefficient）是指与同一个节点相连的所有节点间也互相连接的

程度。例如，与节点 4 相连的有节点 1、节点 2、节点 5 和节点 6 这 4 个节点，它们之间实际存在的关系数为 2，全连通情况下的关系数为 6，因此节点 4 的聚集系数为 2/6。节点的聚集系数能直观反映社会网络中朋友的朋友也是朋友的概率。

平均聚集系数就是网络中所有节点聚集系数的平均值，图 12－1 的平均聚集系数为 0.362。

以上四个社会网络统计特性能直观地反映社会网络的某些特征，是社会网络分析的基础。接下来我们对 Facebook ego nets 数据集[①]进行初步分析，该数据集由 Facebook 的“朋友列表”组成，包含 4 039 个节点和 88 234 条边。通过分析社会网络，我们可以挖掘其中的一些特征，针对网络中节点间联系的疏密、关键节点等进行商业活动。

Python 中的 NetworkX 库[②]是图论与复杂网络的建模工具，内置了常用的图与复杂网络分析算法，可以以标准化或非标准化的数据格式存储网络、生成多种随机网络和经典网络，能实现分析网络结构、建立网络模型、设计新的网络算法、进行网络绘制等功能。本书仅介绍部分功能，感兴趣的读者可以自行深入学习。

我们通过将 Facebook ego nets 数据集输入 networkx. Graph( ) 中创建网络，并使用 networkx. draw( ) 进行可视化。其中，networkx. Graph( ) 可以通过传入列表、字典和邻接矩阵等方式创建网络。networkx. draw( ) 函数的常用参数有：①node _ color 和 edge _ color，可以设置节点和边的颜色，默认分别为“red”和“black”；②node _ size、width 和 font _ size，分别设置节点、边和标签的大小；③node _ shape 和 style，设置节点和边的类型，默认值分别为“o”和“solid”；④pos，设置网络的布局，支持 spring _ layout（用 Fruchterman-Reingold 算法排列节点，类似多中心放射状）、circular _ layout（节点在一个圆环上均匀分布）、random _ layout（节点随机分布）和 shell _ layout（节点在同心圆上分布）等，默认为 spring _ layout；⑤alpha，节点的透明度；⑥with _ labels，节点是否带标签，默认为 False。

```
1. import matplotlib. pyplot as plt
2. import networkx as nx
3. import numpy as np
4.
5. data = np. zeros((4039,4039))
6. file = open('. /facebook _ combined. txt', encoding = 'utf - 8') # 导入数据
7. for i in file: # 创建邻接矩阵
8.       edge = i. split()
9.       data[int(edge[0])][int(edge[1])] = 1
```

① 资料来源：http：//snap. stanford. edu/data/egonets-Facebook. html。

② NetworkX 教程：https：//networkx. github. io/documentation/stable/tutorial. html。

```
10.     data[int(edge[1])][int(edge[0])] = 1
11. file.close()
12. graph = nx.Graph(data) # 创建网络
13. nx.draw(graph,node _ color = range(4039),cmap = plt.get _ cmap('OrRd'),
node _ size = 20,edge _ color = '#000000',alpha = 0.5) # 网络可视化
14. plt.show() # 见图 12 - 2
```

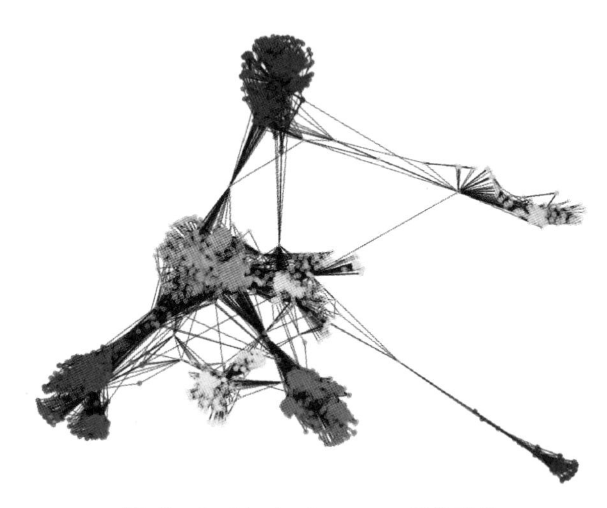

图 12 - 2 Facebook ego nets 网络结构

创建网络实例后，可以对该实例进行查看、修改等操作，具体如表 12 - 1 所示：

表 12 - 1 网络的基本操作

属性/函数	说明
Graph. node	网络的节点属性，返回包含所有节点信息的字典
Graph. edge	网络的边属性，返回包含所有边信息的字典
nodes( )	返回网络中的所有节点，可设置 data 参数，True 表示显示节点相关信息，默认为 False
edges( )	返回网络中的所有边，可设置 data 参数，True 表示显示边的相关信息，默认为 False
number _ of _ nodes( )	网络中的节点数
number _ of _ edges( )	网络中的边数
has _ node( )	判断网络中是否存在节点
has _ edge( )	判断网络中两个节点间是否存在边
add _ node( )	在网络中新增一个节点
add _ nodes _ from( )	在网络中新增一组节点
add _ edge( )	在网络中新增一条边
add _ edges _ from( )	在网络中新增一组边
remove _ node( )	删除一个节点，删除节点后对应的边也会相应删除
remove _ edge( )	删除边

```
15. graph.add_nodes_from(['x','y']) # 在网络中新增2个节点
16. graph.add_edges_from([('x','y'),('x',0)]) # 在网络中新增2条边
17. print('网络中节点数量:',graph.number_of_nodes())
18. print('网络中边的数量:',graph.number_of_edges())
19. print('是否存在节点x:',graph.has_node('x'))
20. graph.remove_node('x') # 删除节点x
21. print('节点x和节点0是否存在边:',graph.has_edge('x',0))
22. graph.remove_node('y') # 删除节点y,还原网络
23. ---------------------
24. 网络中节点数量: 4 041
25. 网络中边的数量: 88 236
26. 是否存在节点x: True
27. 节点x和节点0是否存在边: False
```

我们可以通过表12-2中的函数计算该网络的统计特性。

表12-2　网络的统计特性函数

函数	说明
degree( )	网络中每个节点的度，以字典形式返回
degree_histogram( )	网络中节点度的分布
average_shortest_path_length( )	网络的平均最短路径长度
diameter( )	网络直径
density( )	网络密度
clustering( )	节点的集聚系数
average_clustering( )	平均聚集系数

```
28. plt.hist(nx.degree_histogram(graph),bins=20) # 网络度分布情况
29. plt.show()# 见图12-3
30. print(sum(nx.degree(graph).values())/len(nx.degree(graph).values())) #
    网络平均度:43.69101262688784
31. print(nx.average_shortest_path_length(graph)) # 网络平均最短路径
    长度:3.6925068496963913
32. print(nx.diameter(graph)) # 网络直径:8
33. print(nx.density(graph)) # 网络密度:0.010819963503439287
34. print(nx.average_clustering(graph)) # 网络平均聚集系数:0.6055467186200871
```

由图12-3我们可以看到，Facebook ego nets的度分布呈现明显的长尾分布，绝大部分个体的联系数量在10个以内，而极少数个体有大量的联系，这些个体有可能就是网络

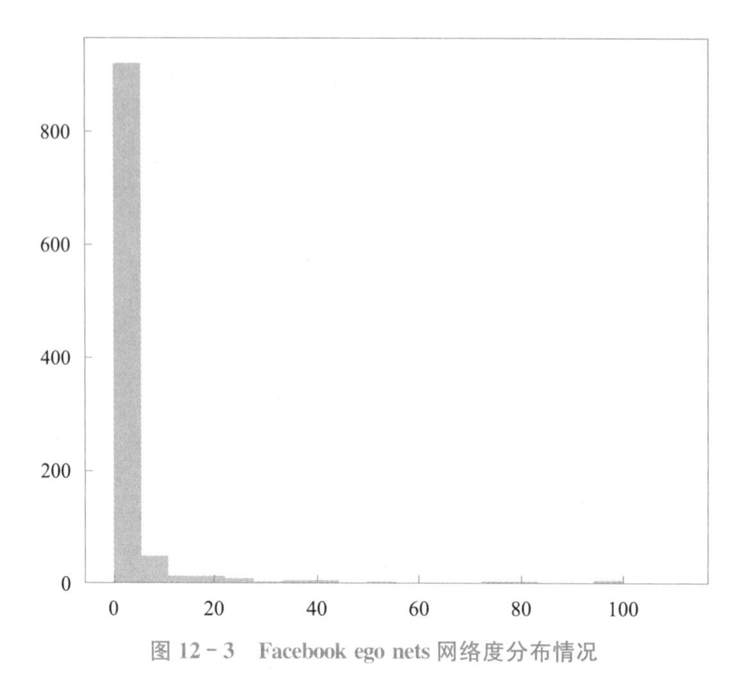

图 12-3　Facebook ego nets 网络度分布情况

中的中心参与者（central actor）。

12.2　社会网络的中心性

研究中心性就是要识别社会网络中的关键节点。通常认为，若一个节点与其他节点有着广泛的联系，则重要程度要高于那些联系比较少的节点。图 12-1 所示的社会网络中，节点 2 的边最多，可能是该网络中的中心参与者。那么如何全面地测量节点的中心性呢？本节将介绍在社会网络分析中三种常用的中心性的测量方法，分别是度中心性（degree centrality）、贴近中心性（closeness centrality）和中介中心性（betweenness centrality）。

12.2.1　度中心性

度中心性指一个节点与其他节点关系的数量。对于一个 N 个节点的无向网络，节点 i 的度中心性的计算方式为：

$$C_D(i)=\frac{d(i)}{N-1}$$

其中，$d(i)$ 为节点 i 的度。对于有向网络中节点 i 的度中心性，只需把分子替换为节点 i 的入度或是出度即可。对于任何一个节点，度中心性的范围为 [0，1]。

12.2.2　贴近中心性

与度中心性不同，贴近中心性认为，如果一个节点与其他节点之间的距离都很近，那么说明这个节点位于中心。节点之间的最短距离用 $d(i, j)$ 表示，最短距离在无向网络和有向网络中的计算方式略有不同，有向网络中需要考虑边的指向。贴近中心性的计算方式为：

$$C_C(i) = \frac{N-1}{\sum_{j=1}^{N} d(i,j)}$$

如果一个节点与其他节点的距离都很近，即距离均为 1，那么该节点的贴近中心性为 1。贴近中心性的计算要求社会网络是连通图，即不存在孤立节点，因为孤立节点与其他节点的最短距离无法计算。

12.2.3　中介中心性

如果一个节点位于其他节点的最短路径上，则说明这个节点有连接其他节点的“桥梁”作用，位于最短路径的条数越多，节点对其他节点的控制能力越强，越处于网络中的中心位置。中介中心性就是考虑了节点的“桥梁”作用，具体计算方式为：

$$C_B(i) = \sum_{j \neq i \neq k} \frac{p_{jk}(i)}{p_{jk}}$$

式中，p_{jk} 表示节点 j 到节点 k 的最短路径的条数，$p_{jk}(i)$ 为其中经过节点 i 的最短路径的条数。若节点 j 到节点 k 的所有最短路径都经过节点 i，则 $p_{jk} = p_{jk}(i)$。

若在无向网络中除节点 i 以外的所有节点之间的最短路径均经过节点 i，则 $C_B(i) = \mathrm{C}_{n-1}^{2}$。将中介中心性归一化处理后便可得到：

$$C_B(i) = \frac{\sum_{j \neq i \neq k} \frac{p_{jk}(i)}{p_{jk}}}{\mathrm{C}_{n-1}^{2}}$$

在有向网络中，中介中心性的计算方式类似，不同的是当除节点 i 以外的所有节点之间的最短路径均经过节点 i 时，$C_B(i) = \sum_{j \neq i \neq k} p_{jk}(i)/p_{jk} = 2 \times \mathrm{C}_{n-1}^{2}$ 。原因是，在有向网络中，节点 j 到节点 k 的最短路径与节点 k 到节点 j 的最短路径是不同的。

networkx 中的 degree _ centrality( )、closeness _ centrality( ) 和 betweenness _ centrality( ) 函数可以计算网络中所有节点的度中心性、贴近中心性和中介中心性，结果以字典的形式输出。其中，degree _ centrality( ) 函数仅需要输入实例 G 即可，若输入有向网络，则结果为出入度中心性之和，若需要单独计算有向网络的出入度中心性，可以使用 out _ degree _ centrality( ) 和 in _ degree _ centrality( ) 函数。closeness _ centrality( ) 的参数有：①G，网络实例；②u，指定节点，只计算该节点的贴近中心性；③distance，将指定的边属性作为最短路径的计算依据，默认为 None；④normalized，是否标准化，即分母是 $N-1$ 还是 1，默认为 True。betweenness _ centrality( ) 的主要参数有：①G，网络实例；②k，抽样样本量，当网络较大时，可以指定样本量以提高计算效率，默认不抽样；③normalized，是否标准化，默认为 True；④weight，类似于贴近中心性的 distance 参数。Facebook ego nets 中各节点的中心性可以通过以下方式计算。

```
35. def draw_centrality(dic,k):
36.     top_nodes = []
37.     new = sorted(dic.items(),key = lambda dic:dic[1],reverse = True)
38.     for i in range(k):
39.         top_nodes.append(new[i][0])
40.     color = ['#dede00'] * 4039
41.     for i in range(len(color)):
42.         if i in top_nodes:
43.             color[i] = '#ff0000'
44.     nx.draw(graph,node_color = color,node_size = 20,edge_color = '#
        000000',alpha = 0.8)
45. degree_centrality = nx.degree_centrality(graph) # 计算度中心性
46. closeness_centrality = nx.closeness_centrality(graph) # 计算贴近中心性
47. betweenness_centrality = nx.betweenness_centrality(graph) # 计算中
    介中心性
48. plt.subplot(131)
49. draw_centrality(degree_centrality,50)
50. plt.title('Degree Centrality')
51. plt.subplot(132)
52. draw_centrality(closeness_centrality,50)
53. plt.title('Closeness Centrality')
54. plt.subplot(133)
55. draw_centrality(betweenness_centrality,50)
56. plt.title('Betweenness Centrality')
57. plt.show()
```

我们可以看到 Facebook ego nets 度中心性前 50 的节点处于密集的节点簇中心，而贴近中心性和中介中心性前 50 的节点大多位于连接节点簇的“桥梁”位置。

除了本节介绍的三种常用的中心性外测量方法，还有特征向量中心性（eigenvector centrality）、Katz 中心性和 Load 中心性等方法，感兴趣的读者可以深入学习。

12.3 社会网络的链接分析

在互联网高度发展的当下，信息搜索极大地便利了人们的生活。当遇到一些疑惑时，我们会求助于搜索引擎；当在线购买特定的商品时，我们会在电子商务平台上搜索商品。我们在搜索引擎中输入特定的查询后，搜索引擎就会返回一系列相关的网页超链接。这一

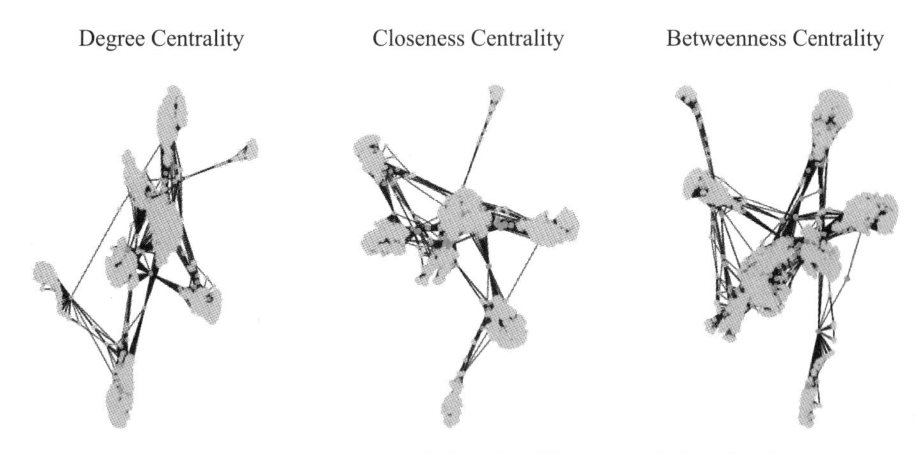

图 12-4　Facebook ego nets 网络节点中心性（Top50 节点为蓝色标记）

过程涉及两方面的内容，其一是计算查询与网页内容的相似度，其二是对网页结果进行排序。文本数据相似度的计算方式已经在 11.1.3 节中做了简要介绍。网页结果排序的最简单方法是根据查询与网页内容的相似度高低进行排序。但是网页之间不仅有内容上的相关性，而且有结构上的相关性。网页之间会互相指引，我们可以通过一个网页中的超链接跳转到另一个网页，网页之间的这种链接关系就构成了一张巨大的有向社会网络，网页在网络中所处位置、链接数量等结构信息会对网页重要性结果产生重大影响，因此需要考虑网页之间链接关系的重要性的计算方式。本节将介绍两种经典的链接分析方法，PageRank 算法[①]和 HITS（Hypertext Induced Topic Search）算法[②]。

12.3.1　PageRank 算法

PageRank 算法是由谷歌创始人 Lawrence Page 和 Sergey Brin 提出的一种静态网页重要性评价算法。在由网页构成的有向社会网络中，网页 i 的链入链接是指从其他网页指向网页 i 的链接，而网页 i 的链出链接则是指从网页 i 指向其他网页的链接。通常情况下，两者均不考虑来自同一网站的链接。

PageRank 算法的核心假设为：①如果一个网页有众多链入链接，则其很可能是重要的；②如果一个网页有重要的链入链接，即指向该网页的网页是重要的，则其很可能是重要的；③一个网页的重要性被其链出链接均分。

因此，在 PageRank 算法中，影响一个网页重要性的因素包括该网页的链入链接数量、链入网页的重要性及链入网页的链出链接数量。我们用一个简单的例子说明 PageRank 算法的计算过程。

---

① Brin, S., Page, L.(1998). The anatomy of a large-scale hypertextual web search engine. *Computer Networks and ISDN Systems*, 30 (1), 107-117, 1998.

② Kleinberg, J. M.(1999). Authoritative sources in a hyperlinked environment. *Journal of the ACM (JACM)*, 46(5), 604-632.

一个由 6 个网页 $\{A, B, C, D, E, F\}$ 所组成的有向网络如图 12－5 所示，例如，网页 A 有一个由网页 F 指向的链入链接，同时有指向网页 B 和网页 D 的两个链出链接。由此，可以计算得到转移矩阵的转置矩阵 M。

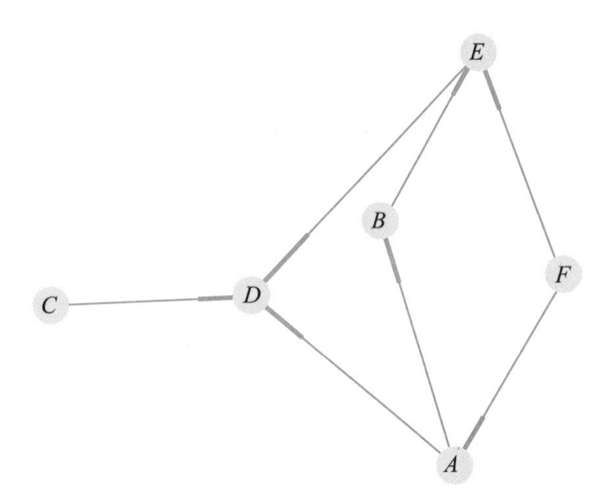

图 12－5　六个网页构成的有向网络

$$M=\begin{matrix} & \begin{matrix} A & B & C & D & E & F \end{matrix} \\ \begin{matrix} A \\ B \\ C \\ D \\ E \\ F \end{matrix} & \begin{bmatrix} 0 & 0 & 0 & 0 & 0 & 1/2 \\ 1/2 & 0 & 0 & 0 & 0 & 0 \\ 0 & 0 & 0 & 0 & 0 & 0 \\ 1/2 & 0 & 1 & 0 & 1 & 0 \\ 0 & 1 & 0 & 0 & 0 & 1/2 \\ 0 & 0 & 0 & 0 & 0 & 0 \end{bmatrix} \end{matrix}$$

转置矩阵 M 中每一个元素m_{ij}表示从网页 j 转移到网页 i 的概率，若不存在网页 j 指向其他网页的边，则$m_{ij}=0$；若存在网页 j 指向其他网页的边，则$m_{ij}=1/|o_j|$，其中 $|o_j|$ 为网页 j 的出度数量。

根据 PageRank 算法的假设，我们可以计算网页 j 的权威度：

$$R(j)=\sum_{k\in I(j)}\frac{R(k)}{|o_k|}$$

其中，$R(j)$ 表示所有指向网页 j 的网页集合，即网页 j 的链入链接，$R(k)$ 表示指向网页 j 的网页 k 的权威度，$|o_k|$ 即网页 k 的链出链接数。由于网页的权威度为所有指向该网页的权威度之和，因此可以采用递归的方式进行迭代，具体如下：

$$R_i(j)=\sum_{k\in I(j)}\frac{R_{i-1}(k)}{|o_k|}$$

每个网页的初始权威度相等，即 $R_0(j)=1/N$。为了使得迭代收敛，必须保证网络是强联通的，因此需要对原始网络进行调整。在原始网络中为每个节点增加 N 条链出链接，指向图中的每一个节点（包括自身），这样形成的新网络就满足了强联通性要求。同时，

对转移矩阵的转置矩阵 M 的计算也进行调整：若原始网络中网页 j 不存在指向其他网页的边，则$m_{ij}=1/N$；若原始网络中存在网页 j 指向其他网页的边，则$m_{ij}=\alpha/|o_j|+(1-\alpha)/N$，其中 α 为阻尼系数，可以自定义。

这样处理后图 12-5 的转移矩阵的转置矩阵为（$\alpha=0.8$）：

$$
M^*=\begin{array}{c} \\ A \\ B \\ C \\ D \\ E \\ F \end{array}
\begin{array}{c}
\begin{array}{cccccc} A & B & C & D & E & F \end{array} \\
\begin{bmatrix}
1/30 & 1/30 & 1/30 & 1/6 & 1/30 & 13/30 \\
13/30 & 1/30 & 1/30 & 1/6 & 1/30 & 1/30 \\
1/30 & 1/30 & 1/30 & 1/6 & 1/30 & 1/30 \\
13/30 & 1/30 & 5/6 & 1/6 & 5/6 & 1/30 \\
1/30 & 5/6 & 1/30 & 1/6 & 1/30 & 13/30 \\
1/30 & 1/30 & 1/30 & 1/6 & 1/30 & 1/30
\end{bmatrix}
\end{array}
$$

按照 $R_0(j)=1/6$的网页初始权威度进行迭代，计算得到六个网页的 PageRank 值为 $R=(0.115\,8,\ 0.129\,1,\ 0.082\,7,\ 0.370\,5,\ 0.219\,1,\ 0.082\,7)^{\mathrm{T}}$，因此网页 D 的权威度最高，网页 C 和 F 的权威度最低。

PageRank 算法中网页的重要性即权威度是由链入链接决定的，因此在一定程度上能阻止网页为提高重要性而作弊。此外，PageRank 算法中网页重要性的计算是基于整个网络进行的，因此不受查询条件的影响。

12.3.2 HITS 算法

与 PageRank 算法不同，HITS 算法是与查询相关的，通过计算网页的权威等级（authority ranking）和中心等级（hub ranking）来评估网页的重要性。权威等级与 PageRank 算法的思想类似，即一个网页的链入链接数量越多，权威等级越高。权威等级高的网页又称为权威网页，权威网页往往含有权威信息而被其他网页引用。而一个网页的链出链接数量越多，该网页的中心等级越高。中心等级高的网页也称为中心网页，中心网页一般是某些话题的重要载体，通过这个“桥梁”网页连接其他相关网页。HITS 算法有效地利用了权威网页和中心网页的相互促进关系，即中心网页一定有很多链出链接指向权威网页，而权威网页一定有很多由中心网页指向的链入链接。

当提交一个查询 q 时，HITS 算法首先会根据网页与查询的相似度选取排名靠前的网页作为根集 W。然后，通过根集的链入链接和链出链接对根集进行扩展，形成扩展集 S，这样就构成了一个如图 12-6 所示的含有 N 个网页的有向网络。最后，根据网络计算网页的权威等级和中心等级。

我们用 $a(i)$ 和 $h(i)$ 表示网页 i 的权威等级和中心等级，因为权威网页和中心网页有相互促进的关系，因此网页 i 的权威等级和中心等级的计算方式为：

$$
\begin{cases}
a(i)=\sum_{(j,i)\in E}h(j) \\
h(i)=\sum_{(j,i)\in E}a(j)
\end{cases}
$$

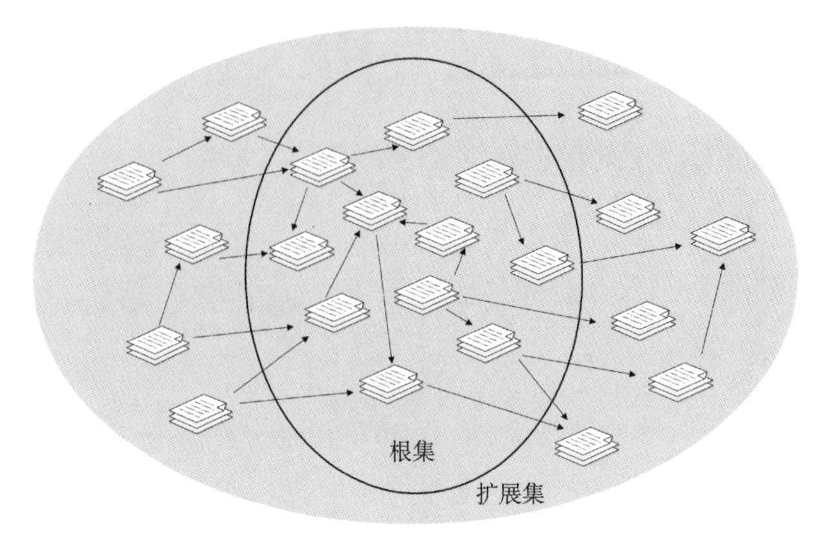

图 12－6　根基和扩展集

与 PageRank 算法相同，HITS 算法也需要通过递归的方式进行迭代计算，所有节点的初始权威等级和中心等级均设置为 1。在每一步迭代结束后，需要将权威等级和中心等级进行归一化处理，使得：

$$\begin{cases} \sum_{i=1}^{N} a(i) = 1 \\ \sum_{i=1}^{N} h(i) = 1 \end{cases}$$

当相邻的两次迭代结果的差异小于阈值时，停止迭代，输出所有网页的权威等级和中心等级。HITS 算法会选择权威等级和中心等级均较高的网页呈现给用户。

HITS 算法能根据查询计算网页的重要性，但是因为该算法引入了中心等级，所以在防作弊能力上不及 PageRank 算法。后续也有很多研究对这两个算法进行了改进，感兴趣的读者可以参阅相关研究。

networkx 中的 pagerank( ) 和 hits( ) 函数能快速实现这两个算法。pagerank( ) 函数的主要参数有：①G，网络实例，无向网络将被转化成有向网络，其中每条边都是双向的；②alpha，阻尼系数，默认为 0.85；③max _ iter，最大迭代次数，默认为 100；④tol，精度，默认为 1e—06；⑤weight，计算转移矩阵时考虑边的权重，默认为 None。pagerank( ) 函数以字典形式返回所有网页的权威性。hits( ) 函数的参数与 pagerank( ) 函数大同小异，G、max _ iter 和 tol 参数基本相同，hits( ) 函数还有是否归一化的参数 normalized，默认为 True。hits( ) 函数返回一个由中心等级字典和权威等级字典构成的元组。

```
58. print(nx.pagerank(graph, alpha = 0.8)[0]) # 节点 0 的 PageRank
    值:0.0063741814892495745
59. print(nx.hits(graph)[0][0],nx.hits(graph)[1][0]) # 节点 0 的中心等
    级:2.1244731450707108e-06;节点 0 的权威等级:2.1244731462774816e-06
```

12.4　社会网络的社区发现

社区结构广泛存在于复杂网络中，按照网络的某些特性划分为若干个社区，使得社区内节点之间的连接很紧密、社区间的连接较为稀疏的过程就是社区发现（community detection）。社区发现的目标与聚类目标相似，研究社区可以挖掘网络中有共同兴趣爱好的群体，进行舆情管理、个性化推荐和广告投放等商业活动。本节将介绍三类常用的社区发现算法，分别是图分割算法（graph partitioning algorithm）、模块度优化算法（modularity optimization algorithm）和标签传播算法（label propagation algorithm）。

12.4.1　图分割算法

图分割算法的核心思想就是把图分割成多个子图，子图就是一个个社区。

图分割算法中的经典算法有 KL 算法（Kernighan-Lin Algorithm）[①] 和 GN 算法（Girvan-Newman Algorithm）[②]。KL 算法是一种启发式的二分算法，首先将网络中的节点随机划分为两个社区，计算社区内连接数量和社区间连接数量的差值 D，然后不断交换两个社区中的节点，直至 D 最大。该算法只能将网络划分为两个社区，可以将划分后的社区继续划分以达到多个社区的结果。GN 算法则是考虑了边介数（edge betweenness）。边介数是指网络中所有最短距离经过该边的比例，计算方式类似于中介中心性，边介数越大，说明边的“桥梁”作用越强。该算法首先计算网络中所有的边介数，然后删除边介数最大的边，重复这一过程直至所有边被删除。删除边的过程会渐渐把图分解成碎片，这样社区结构就会暴露出来。这两个算法的思路直接，但是算法复杂度较高，不太适用于大型网络。

这两个算法能通过 networkx 库中 community 模块的 kernighan_lin_bisection( ) 和 girvan_newman( ) 函数实现。kernighan_lin_bisection( ) 函数的主要参数有：①G，网络实例；②partition，指定初始划分，若未指定，则采用随机平衡划分；③max_iter，最大迭代次数，默认为 10；④weight，边的权重，默认边权重相等，均为 1。girvan_newman( ) 函数的主要参数有：①G，网络实例；②most_valuable_edge，计算最有价值的边的方法，默认为边介数。

接下来，我们使用这两个算法对 Facebook ego nets 数据集进行社区划分，由于原始数据集较大，为了便于计算，我们截取前 500 个节点进行社区划分。

```
1. import itertools
2. import numpy as np
```

---

① Kernighan, B. W., Lin, S. (1970). An efficient heuristic procedure for partitioning graphs. *The Bell System Technical Journal*, 49(2), 291—307.

② Newman, M. E., Girvan, M. (2004). Finding and evaluating community structure in networks. *Physical Review E*, 69(2), 026113.

```
3. import networkx as nx
4. import matplotlib. pyplot as plt
5. from networkx. algorithms import community
6.
7. data = np. zeros((4039,4039))
8. file = open('. /facebook _ combined. txt', encoding = 'utf - 8') # 导入数据
9. for i in file:
10.     edge = i. split()
11.     data[int(edge[0])][int(edge[1])] = 1
12.     data[int(edge[1])][int(edge[0])] = 1
13. file. close()
14. graph = nx. Graph(data[0:500,0:500]) # 截取前 500 个节点进行社区发现
15.
16. def draw _ community(community _ result):
17.     color = ['#377eb8'] * 500
18.     for i in range(len(color)):
19.         if i in community _ result[0]:
20.             color[i] = '#ff7f00'
21.     nx. draw(graph, node _ color = color, node _ size = 20, edge _ color = '#
   000000', alpha = 0. 8)
22. KL = community. kernighan _ lin _ bisection(graph, seed = 0) # KL 算法,返
   回由两个字典构成的元组
23. GN = community. girvan _ newman(graph) # GN 算法,返回一个迭代器
24. result = tuple(itertools. islice(GN,1))[0] # 将 GN 算法输出为 2 个社区
25. plt. subplot(131)
26. nx. draw(graph, node _ color = '#377eb8', node _ size = 20, edge _ color = '#
   000000', alpha = 0. 5)
27. plt. title('Original Network')
28. plt. subplot(132)
29. draw _ community(KL)
30. plt. title('Kernighan - Lin Algorithm')
31. plt. subplot(133)
32. draw _ community(result)
33. plt. title('Girvan Newman Algorithm')
34. plt. show() # 见图 12 - 7
```

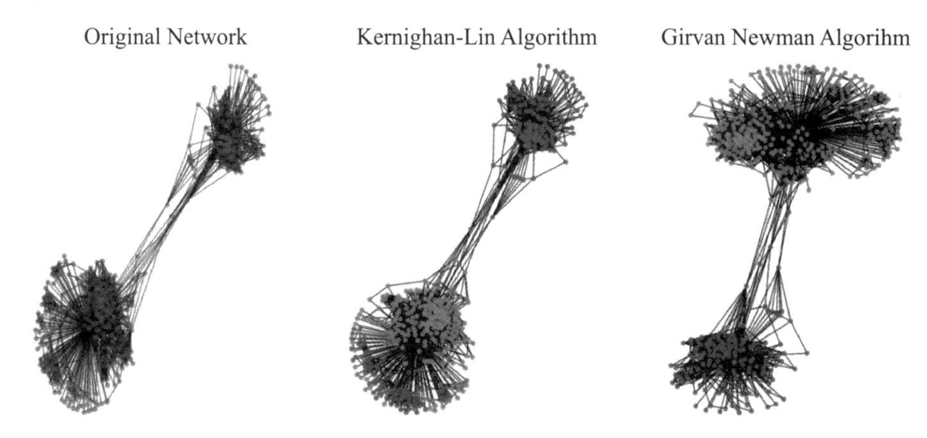

图 12－7　Facebook ego nets 网络图分割算法的结果

我们可以看到在这一数据集上 GN 算法的划分结果明显优于 KL 算法。

12.4.2　模块度优化算法

模块度（modularity）[①] 是用来衡量社会网络社区划分质量的重要指标，实质就是社区内部连接占网络所有连接的比例，模块度的计算公式为：

$$Q=\frac{1}{2E}\sum_{i,j}^{N}\left(A_{ij}-\frac{d(i)d(j)}{2E}\right)\delta(c_i,c_j)$$

式中，E 为网络中边的数量，N 为网络中节点的数量，A_{ij} 表示节点 i 和节点 j 的连接情况，若节点 i 和节点 j 直接相连，则$A_{ij}=1$，否则$A_{ij}=0$，因此 $E=1/2\times\sum_{ij}A_{ij}$；$d(i)$ 表示节点 i 的度；$\delta(c_i,\ c_j)$ 用来判断节点 i 和节点 j 是否同属一个社区，若$c_i=c_j$，即节点 i 和节点 j 属于同一个社区，则 $\delta(c_i,\ c_j)=1$，否则 $\delta(c_i,\ c_j)=0$。模块度越大，说明社区划分的效果越好，当将整个网络视为一个社区时，$Q=1$。研究表明，Q 在 [0.3，0.7] 内时说明有很好的社区结构。

有了评价标准就有了直接基于评价标准的优化算法。一种直接的思路与聚合层次聚类方法类似：首先，将每一个节点视为一个社区，计算模块度；然后，以模块度增加最大的方式进行社区合并，直至无法增加模块度。这就是 FN 算法（Fast Newman Algorithm）[②]。另一种模块度优化算法是 Louvain 算法[③]，该算法包括两个阶段：第一阶段，首先将网络中的每个节点视为一个社区，对于每个节点，评估将其加入与之相连的邻居节点中的模块度增益，然后将其加入使得模块度增益最大的节点中，不断迭代，直至模块度取得局部最

① Clauset, A., Newman, M. E., Moore, C. (2004). Finding community structure in very large networks. *Physical Review E*, 70(6), 066111.

② Newman, M. E. (2004). Fast algorithm for detecting community structure in networks. *Physical Review E*, 69(6), 066133.

③ Blondel, V. D., Guillaume, J. L., Lambiotte, R., Lefebvre, E. (2008). Fast unfolding of communities in large networks. *Journal of Statistical Mechanics: Theory and Experiment*, 2008(10), P10008.

大值，即单一节点的变动无法使模块度进一步增加；第二阶段，在第一阶段结果的基础上，将所有社区转变为一个个“新”节点，“新”节点之间边的权重为两个社区中原始节点之间边的权重之和。完成第二阶段后再次应用第一阶段的方法，不断迭代，直至模块度不再增加。模块度优化算法能够使社区划分结果的模块度最大，但由于优化目标是全局社区结构质量，因此无法挖掘网络中较小的社区结构。

networkx 库中 community 模块的 greedy_modularity_communities( ) 能实现 FN 算法，该算法暂时不支持边的权重，参数仅有网络实例 G，输出为由不可变集合组成的列表。

我们使用这一算法对 Facebook ego nets 的前 500 个节点进行社区划分。

```
35. FN = community.greedy_modularity_communities(graph) # FN 算法,返回
    列表
36. node_color = [''] * 500
37. color = ['#377eb8','#ff7f00','#4daf4a','#999999','#f781bf','#dede00','#
    984ea3','#a65628','#ff0000','#e41a1c']
38. for i in range(len(FN)):
39.     for j in range(len(FN[i])):
40.         node_color[list(FN[i])[j]] = color[i]
41. nx.draw(graph,node_color = node_color,node_size = 20,edge_color = '#000000',
    alpha = 0.8)
42. plt.show() # 见图 12-8
```

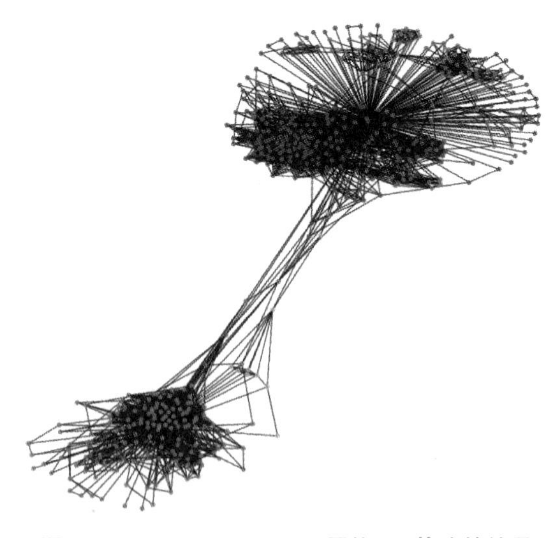

图 12-8　Facebook ego nets 网络 FN 算法的结果

FN 算法将网络划分为 10 个社区，从图 12-8 中可以看出效果较好。

12.4.3　标签传播算法

标签是节点的社区标识，标签传播算法①是通过已有社区标签的节点将标签逐步传播给邻近节点的社区发现方法。该算法首先给每个节点初始化一个不同的标签，然后每个节点选择与其直接相连的所有邻居节点中出现次数最多的标签，若有多个出现次数相同的标签，则进行随机选择。不断重复上述过程，直至每个节点的标签都是与其直接相连的所有邻居节点中出现次数最多的标签。这样就使得连接紧密的节点有共同的标签，即属于同一个社区。标签传播算法思路简单，适用于大型网络的社区发现，但由于算法中有随机选择的过程，因而划分结果的稳定性较弱。很多学者对LPA算法进行了优化，感兴趣的读者可以参阅相关研究。

LPA算法可以通过networkx库中community模块的asyn _ lpa _ communities( )函数实现，主要参数有①G，网络实例；②weight，边的权重，用于确定标签在邻居节点中出现的频率，权重越高，标签出现的频率也越高，边的权重均默认为1。

我们使用标签传播算法对Facebook ego nets全集进行社区划分。

```
1. import numpy as np
2. import networkx as nx
3. import matplotlib. pyplot as plt
4. from networkx. algorithms import community
5.
6. data = np. zeros((4039,4039))
7. file = open('. /facebook _ combined. txt', encoding = 'utf-8') # 导入数据
8. for i in file:
9.     edge = i. split()
10.     data[int(edge[0])][int(edge[1])] = 1
11.     data[int(edge[1])][int(edge[0])] = 1
12. file. close()
13. graph = nx. Graph(data)
14. LPA = community. asyn _ lpa _ communities(graph, seed = 0) # LPA 算法,返回
    可迭代对象
15. result = []
16. for i in LPA:
```

① Raghavan, U. N., Albert, R., Kumara, S. (2007). Near linear time algorithm to detect community structures in large-scale networks. *Physical Review E*, 76(3), 036106.

```
17.     result.append(i)
18. color = ['#377eb8','#ff7f00','#4daf4a','#999999','#f781bf','#dede00','#
    984ea3','#a65628','#424c50','#e41a1c','#eedeb0']
19. print(len(result)) # 70 个社区
20. color_map = ['#fffbf0'] * 4039 # 象牙白色标识
21. cnt = 0
22. for i in range(len(result)):
23.     if len(result[i]) >= 100: # 将超过 100 个节点的社区使用其他颜色标识
24.         for j in result[i]:
25.             color_map[j] = color[cnt]
26.         cnt += 1
27. nx.draw(graph,node_color = color_map, node_size = 20, edge_color = '#
    000000',alpha = 0.5) # 网络可视化
28. plt.show() # 见图 12-9
```

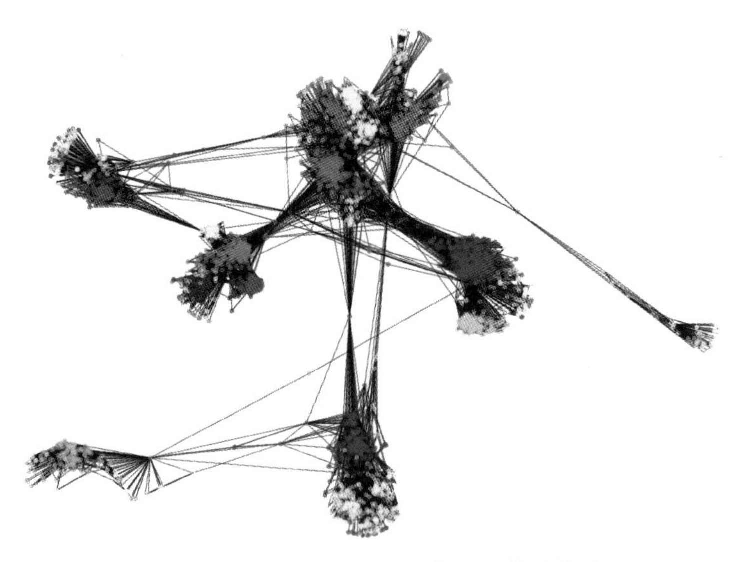

图 12-9 Facebook ego nets 网络 LPA 算法的结果

LPA 算法将 Facebook ego nets 网络划分为 70 个社区，超过 100 个节点的社区有 11 个，划分效果较为理想。

除了上述社区发现的算法，在聚类中提到的基于图的聚类方法、clique 渗透算法[①]和

① Palla, G., Derényi, I., Farkas, I., Vicsek, T. (2005). Uncovering the overlapping community structure of complex networks in nature and society. *Nature*, 435(7043), 814-818.

Infomap 算法[①]等均可用于社区发现。此外，还有一种划分思路是将网络中所有节点进行空间向量表征，如 DeepWalk 和 Node2Vec 等算法（详见 14.2 节），然后使用聚类方法进行节点的划分，属于同一类别的节点就组成了一个社区。感兴趣的读者可以深入研究社区划分算法。

12.5　思考练习题

1. 社会网络分析方法适用于哪些实际情况？
2. 哪些指标反映社会网络的整体特征？哪些指标反映社会网络的节点特征？
3. 如何用 Python 实现网络的可视化？需要输入哪些数据？
4. 什么是中心性？有哪些常见的中心性的测量方法？
5. PageRank 方法的核心思想是什么？
6. 什么是社区发现？社区发现和聚类有什么区别？

---

① Rosvall, M., Axelsson, D., Bergstrom, C. T. (2009). The map equation. *The European Physical Journal Special Topics*, 178(1), 13-23.

第 13 章　神经网络

人工智能（artificial intelligence）也称为机器智能，是指通过普通计算机程序实现的类人智能技术。机器学习（machine learning）是人工智能的一个分支，指用数据或以往的经验优化计算机程序的性能标准。之前介绍的分类、聚类等都属于机器学习方法。人工神经网络（artificial neural network）是一种模仿生物神经网络的结构和功能的数学模型或计算模型，用于对函数进行估计或近似，在人脸识别、自动驾驶和风险评估等商业领域有广泛的应用，著名的 AlphaGo 就是基于神经网络的围棋智能机器人。深度学习（deep learning）是机器学习中一种基于对数据进行表征学习的算法，源于人工神经网络的研究，通过组合低层特征形成更加抽象的高层表示，以发现数据的分布式特征表示。本章将聚焦于神经网络，探究从感知机到神经网络的发展及应用。人工智能相关概念的关系见图 13-1。

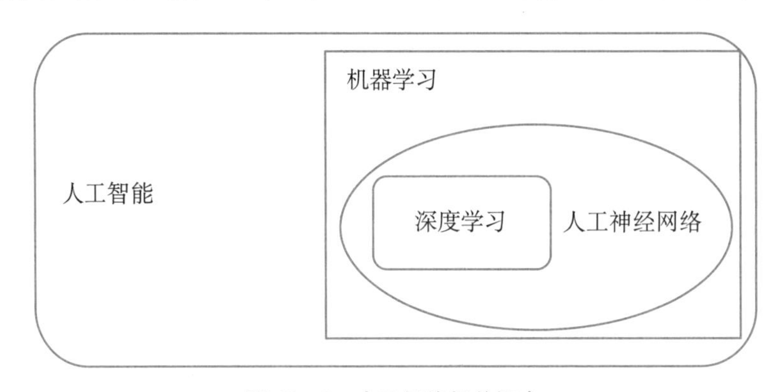

图 13-1　人工智能相关概念

13.1　感知机

感知机（perceptron）[1] 是 Frank Rosenblatt 在 1957 年提出的一种人工神经网络，是神经网络的起源算法。感知机的基本结构如图 13-2 所示，它可以接收多个输入信号（x_i 是 n 个输入信号），经过计算并输出信号 y，其中 w_i 是各输入的权重，各输入信号都有对应权重，权重越大说明该信号的重要性越大。当输入信号传到神经元处时，神经元会计算

① Rosenblatt，F.（1958）. The perceptron：a probabilistic model for information storage and organization in the brain. *Psychological Review*，65（6），386.

输入的信号总和 $\sum_{i=1}^{n} w_i x_i$，当这个信号总和大于阈值 θ 时，输出 $y=1$，即神经元被激活。

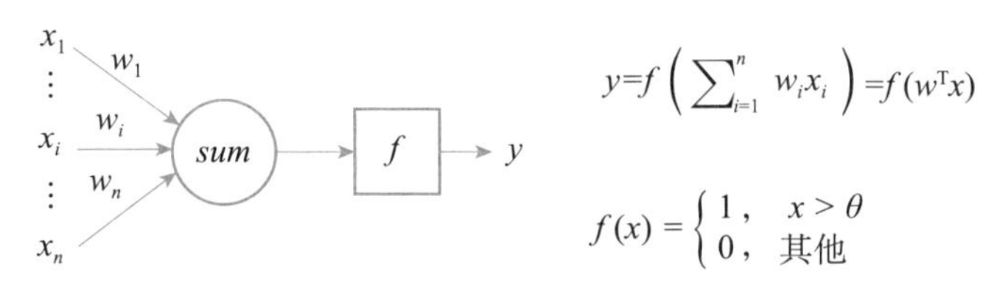

图 13－2　单层感知机

13.1.1　简单逻辑电路

感知机这一算法是如何解决实际问题的呢？我们以逻辑电路为例来说明感知机的应用与局限。

或门是有两个输入信号和一个输出信号的逻辑电路，或门电路的真值表如表 13－1 所示，当且仅当两个输入信号均为 0 时输出 0，其他情况均输出 1。

表 13－1　或门真值表

x_1	x_2	y
0	0	0
0	1	1
1	0	1
1	1	1

如果用感知机来表示或门，我们只需要确定一组能满足真值表的（w_1，w_2，θ）即可，这样的参数组合有无穷多个，如（0.5，0.5，0.3）和（1，1，0.1）均是满足或门的参数。我们可以利用 Python 快速实现或门逻辑电路。

```
1. import numpy as np
2.
3. def OR_gate(x1,x2):
4.     x = np.array([x1,x2])
5.     w = np.array([1,1])
6.     t = 0.1
7.     if np.sum(x * w) > t:
8.         return 1
9.     else:
10.         return 0
11.
12. print(OR_gate(0,0)) # 结果为 0
```

```
13. print(OR_gate(1,0)) # 结果为 1
14. print(OR_gate(0,1)) # 结果为 1
15. print(OR_gate(1,1)) # 结果为 1
```

与门、与非门真值表如表 13-2 所示，其构造和实现与或门类似，不再详细展开。

表 13-2　与门（左）和与非门（右）真值表

x_1	x_2	y
0	0	0
0	1	0
1	0	0
1	1	1

x_1	x_2	y
0	0	1
0	1	1
1	0	1
1	1	0

目前确定感知机参数的并不是机器，而是人工。机器学习就是由机器自动确定参数值，学习就是类似于人工对应真值表确定合适参数的过程，后面将详细介绍。

13.1.2　线性不可分的局限

异或门也称为逻辑异或电路，其真值表如表 13-3 所示，那么应该如何设置（w_1，w_2，θ）呢？

表 13-3　异或门真值表

x_1	x_2	y
0	0	0
0	1	1
1	0	1
1	1	0

事实上，我们无法找到合适的（w_1，w_2，θ）来实现异或门逻辑电路。或门感知机能通过一条直线将平面一分为二，划分结果能满足或门真值表；但对于异或门，在平面内无法找到一条直线满足对应真值表，只有曲线才能实现，如图 13-3 所示。

这就是感知机的局限性——只能表示由一条直线分割的空间。1969 年，Minsky 和 Papert 用详细的数学仔细分析了以感知机为代表的单层神经网络系统的功能及局限，证明感知器无法解决简单的异或等线性不可分问题。[①]

既然无法用一层感知机实现异或门，那么多层感知机能否解决这一问题呢？

13.1.3　多层感知机

我们以线性划分的思路分三步实现异或门。首先，用 p_1 划分 a_1，a_2，a_3 和 a_4，划分后 a_4 对应的输出为 1，其余为 0；用 p_2 继续划分 a_1，a_2，a_4 和 a_3，划分后 a_3 对应的输出

① Minsky，M.，Papert，S.（1969）. Perceptrons. Oxford：M. I. T. Press.

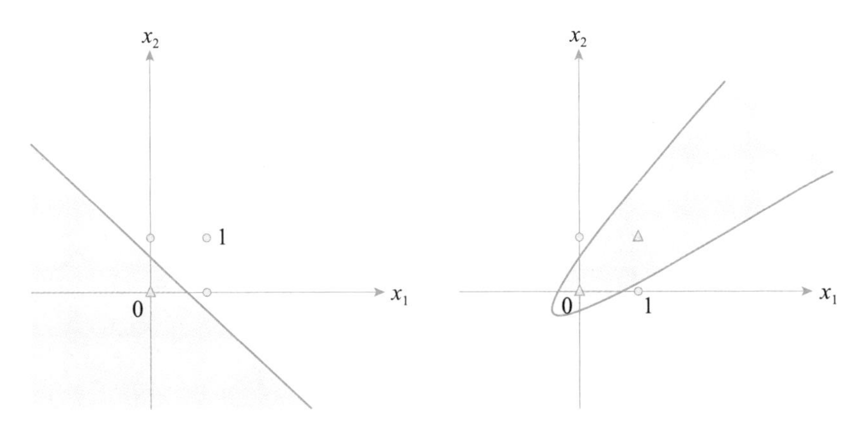

图 13-3 或门和异或门感知机原理

为 1，其余为 0；我们得到各个点的新坐标，如图 13-4 右图所示，这样就能用p_3 进行划分了。这就是一个简单的多层感知机。

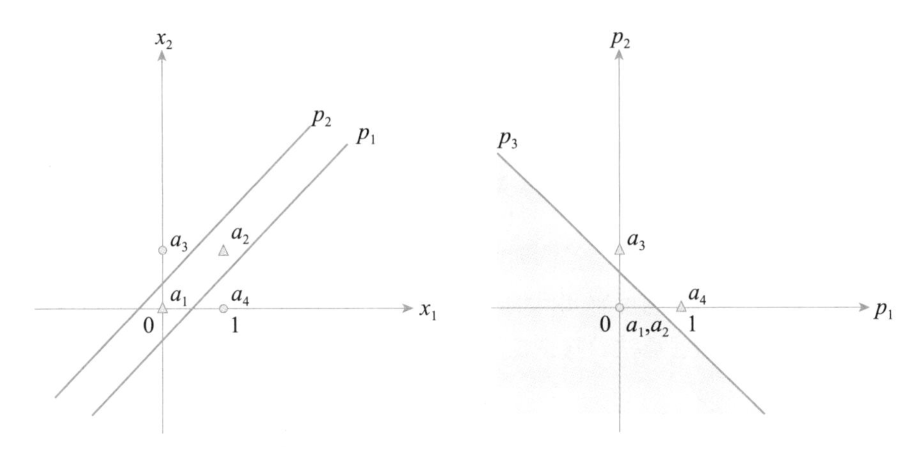

图 13-4 异或门实现思路

```
1. import numpy as np
2.
3. def XOR_gate(x1,x2):
4.       x = np.array([x1,x2])
5.       w1 = np.array([1, -1])
6.       t1 = 0.5
7.       if np.sum(x * w1) > t1:
8.             p1 = 1
9.       else:
10.            p1 = 0
11.      w2 = np.array([1, -1])
12.      t2 = -0.5
```

```
13.        if np.sum(x * w2) <= t2:
14.            p2 = 1
15.        else:
16.            p2 = 0
17.        p = np.array([p1,p2])
18.        w3 = np.array([1,1])
19.        t3 = 0.1
20.        if np.sum(p * w3) > t3:
21.            return 1
22.        else:
23.            return 0
24.
25. print(XOR_gate(0,0)) # 结果为 0
26. print(XOR_gate(1,0)) # 结果为 1
27. print(XOR_gate(0,1)) # 结果为 1
28. print(XOR_gate(1,1)) # 结果为 0
```

此外，还可以通过将（x_1，x_2）同时输入与非门和或门，再将两者的输出作为与门的输入这一方式实现异或门。两层感知机的参数学习相对而言较为简单，但当时计算能力有限制，而且没有有效的学习算法，这造成了人工神经网络发展的长年停滞及低潮。

13.2 神经网络基本概念

感知机能将计算机进行的复杂处理表示出来，但参数的确定还是需要由人工进行，随着感知机层数的增加，参数确定工作的复杂性呈指数级上升，因此自动化确定参数极其重要。而神经网络能自动地从数据中学习到合适的参数，很好地解决了这一问题。

13.2.1 神经网络的结构

神经网络和感知机有很多共同点。神经网络的基本结构如图 13－5 所示，最左边的一列称为输入层，最右边的一列称为输出层，中间的一列称为中间层，中间层也可称为隐层。

每个神经元接收输入信号之后的处理与感知机类似，$y_j = f(\sum_{i=1}^{n} w_{ij}x_i + b) = f(w^{\mathrm{T}}x + b)$，其中 b 为偏置参数（我们回顾感知机的结构可知，阈值 θ 的相反数即为偏置），可以控制神经元被激活的难易程度；而 w_{ij} 是各输入信号的权重参数，可以控制各个信号的重要程度。$f(x)$ 是激活函数，具体定义如下：

$$f(x) = \begin{cases} 1, & x > 0 \\ 0, & x \leqslant 0 \end{cases}$$

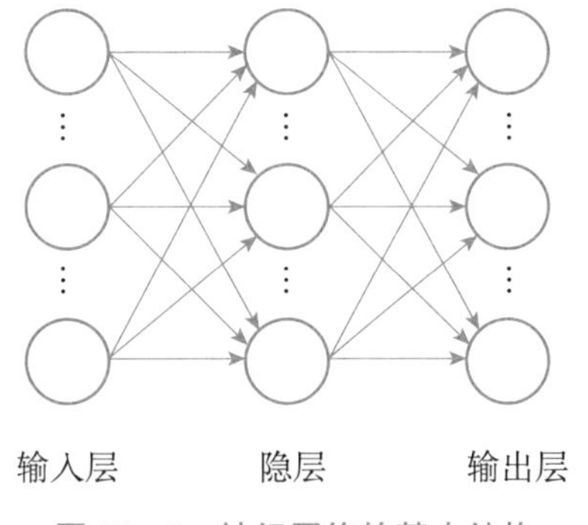

图 13-5 神经网络的基本结构

如果激活函数以阈值为界，那么一旦输入超过阈值，就改变输出，这样的函数称为阶跃函数（如图 13-6 所示），感知机就是使用阶跃函数作为激活函数。

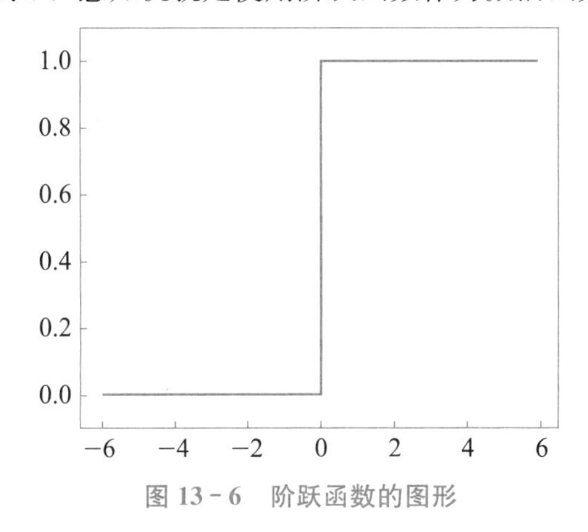

图 13-6 阶跃函数的图形

13.2.2 激活函数

神经网络并不采用阶跃函数作为激活函数，而是采用如 Sigmoid、ReLU（Rectified Linear Unit）和 Softmax 等形式的函数作为激活函数。

（1）Sigmoid 函数

神经网络中经常使用的一个激活函数就是 Sigmoid 函数，具体形式为：

$$f(x)=\frac{1}{1+\mathrm{e}^{-x}}$$

Sigmoid 函数的图形是单调连续可导的曲线（见图 13-7），但是当输入非常大或者非常小时，神经元梯度接近于 0，无法进行深层网络的训练，即存在梯度消失问题。

（2）ReLU 函数

另一个常用的激活函数为 ReLU 函数（见图 13-8）。当输入大于 0 时，直接输出该输入值；当输入小于等于 0 时，输出 0。

$$f(x)=\begin{cases}x，x>0\\0，x\leqslant 0\end{cases}$$

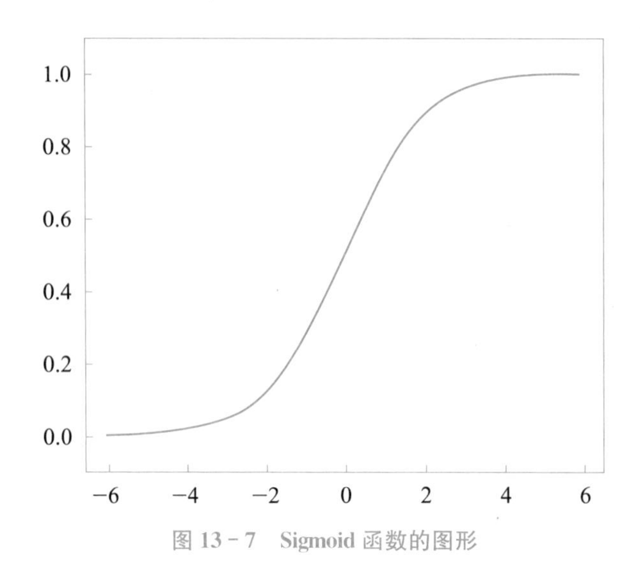

图 13-7　Sigmoid 函数的图形

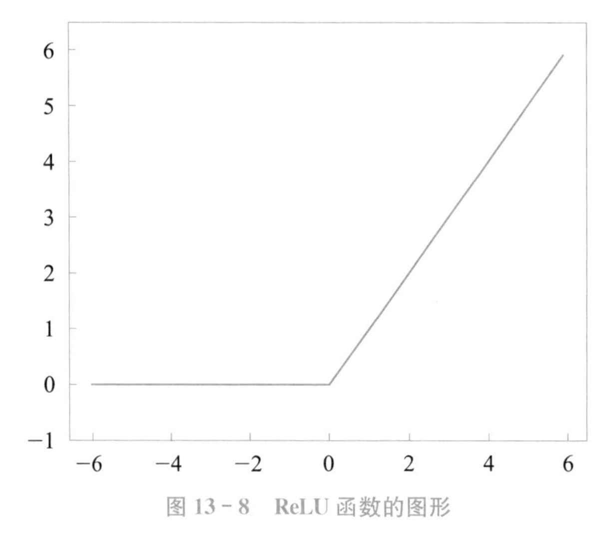

图 13-8　ReLU 函数的图形

ReLU 函数不存在梯度消失问题，且由于线性的计算更快，故效率更高。

（3）Softmax 函数

Softmax 函数常用于多分类问题，具体形式如下：

$$y_j = \frac{e^{a_j}}{\sum_1^n e^{a_i}}$$

Softmax 函数与 Sigmoid 或 ReLU 等函数的不同之处在于，采用 Sigmoid（或 ReLU）函数的神经元只需处理当前神经元的输入即可，而采用 Softmax 函数的神经元会受到其他神经元输入的影响。不同类型的激活函数的计算过程见图 13-9。

Softmax 函数输出的是［0，1］之间的实数，且输出总和为 1。因此，可以把该输出解释为“概率”，可将样本划分到概率最大的一类。

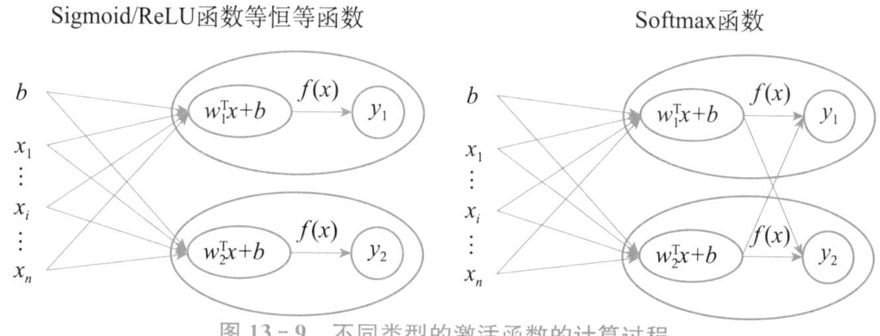

图 13-9　不同类型的激活函数的计算过程

(4) 其他激活函数

除了上述几个常用的激活函数，还有如 tanh、Leaky ReLU 和 ELU（Exponential Linear Units）等函数。tanh 函数也称为双曲正切函数，与 Sigmoid 函数相近，一般在二分类问题中，隐藏层用 tanh 函数，输出层用 Sigmoid 函数。而 Leaky ReLU 和 ELU 函数都是 ReLU 的改进，在负数区域能较好地解决 ReLU 完全不被激活的问题。

13.2.3　损失函数

神经网络在训练的过程中需要不断地更新参数（权重和偏置），因此需要指标来衡量参数的优劣，以控制迭代的进程。这类衡量指标称为损失函数（loss function），常用的有均方误差、交叉熵误差等。

(1) 均方误差

均方误差（mean square error）的公式如下：

$$MSE = \frac{1}{n}\sum_{n}(y_k - t_k)^2$$

其中，y_k 为神经网络的输出，t_k 为真实的结果。这一指标能有效地反映估计值与真实值之间的差异程度，值越小，说明估计值越准确。

(2) 交叉熵误差

交叉熵误差（cross entropy error）也常被用作损失函数，具体形式为：

$$CEE = -\sum_{n} t_k \ln(y_k)$$

熵可以衡量信息的混乱程度，估计值和真实值之间的差异越小，两者的混乱程度越小，熵越小，估计值越准确。

除了以上两种常用的损失函数，还有平均绝对误差（mean absolute error）等损失函数，不再展开介绍。既然训练的目标是获得提高识别精度的参数，为什么不直接用精度作为衡量指标呢？设置损失函数的主要目的是更新参数，接下来将重点介绍训练技巧。

13.3　训练技巧

神经网络的特征就是可以从数据中学习，由数据自动决定参数的值，接下来将从批处理、权重初始化、优化算法等方面进行深入探讨。

13.3.1 批处理

神经网络中常用的批处理（batch）技术是 mini-batch，即把训练集按 batch _ size 分为若干个批，按批来更新参数。这种技术不仅能提升模型的训练速度，还能在训练过程中引入一定的随机性。此外，mini-batch 技术也同样适用于 k-means 等算法。

13.3.2 优化算法

在有效地训练网络并产生准确结果时，内部参数起到了至关重要的作用。因此，需要应用各种优化算法来更新参数，使得最小化（或最大化）损失函数。其中最常用的优化算法是梯度下降法。

（1）梯度下降法

梯度下降（gradient descent）法是沿着目标函数（在神经网络中即为损失函数）参数梯度的相反方向来不断更新参数，以寻找极值点的优化算法，具体的更新原则为：$\theta=\theta-\eta\cdot\nabla_\theta J(\theta)$。其中 η 为学习率，$\nabla_\theta J(\theta)$为损失函数 $J(\theta)$ 的梯度。如果每次使用全量训练集（即 batch _ size 为训练集样本量）进行参数更新，则称为全量梯度下降（batch gradient descent）法；如果每次使用训练集中的一个样本（即 batch _ size=1）来更新参数，则称为随机梯度下降（stochastic gradient descent，SGD）法。全量梯度下降法每次训练都使用整个训练集，保证了每次更新都会朝着正确的方向进行，最后能够收敛于极值点，但由于每次训练时间过长，若训练集很大，则需要消耗大量的内存，且全量梯度下降不能进行在线参数更新。而随机梯度下降法每次只随机选择一个样本来更新模型参数，因此每次的学习是非常快速的，并且可以进行在线更新，但每次更新可能并不会按照正确的方向进行，且收敛速度很慢。为了平衡更新速度与更新次数，在神经网络训练时常采用小批量梯度下降（mini-batch gradient descent）法进行优化更新。

虽然梯度下降法效果很好，但是也存在如很难确定合理的学习率 η、每次更新只能使用相同的学习率、对于非凸目标函数容易陷入次优的局部极值点等问题。

（2）动量法

动量（momentum）法是模拟物体运动时的惯性，在参数更新项中考虑上一次更新量，即动量项，具体为：$v_t=\gamma v_{t-1}+\eta\cdot\nabla_\theta J(\theta)$；$\theta=\theta-v_t$。其中，$\gamma$ 为动量项超参数，一般取 0.9 或与其接近的常数。动量法可以在一定程度上增加稳定性，从而学习得更快，并且有一定摆脱局部最优的能力。此外，还有 Nesterov Momentum① 等基于动量法的改进算法，不再详细展开。

（3）自适应方法

上述优化方法对于所有参数都使用同一个学习率 η，但是这不一定适合所有参数，例

① Sutskever，I.，Martens，J.，Dahl，G.，Hinton，G.（2013）. On the importance of initialization and momentum in deep learning. In *International Conference on Machine Learning*，pp. 1139 - 1147.

如，有些参数可能已经到了微调阶段，但有些参数由于样本少等原因还需要进行较大幅度的调整。AdaGrad 方法[①]是一种自适应方法，能够对每个参数自适应不同的学习率，适合处理稀疏特征数据。具体而言，

$$\theta_t = \theta_{t-1} - \frac{\eta}{\sqrt{G_t + \epsilon}} \cdot \nabla_\theta J(\theta)$$

其中，G_t 为对角矩阵，第 i 行的对角元素为第 i 个参数从过去到当前的梯度平方和，ϵ 是一个平滑参数，为了使得分母不为 0。这一优化算法能够为每个参数自适应不同的学习率。由于 AdaGrad 方法学习率衰减过快，还有学者提出了 AdaDelta[②]、RMSprop[③] 和 Adam[④] 等自适应方法。

在各类优化算法中，学习率 η 可以不为常数，而是设定不同形式的函数（如指数、分数等形式），使其随着迭代次数的增加而逐步缩小。

13.3.3　参数初始化

神经网络训练就是更新参数，有初始值才能对参数进行调整，这就需要对参数进行初始化。初始参数的选择应使得损失函数便于优化，否则会对训练产生严重影响。常用的方法有随机初始化、Xavier 初始化和 He 初始化。

（1）随机初始化

随机初始化，顾名思义，就是将所有参数采用随机方式生成，但是一旦随机分布选择不当，就会导致网络优化陷入困境。比如，对于一个 6 层神经网络，对参数进行随机初始化，使得每层的参数都服从均值为 0、方差为 0.01 的高斯分布，激活函数为 tanh 函数，得到每层输出值的分布直方图如图 13 - 10 所示。

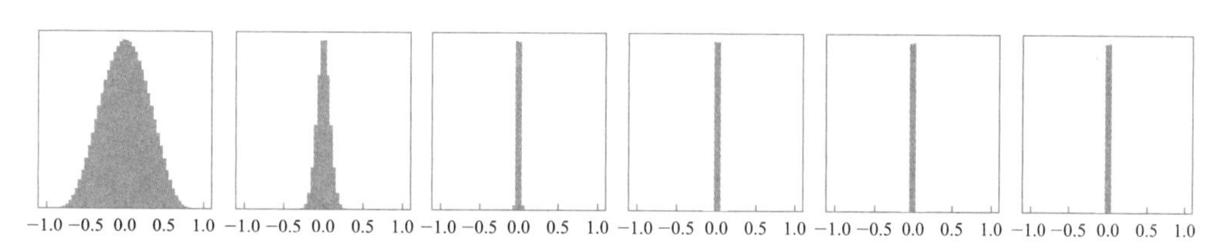

图 13 - 10　随机初始化每层输出值的分布直方图

从图 13 - 10 中可以看到，随着层数的增加，输出值迅速向 0 汇聚，使得参数很难更新。

（2）Xavier 初始化

Xavier 初始化的基本思想是保持输入和输出的方差一致，这样就避免了所有输出值

---

① Duchi, J., Hazan, E., Singer, Y. (2011). Adaptive subgradient methods for online learning and stochastic optimization. *Journal of Machine Learning Research*, 12 (7), 2121 - 2159.

② Zeiler, M. D. (2012). Adadelta: an adaptive learning rate method. *arXiv preprint arXiv*: 1212.5701.

③ Tieleman, T., & Hinton, G. (2012). Lecture 6.5-rmsprop: Divide the gradient by a running average of its recent magnitude. *COURSERA: Neural Networks for Machine Learning*, 4 (2), 26 - 31.

④ Kingma, D. P., Ba, J. (2014). Adam: A method for stochastic optimization. *arXiv preprint arXiv*: 1412.6980.

都趋向于 0。若上一层的节点数为 n，本层的节点数为 m，则该层的参数初始值服从方差为 $2/(n+m)$ 的高斯分布。使用 Xavier 初始化后上述神经网络的每层输出值的分布如图 13－11 所示。

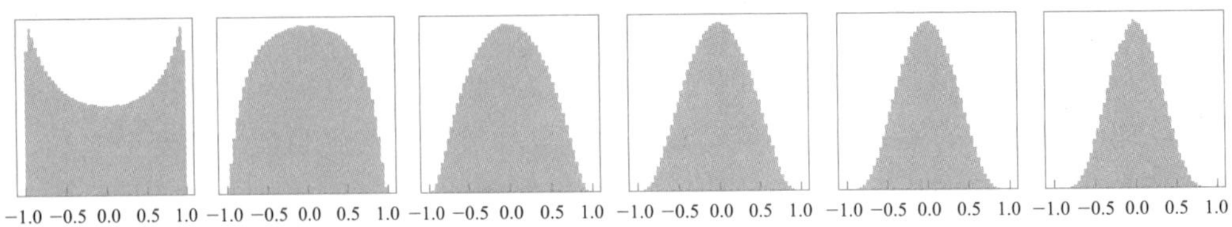
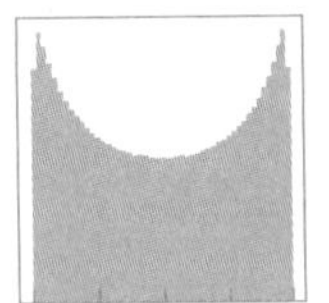
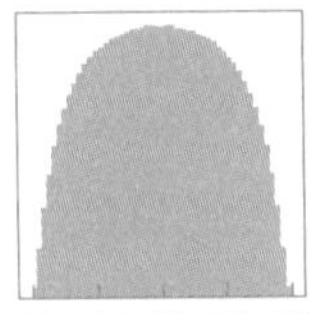
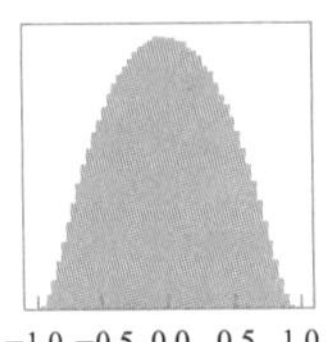
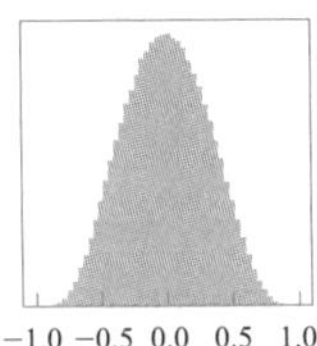
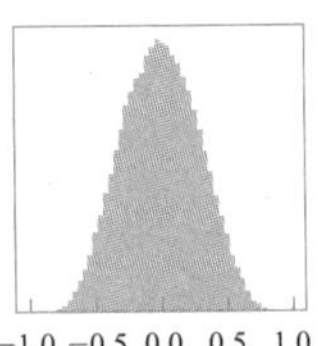

图 13－11　Xavier 初始化每层输出值的分布直方图

可以看到，输出值在很多层之后依然保持着良好的分布，这有利于优化网络参数。

(3) He 初始化

对于 Xavier 初始化，当激活函数为 ReLU 函数时，随着层数的增加，输出值也会趋向于 0，因此参数更新比较困难。He 初始化假定每一层有一半的神经元被激活，另一半未被激活，简单而言，参数初始值服从方差为 $2/n$（n 为上一层的节点数）的高斯分布时在激活函数为 ReLU 函数的网络中效果很好。将上述神经网络激活函数替换为 ReLU 函数后，神经网络的每层输出值的分布直方图如图 13－12 所示。

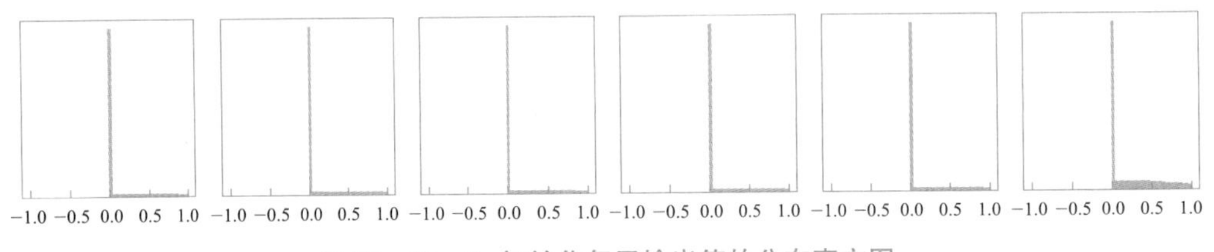

图 13－12　He 初始化每层输出值的分布直方图

13.3.4　偏差与方差

在机器学习算法对数据进行拟合的过程中，会遇到两个概念，分别是偏差（bias）和方差（variance），这两个概念能起到指导调优的作用。偏差衡量了在模型训练阶段，预测值和真实值之间的差异，偏差越小，说明模型训练得越到位。方差表示模型在不同测试集间，预测效果间的偏差程度，方差越小，说明模型的预测能力越稳定。

理想中的模型应该是低偏差且低方差的。如果模型的训练结果是高偏差的，那么说明模型欠拟合（underfit），需要改进模型，常用的方法有：(1) 尝试使用更复杂的网络结构（如增加层数、更改结构等）；(2) 增加迭代次数；(3) 增加输入的特征等。如果模型的训练结果是高方差的，那么说明模型过拟合（overfit），同样需要改进模型，常用的方法有：(1) 使用更简单的模型；(2) 增加训练集样本数；(3) 减少输入的特征（Dropout：在网络训练中，以一定的概率随机地“临时丢弃”一部分神经元）；(4) 使用正则化（Regularization：给损失函数加一个正则化项）等。

13.3.5　超参数的设置

前面详细介绍了参数初始化和参数更新的方法，还有一类参数称为超参数（hyper-parameter）。这类参数不需要通过数据来迭代更新，而需要在训练前或者训练中人为地进行调整。超参数对模型的效果也会产生至关重要的影响，因此也需要优化。常见的超参数有：网络参数、优化参数和正则化参数三类。

网络参数包括网络层数、每层神经元数量、神经元之间的连接方式、激活函数等；优化参数有学习率、批大小、优化算法等；正则化参数包含 Dropout 法的丢弃比例、正则化中的权重衰减系数等。

超参数优化是一个组合优化问题，无法像一般参数那样通过梯度下降法来优化。如何搜索配置最佳的超参数呢？最常用的方法有网格搜索和随机搜索。

（1）网格搜索

网格搜索（grid search）是一种通过尝试所有超参数的组合来寻找一组合适的超参数配置的方法。但是不同的超参数对模型性能的影响往往存在差异，如有些超参数（正则化参数）对模型性能的影响有限，而有些超参数（学习率）对模型性能的影响比较大。网格搜索会在不重要的超参数上进行不必要的尝试，耗时较长。

（2）随机搜索

随机搜索是另一种搜索方式，对超参数进行随机组合，然后选择一个性能最好的进行配置。这一搜索方法较网格搜索的表现好。

这两种搜索方法虽然是目前较为常用的方法，但在计算上是低效的，需要更精炼的方法，如贝叶斯最优化（bayesian optimization），感兴趣的读者可以深入研究。

13.4　全连接神经网络

如图 13－13 所示的就是一个三层（2 个隐层和 1 个输出层）全连接（fully-connected）神经网络，本质上就是多层感知机，相邻层的所有神经元之间都有连接。

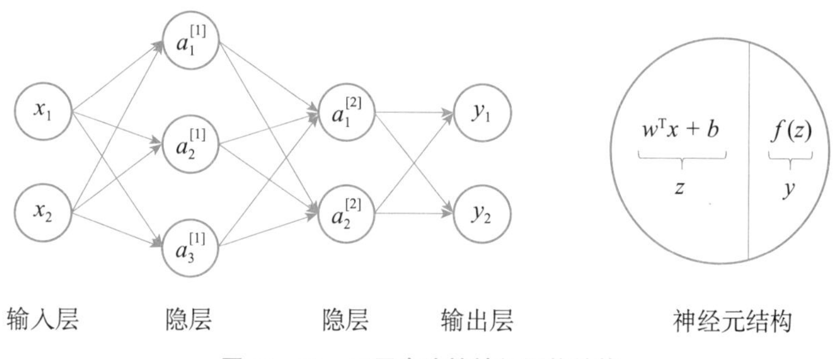

图 13－13　三层全连接神经网络结构

Python 中的 TensorFlow 库是实现神经网络最常用的工具之一，由谷歌开发，用以实现机器学习及其他涉及大量数学运算的功能。TensorFlow2 推荐使用 Keras 模块①进行构建和训练神经网络，具体步骤为：（1）创建 Sequential 模型（实例化 Sequential）并配置神经网络结构，包括网络层数、神经元类型和数量等；（2）使用 compile( ) 方法确定训练结构，包括优化算法、损失函数和评估模型在训练和测试时的性能指标等；（3）使用 fit( ) 方法训练模型，采用 evaluate( ) 验证模型的效果；（4）应用 predict( ) 方法，使用训练好的模型对未知标签的数据进行预测。

MNIST② 是机器学习领域最有名的数据集之一，该数据集为手写数字的图像集合，数据是 28 像素× 28 像素的灰度图像，各像素的取值为 [0, 255]，分为 60 000 条训练集和 10 000 条测试集。将 mnist. npz 放至 Users \ xxx \ . keras \ datasets 文件夹下，就可以直接通过以下代码读取数据。

```
1. from tensorflow import keras
2. import matplotlib.pyplot as plt
3.
4. mnist = keras.datasets.mnist
5. (train_img,train_labels),(test_img,test_labels) = mnist.load_data()
6. train_img,test_img = train_img / 255.0,test_img / 255.0
7. print(train_img.shape) # (60000,28,28)
8. print(train_labels.shape) # (60000,)
9. print(test_img.shape) # (10000,28,28)
10. print(test_labels.shape) # (10000,)
11. for i in range(10):
12.     for j in range(len(train_labels)):
13.         if train_labels[j] == i:
14.             plt.subplot(2,5,i+1)
15.             plt.imshow(train_img[j],cmap="binary")
16.             break
17. plt.show() # 见图 13-14
```

接下来我们构造一个 4 层全连接神经网络来分析 MNIST 数据集。

```
1. from tensorflow import keras
2. import numpy as np
3.
4. # 构建模型
```

① Keras 中文文档：https://keras-cn.readthedocs.io/en/latest/。

② 资料来源：http://yann.lecun.com/exdb/mnist/。

```
5. model = keras. Sequential([
6.      keras. layers. Flatten(input _ shape = [28,28]),
7.      keras. layers. Dense(128,activation = keras. activations. relu,
8.                          kernel _ initializer = keras. initializers. he _
                            normal(),
9.                          bias _ initializer = keras. initializers. he _ normal()
10.                         ),
11.      keras. layers. Dense(64,activation = keras. activations. relu,
12.                          kernel _ initializer = keras. initializers. he _
                             normal(),
13.                          bias _ initializer = keras. initializers. he _ normal()
14.                          ),
15.      keras. layers. Dense(32,activation = keras. activations. relu,
16.                          kernel _ initializer = keras. initializers. he _
                             normal(),
17.                          bias _ initializer = keras. initializers. he _ normal()
18.                          ),
19.      keras. layers. Dense(10,activation = keras. activations. softmax)
20. ])
21. # 配置训练结构
22. model. compile(optimizer = keras. optimizers. SGD(),
23.               loss = keras. losses. sparse _ categorical _ crossentropy,
24.               metrics = [keras. metrics. sparse _ categorical _ accuracy]
25.               )
26. # 训练、评估模型
27. model. fit(train _ img,train _ labels,batch _ size = 32,epochs = 5)
28. model. evaluate(test _ img,test _ labels)
29. model. save('. /mnist _ fullconnect _ model. h5') # 保存模型
30. # 预测
31. predictions = model. predict(test _ img)
32. print(np. argmax(predictions[0])) # 7
```

第一步，实例化 Sequential，并配置神经网络结构。其中 keras. layers. Flatten( ) 方法是将原始数据转换为 28×28＝784 的一维数据，作为输入层；keras. layers. Dense( ) 方法是添加全连接层作为隐层，第一个参数为 units，表示神经元数量，activation 是激活函

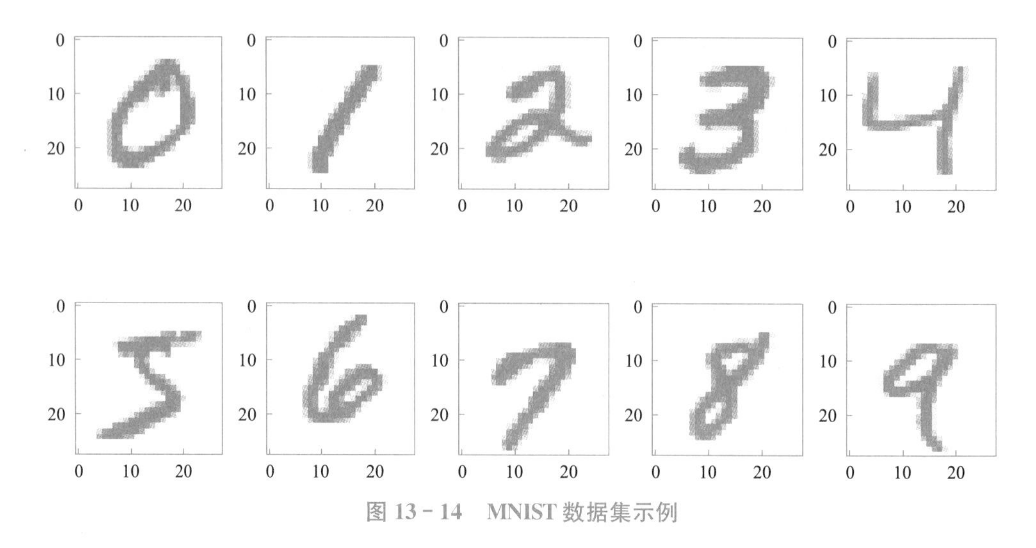

图 13-14　MNIST 数据集示例

数，选用 ReLU 函数，因此对应的参数初始化方法选择 He 初始化，三层隐层的神经元数量分别为 128、64 和 32 个；第四层是输出层，也采用全连接结构，由于这是一个多分类问题（10 类），因此选用 Softmax 函数作为激活函数。

第二步，确定配置训练结构。compile( ) 方法中的 optimizer 参数是优化算法，采用随机梯度下降（SGD）法；loss 和 metrics 分别是损失函数和评估模型在训练和测试时的性能指标，由于这是多分类问题，因此选用 sparse _ categorical _ crossentropy 作为损失函数、sparse _ categorical _ accuracy 作为评价模型的标准。

第三步，使用 fit( ) 和 evaluate( ) 方法训练、评估模型。我们将批大小设定为 32，epoch（一个 epoch 就是将所有训练样本训练一次的过程）设置为 5。结果显示，模型在训练集和测试集上的准确率均在 95%左右，模型结果较好。

第四步，当有新的个体输入时，使用 predict( ) 方法，利用训练好的模型进行预测。

MNIST 测试集的第一个数据如图 13-15 所示。

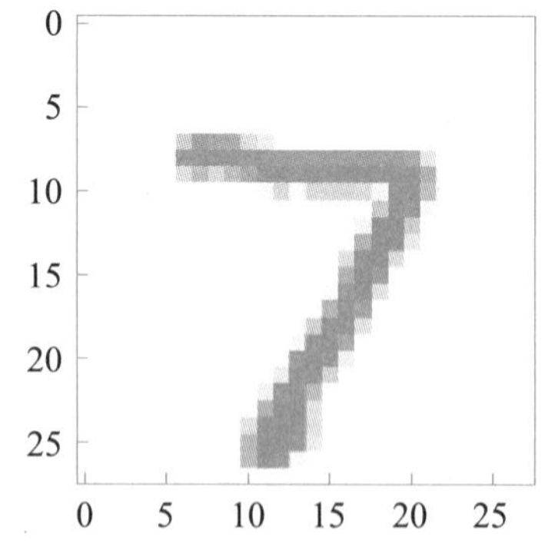

图 13-15　MNIST 测试集的第一个数据

我们也可以通过调用保存的模型来进行预测。此外，还可以通过 save _ weights( ) 和 load _ weights( ) 等方式保存和调用模型的参数。

```
1. model = keras.models.load_model('./mnist_fullconnect_model.h5')
2. model.evaluate(test_img,test_labels) # 0.9582
```

我们来分析一下上述全连接神经网络需要训练的参数个数。输入数据为含 784 个属性的一维数据，输入层没有参数需要训练。第一层隐层有 128 个神经元，对于每个神经元需要训练 784 个权重参数和 1 个偏置参数，共（784＋1)×128＝100 480 个。依此类推，第二层隐层和第三层隐层分别需要训练（128＋1)×64＝8 256 个和（64＋1)×32＝2 080 个参数。第四层输出层需要训练的参数为（32＋1)×10＝330 个。整个网络需要训练的参数数量高达 111 146 个。我们可以使用 summary( ) 方法直接查看需要训练的参数情况。

```
1. print(model.summary())
2. ---------------------
3. Model:"sequential"
4. _________________________________________________________________
5. Layer (type)                 Output Shape              Param #
6. =================================================================
7. flatten (Flatten)            (None,784)                0
8. _________________________________________________________________
9. dense (Dense)                (None,128)                100480
10. _________________________________________________________________
11. dense_1 (Dense)             (None,64)                 8256
12. _________________________________________________________________
13. dense_2 (Dense)                (None,32)                 2080
14. _________________________________________________________________
15. dense_3 (Dense)                (None,10)                 330
16. =================================================================
17. Total params:111,146
18. Trainable params:111,146
19. Non-trainable params:0
```

13.5　卷积神经网络

我们仔细观察 MNIST 数据集（见图 13－14）可以发现，数字四周的像素基本上是没有意义的，说明像素之间的位置信息也是非常重要的。由于全连接神经网络存在参数数量过多、没有利用像素之间的位置信息以及网络层数限制等问题，因此在图像识别任务上的表现并不是很理想。而卷积神经网络（convolutional neural networks，CNN）通过局部链接（每个神经元不再和上一层的所有神经元相连，而只和一小部分神经元相连）、权值共享（一组连接可以共享同一个权重，而不是每个连接有一个不同的权重）和下采样（可以使用 Pooling 来减少每层的样本数）等思想，在图像识别任务上有很高的性能。

13.5.1 基本结构

卷积神经网络本质上还是层级神经网络，不同的是层的功能和形式发生了变化，出现了卷积层（convolution）和池化层（pooling）。

（1）卷积层

在全连接网络中，相邻层的神经元全部连接在一起，输出的数量可以任意决定。这种结构存在两个问题，全连接网络无法有效利用图像中包含的重要的空间信息；当图像很大时，输入的一维数据将很大，运算会很耗时。卷积层限制了隐层神经元和输入层神经元之间的连接，使得每个隐层神经元仅能连接输入层神经元的一部分。

局部链接是通过卷积操作进行的，当输入数据为 5×5 的二维数据、滤波器（filter）为 3×3 的二维数据、步幅为 1 时，具体的卷积操作如图 13－16 所示。

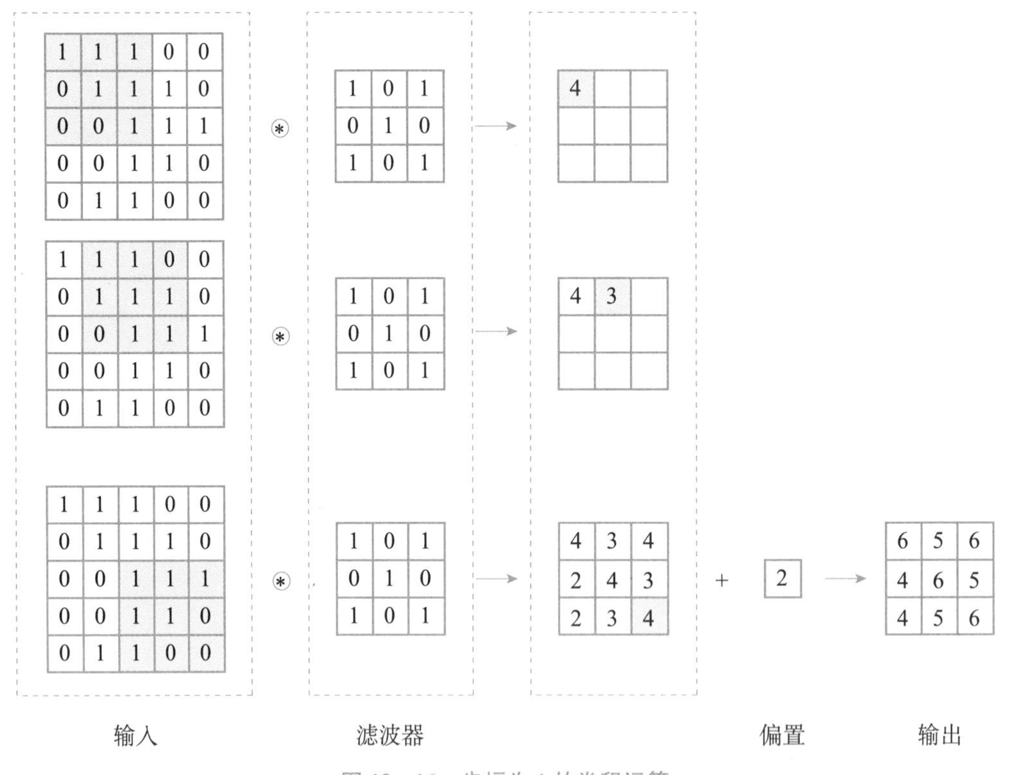

图 13－16　步幅为 1 的卷积运算

可以看到，将各个位置上滤波器的元素和输入的对应元素相乘并求和之后，加上偏置即可输出，滤波器可以理解为全连接神经网络中的权重。在进行卷积层的处理之前，有时要向输入数据的周围填入固定的数据以调整输出的大小，称为填充（padding）；在进行卷积操作时，也会调整应用滤波器的位置间隔，称为步幅（stride），这是卷积神经网络中的一个超参数。从上述卷积操作中可以观察到，一个卷积层只有一个滤波器，这就是所谓的权值共享，这样可以大大减少网络参数的数量。此外，卷积操作在多维数据上也同样适用，不再详细展开。

（2）池化层

池化就是下采样，目的是减少每层的样本数。池化的方法很多，最常用的有 Max 池化（在 $n\times n$ 的样本中取最大值）和 Average 池化（在 $n\times n$ 的样本中取均值）。图 13－17 是池化窗口为 2×2、步幅为 2 的 Max 池化操作（通常情况下，池化的窗口大小会设定成和步幅相同的值）。

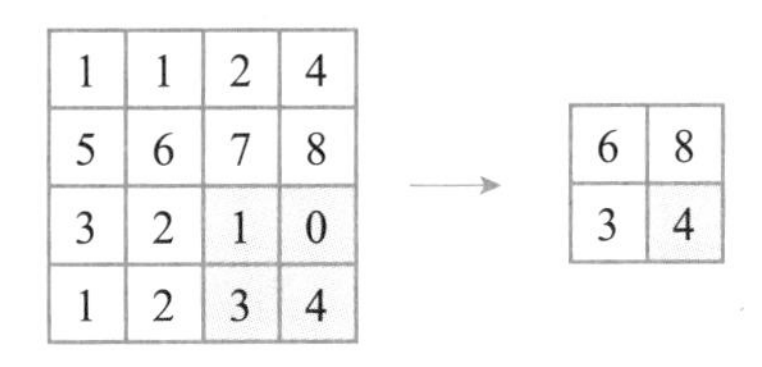

图 13－17　步幅为 2 的池化运算

池化层和卷积层不同，池化层没有要学习的参数。池化只是从目标区域中取最大值（或平均值），所以不存在要学习的参数。

13.5.2　代表性结构

介绍了卷积神经网络的基本结构后，我们将介绍两个有代表性的卷积神经网络，分别是 Lecun 等人在 1998 年提出的 LeNet① 和 Alex 等人在 2012 年提出的 AlexNet②，加深大家对卷积神经网络的理解。

（1）LeNet

LeNet（其结构见图 13－18）是进行手写数字识别的网络，不含输入层共有 7 层。

输入是 32×32 的二维数据。

第一层 C1 是卷积层，含有 6 个滤波器，每个滤波器大小为 5×5，步幅为 1，需要训练的参数有（5×5＋1）×6＝156 个，共有（5×5＋1）×6×28×28＝122 304 个连接，输出（称为 feature map）的大小为 28×28（32－5＋1＝28）。

第二层 S2 是池化层，采用的是子采样方法（sub-sampling），含有 6 个采样，每个采样窗口为 2×2，方式是 4 个输入相加，乘以一个可训练的权重参数后加一个可训练的偏置参数。需要训练的参数有（1＋1）×6＝12 个，共有（2×2＋1）×6×14×14＝5 880 个连

① LeCun，Y.，Bottou，L.，Bengio，Y.，Haffner，P.（1998）. Gradient-based learning applied to document recognition. *Proceedings of the IEEE*，86（11），2278－2324.

② Krizhevsky，A.，Sutskever，I.，Hinton，G. E.（2012）. Imagenet classification with deep convolutional neural networks. In *Advances in Neural Information Processing Systems*，pp. 1097－1105.

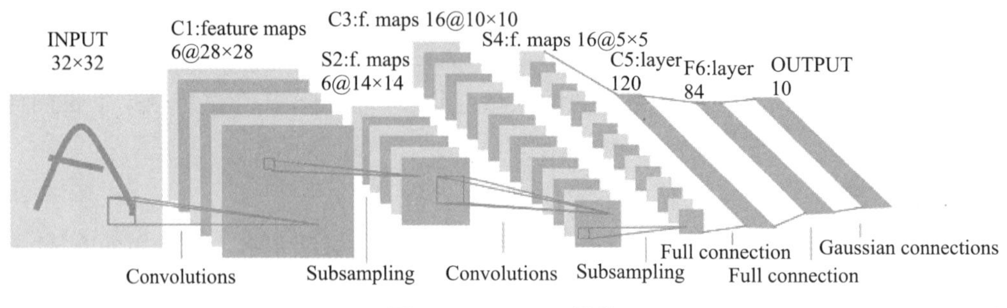

图 13 - 18　LeNet 结构

接，输出的 feature map 大小为 14×14（28/2=14）。

第三层 C3 是卷积层，含有 16 个滤波器，每个滤波器大小为 5×5，C3 前 6 个（图 13 - 19 中的第一个框）与 S2 中连续的 3 个 feature maps 相连接，接下来的 6 个（图 13 - 19 中的第二个框）与连续的 4 个 feature maps 相连接，然后 3 个（图 13 - 19 中的第三个框）与部分不相连的 4 个 feature maps 相连接，最后一个与 S2 中的所有 feature maps 相连接。需要训练的参数个数为 6×(3×5×5+1)+6×(4×5×5+1)+3×(4×5×5+1)+1×(6×5×5+1)=1 516 个，连接有 151 600 个。

	0	1	2	3	4	5	6	7	8	9	10	11	12	13	14	15
0	X				X	X	X			X	X	X	X		X	X
1	X	X				X	X	X			X	X	X	X		X
2	X	X	X				X	X	X			X		X	X	X
3		X	X	X			X	X	X	X			X		X	X
4			X	X	X			X	X	X	X		X	X		X
5				X	X	X			X	X	X	X		X	X	X

图 13 - 19　LeNet-C3 的连接方式

第四层 S4 是池化层，与 S2 类似，含有 16 个采样，每个采样窗口为 2×2，需要训练的参数有（1+1）×16=32 个，共有（2×2+1）×16×5×5=2 000 个连接，输出的 feature maps 大小为 5×5（10/2=5）。

第五层 C5 是卷积层，含有 120 个滤波器，每个滤波器大小为 5×5，与 S4 的所有 feature maps 连接，需要训练 120×(16×5×5+1)　=48 120 个。

第六层 F6 为全连接层，84 个神经元，计算输入向量和权重向量之间的点积，再加上一个偏置，结果通过 Sigmoid 函数输出，需要训练 84×(120+1)=10 164 个参数。

最后通过 10 个神经元，以径向基函数（RBF）的网络连接方式作为输出层进行输出。

现在流行的 CNN 的激活函数主要是 ReLU 函数；池化层则采用 Max 池化而非子采样。

（2）AlexNet

AlexNet（其结构见图 13 - 20）使用 5 个卷积层（3 次 Max 池化）和 3 个全连接层（池化不需要进行参数训练，因此不计入层数，AlexNet 为 8 层）。结构上与 LeNet 相似，

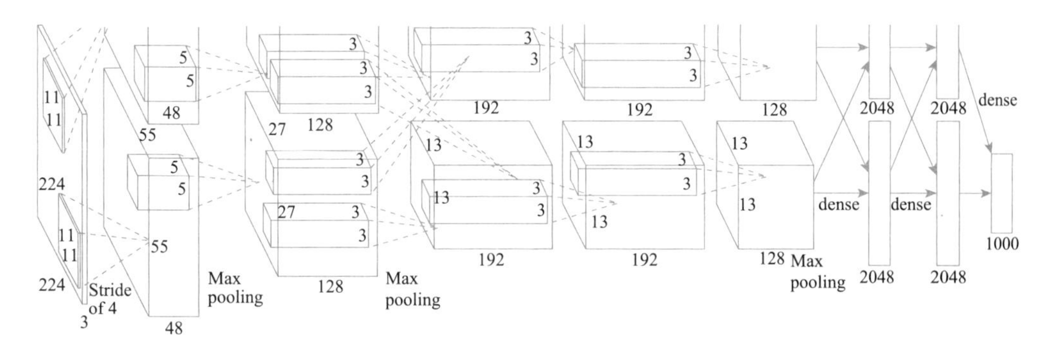

图 13-20　AlexNet 结构

但激活函数使用的是 ReLU，训练时使用 Dropout，提出了局部响应规一化（local response normalization，LRN），对局部神经元的活动创建竞争机制，使得其中响应比较大的值变得相对更大，并抑制其他反馈较小的神经元，增强了模型的泛化能力。

（3）其他卷积神经网络

除了上述两种经典的卷积神经网络结构外，2014 年提出的 GoogLeNet①（22 层）和 VGG②（19 层）以及 2015 年的 ResNet③（152 层）等结构也获得了很多关注，感兴趣的读者可以阅读相关文献进行研究。

接下来，我们将构造一个 2 个卷积层、1 个池化层和 2 个全连接层的 4 层卷积神经网络对 MNIST 进行训练。

```
1. from tensorflow import keras
2. import numpy as np
3.
4. mnist = keras.datasets.mnist
5. (train_img,train_labels),(test_img,test_labels) = mnist.load_data()
6. train_img = train_img.reshape((60000,28,28,1))
7. test_img = test_img.reshape((10000,28,28,1))
8. train_img,test_img = train_img / 255.0,test_img / 255.0
9. # 构建模型
10. model = keras.Sequential([
11.     keras.layers.Conv2D(32,kernel_size = (3,3),
```

① Szegedy, C., Liu, W., Jia, Y., Sermanet, P., Reed, S., Anguelov, D., et al. (2015). Going deeper with convolutions. In *Proceedings of the IEEE Conference on Computer Vision and Pattern Recognition*, pp. 1-9.

② Simonyan, K., Zisserman, A. (2014). Very deep convolutional networks for large-scale image recognition. *arXiv preprint arXiv*: 1409.1556.

③ He, K., Zhang, X., Ren, S., Sun, J. (2016). Deep residual learning for image recognition. In *Proceedings of the IEEE Conference on Computer Vision and Pattern Recognition*, pp. 770-778.

```
12.                         strides = 1,
13.                         input _ shape = (28,28,1),
14.                         activation = keras. activations. relu,
15.                         kernel _ initializer = keras. initializers. he _
                            normal(),
16.                         bias _ initializer = keras. initializers. he _ normal()
17.                         ),
18.     keras. layers. MaxPool2D((2,2)),
19.     keras. layers. Conv2D(16,kernel _ size = (3,3),
20.                         strides = 1,
21.                         activation = keras. activations. relu,
22.                         kernel _ initializer = keras. initializers. he _
                            normal(),
23.                         bias _ initializer = keras. initializers. he _ normal()
24.                         ),
25.     keras. layers. Flatten(),
26.     keras. layers. Dense(16,activation = keras. activations. relu,
27.                         kernel _ initializer = keras. initializers. he _
                            normal(),
28.                         bias _ initializer = keras. initializers. he _ normal()
29.                         ),
30.     keras. layers. Dense(10,activation = keras. activations. softmax)
31. ])
32. # 配置训练结构
33. model. compile(optimizer = keras. optimizers. Adam(),
34.               loss = keras. losses. sparse _ categorical _ crossentropy,
35.               metrics = [keras. metrics. sparse _ categorical _ accuracy]
36.               )
37. # 训练、评估模型
38. model. fit(train _ img,train _ labels,batch _ size = 32,epochs = 5)
39. model. evaluate(test _ img,test _ labels)
40. model. save('. /mnist _ cnn _ model. h5') # 保存模型
41. # 预测
42. predictions = model. predict(test _ img)
43. print(np. argmax(predictions[0])) # 7
```

由于卷积层 Conv2D 的输入是三维的，因此需要使用 reshape( ) 方法对原始数据进行重构。卷积层滤波器的大小均为 3×3，步幅为 1，两个卷积层的滤波器数量分别为 32 和 16。池化层为 2×2 窗口的 Max 池化。卷积层的输出是二维数据，而全连接层只能接收一维数据，因此需要使用 Flatten( ) 方法进行转换。第一层全连接层含 16 个神经元，激活函数和初始化方法与全连接网络的设置相同，第二层全连接层为含 10 个神经元、激活函数为 Softmax 的输出层。

训练过程中使用 Adam 作为优化算法，损失函数和评估模型在训练和测试时的性能指标均与全连接网络中的设置相同。

这一卷积神经网络需要训练的参数数量为 36 106 个，不到全连接神经网络参数数量的 1/3，包含第一层卷积层的（3×3+1)×32=320 个、第二层卷积层的（3×3×32+1)×16=4 624 个、第三层全连接层的（11×11×16+1)×16=30 992 个和输出层的（16+1)×10=170 个。该模型在训练集和测试集上的表现均优于全连接网络，准确率在 98%以上。

13.6　循环神经网络

循环神经网络（recurrent neural networks，RNN）是一种节点定向连接成环的人工神经网络，这种网络的内部状态可以展示动态时序行为。RNN 可以利用它内部的记忆来处理任意时序的输入序列，在自然语言处理、语音识别等很多任务中展现出了卓越的效果。

13.6.1　基本结构

循环神经网络的基本结构见图 13-21。

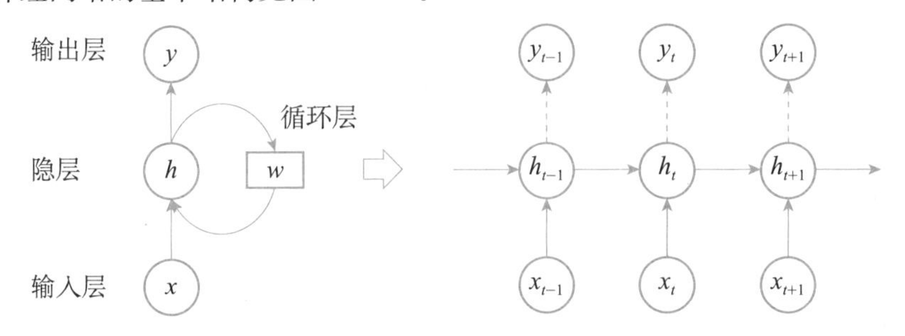

图 13-21　循环神经网络的基本结构

在循环神经网络中，隐层的结果不仅受到 t 时刻输入的影响，而且受到 $t-1$ 时刻隐层输出的影响，$h_t=f(w_{hh}h_{t-1}+w_{xh}x_t+b_h)$。可以看到，当前隐层不仅捕捉了当前时刻的信息，还包含了历史信息。输出层与之前的结构类似。

从循环神经网络的基本结构可以看出，该网络在处理时序数据（如自然语言、语音视频等）时能很好地捕捉前序信息，类似于人的“记忆”。因此，在词性标注、机器翻译和情感分类等领域有很好的应用。

13.6.2　代表性结构

上述循环神经网络会受限于“短期记忆”问题。如果一个序列足够长，那么较早时刻的信息将会很难传输到后面的时刻。同样，在训练的过程中，随着时间的推移，梯度在传播时会下降，如果梯度值变得非常小，则不会继续学习，较早时刻的隐层参数受此影响将无法学习，导致“记忆”是短期的。长短期记忆网络（long short-term memory，LSTM）①和门控递归单元（gate recurrent unit，GRU）② 通过引入“门”的内部机制调节信息流以克服“短期记忆”问题。

（1）长短期记忆网络

长短期记忆网络（见图 13 - 22）中有三种调节信息流的门结构，分别是遗忘门（forget gate）、输入门和输出门，还有一个存储“记忆”的单元，接下来将逐一介绍。

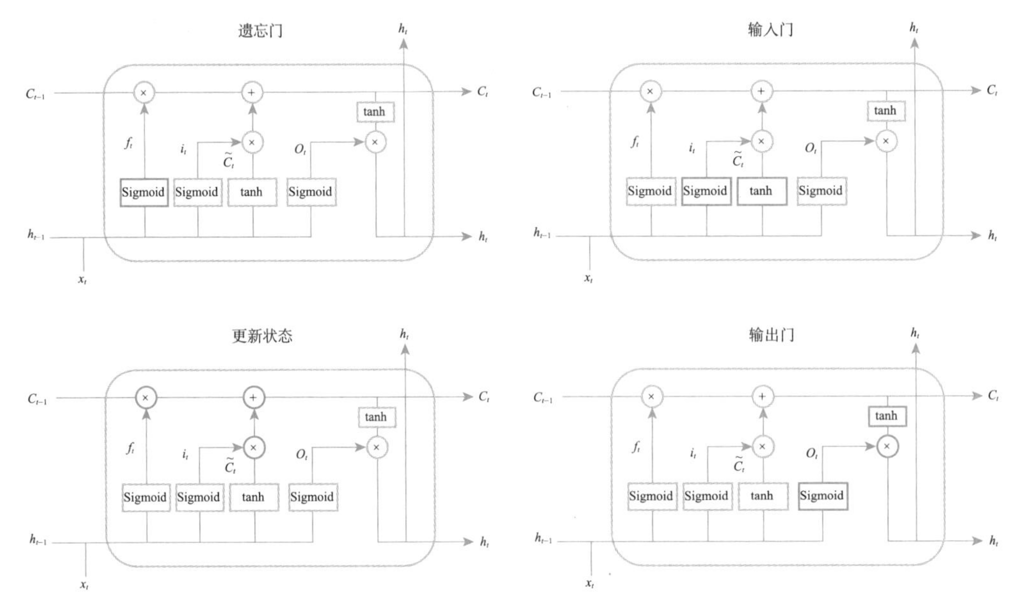

图 13 - 22　长短期记忆网络结构

首先发挥作用的是遗忘门。遗忘门控制前一时刻记忆单元的信息在多大程度上被保留在当前时刻的记忆单元中。遗忘门的计算过程为：$f_t=\text{Sigmoid}(W_f[h_{t-1},x_t]+b_f)$，其中 $[h_{t-1}, x_t]$ 是将来自前一时刻隐层的输出和当前时刻的输入拼接起来，输入 Sigmoid 函数，输出值越接近 0 意味着越应该忘记，越接近 1 意味着越应该保留，这样就可以进行选择性的过滤。

其次发挥作用的是输入门。输入门控制当前计算的新状态在多大程度上更新到记忆单元中。输入门由两部分组成：第一部分与遗忘门类似，计算过程为：$i_t=\text{Sigmoid}(W_i[h_{t-1}, x_t]+b_i)$；第二部分具体为：$\tilde{C}_t=\tanh(W_C[h_{t-1},x_t]+b_C)$。这两部分主要用于更

① Hochreiter, S., Schmidhuber, J.（1997）. Long short-term memory. *Neural Computation*, 9(8), 1735 - 1780.

② Cho, K., Van Merriënboer, B., Gulcehre, C., Bahdanau, D., Bougares, F., Schwenk, H., Bengio, Y.（2014）. Learning phrase representations using RNN encoder-decoder for statistical machine translation. *arXiv preprint arXiv*: 1406.1078.

新当前单元的状态。

第三步是更新当前单元的状态，把前一时刻的单元状态和遗忘门的输出相乘，如果结果乘以接近 0 的值，则意味在新的单元状态中可能要丢弃这些值；然后把它和输入门的输出值相加，把新信息更新到单元状态中，这样就得到了新的单元状态 $C_t = f_t \cdot C_{t-1} + i_t \cdot \widetilde{C}_t$。

最后输出门进行输出处理，具体操作为：$o_t = \text{sigmoid}(W_o[h_{t-1}, x_t] + b_o)$，$h_t = o_t \cdot \tanh(C_t)$。$o_t$ 中包含前一时刻的“短期记忆”，与之前介绍的基本结构相同；C_t 中包含更早时刻的“长记忆”，这样就可以有效地解决“短期记忆”问题。

（2）门控递归单元

介绍完 LSTM 的工作原理后，接下来讲解另一种与 LSTM 非常相似的门控递归单元（GRU）。GRU 结构中去除了单元状态，而使用隐藏状态来传输信息。它只有两个门结构，分别是更新门（update gate）和重置门（reset gate）。

门控递归单元的结构见图 13－23，更新门的作用类似于 LSTM 中的遗忘门和输入门，能决定以往信息在多大程度上被添加到当前时刻的神经元中，而重置门用于决定丢弃以往信息的程度。具体的计算过程为：$z_t = \text{Sigmoid}(W_z[h_{t-1}, x_t] + b_z)$，$r_t = \text{Sigmoid}(W_r[h_{t-1}, x_t] + b_r)$，$\widetilde{h}_t = \tanh(W_h[r_t \cdot h_{t-1}, x_t] + b_h)$，$h_t = (1 - z_t) \cdot h_{t-1} + z_t \cdot \widetilde{h}_t$。

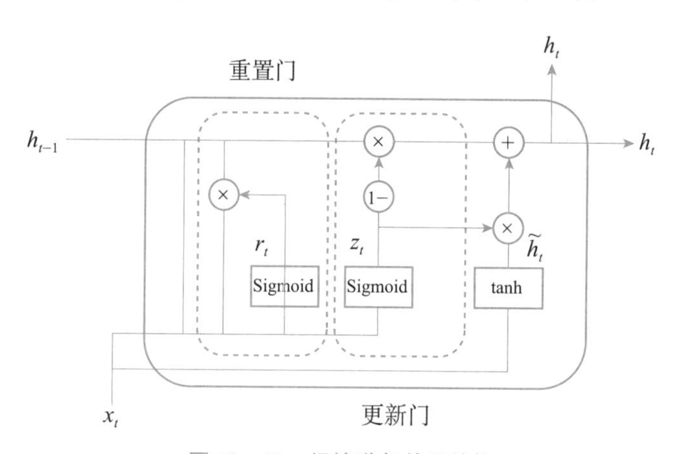

图 13－23　门控递归单元结构

我们从结构中可以看出，GRU 的结构更为简单，训练也比 LSTM 更快一点，而且两者的效果也相近。

前面介绍的循环神经网络都只利用了前序信息而并没有考虑后序信息。在某些工作中，需要利用后序信息来提高模型的精度，如对情感强度分类时，为了充分利用情感词、程度词和否定词之间的交互，往往需要使用后序信息。因此，也有学者提出了双向递归的网络，如 Bi-LSTM 等，感兴趣的读者可以深入研究。

IMDB[①] 是机器学习领域常用的数据集之一，包含正负面电影评论各 25 000 条，数据

① 资料来源：http：//ai. stanford. edu/～amaas/data/sentiment/。

集分为数据量相等的训练集和测试集（各 25 000 条，正负评论各占 50%）。将 imdb. npz 数据集和 imdb _ word _ index. json 词典放至 Users \ xxx \ . keras \ datasets 文件夹下，可以直接读取该数据集和对应的文本。IMDB 数据集示例如图 13 - 24 所示。

```
1. from tensorflow import keras
2.
3. imdb = keras. datasets. imdb
4. (train _ text,train _ labels),(test _ text,test _ labels) = imdb. load _ da-
   ta(num _ words = 10000) # 只保留出现频次前 10 000 的单词
5. print(train _ text. shape) # (25000,)
6. print(train _ labels. shape) # (25000,)
7. print(test _ text. shape) # (25000,)
8. print(test _ labels. shape) # (25000,)
9. word _ index = imdb. get _ word _ index() # 词典
10. reverse _ word _ index = dict([(value,key) for (key,value) in word _ in-
    dex. items()])
11. x = ''
12. for i in train _ text[0]:
13.     try:
14.         x = x + ' ' + reverse _ word _ index[i - 3]
15.     except KeyError:
16.         x = x + '?'
17. print(x)
```

? this film was just brilliant casting location scenery story direction everyone's really suited the part they played and you could just imagine being there robert redford's is an amazing actor and now the same being director norman's father came from the same scottish island as myself so i loved the fact there was a real connection with this film the witty remarks throughout the film were great it was just brilliant so much that i bought the film as soon as it was released for retail and would recommend it to everyone to watch and the fly fishing was amazing really cried at the end it was so sad and you know what they say if you cry at a film it must have been good and this definitely was also congratulations to the two little boy's that played the part's of norman and paul they were just brilliant children are often left out of the praising list i think because the stars that play them all grown up are such a big profile for the whole film but these children are amazing and should be praised for what they have done don't you think the whole story was so lovely because it was true and was someone's life after all that was shared with us all

图 13 - 24　IMDB 数据集示例

我们使用 1 层 LSTM 层、2 层全连接层的神经网络对 IMDB 数据集进行训练。

```
1. from tensorflow import keras
2. import numpy as np
3.
4. train_text = keras.preprocessing.sequence.pad_sequences(train_text,
maxlen=256)
5. test_text = keras.preprocessing.sequence.pad_sequences(test_text,
maxlen=256)
6. train_text = keras.preprocessing.sequence.pad_sequences(train_text,
maxlen=256)
7. test_text = keras.preprocessing.sequence.pad_sequences(test_text,
maxlen=256)
8. # 构建模型
9. model = keras.Sequential([
10.     keras.layers.Embedding(input_dim=10000,64,input_length=256),
11.     keras.layers.LSTM(32,dropout=0.2),
12.     keras.layers.Dense(64,activation=keras.activations.relu,
13.                        kernel_initializer=keras.initializers.he_normal(),
14.                      bias_initializer=keras.initializers.he_normal(),
15.                        kernel_regularizer=keras.regularizers.l2(0.02)
16.                         ),
17.     keras.layers.Dropout(0.4),
18.     keras.layers.Dense(1,activation=keras.activations.sigmoid)
19. ])
20. # 配置训练结构
21. model.compile(optimizer=keras.optimizers.Adam(),
22.               loss=keras.losses.binary_crossentropy,
23.               metrics=[keras.metrics.binary_accuracy]
24.               )
25. # 训练、评估模型
26. model.fit(train_text,train_labels,batch_size=32,epochs=5)
27. model.evaluate(test_text,test_labels)
28. model.save('imdb_lstm_model.h5') # 保存模型
29. # 预测
30. predictions = model.predict(test_text[:3])
```

```
31. print(predictions[0]) # [0.01918864]
32. print(test _ labels[0]) # 0
```

由于 keras 只能接受长度相同的序列输入，因此需要使用 keras 的预处理方法 pad _ sequences( ) 对长短不一的序列进行填充或删减，转换为长度相同的新序列后作为输入。输入层为 keras. layers. Embedding( )，该方法将原始的索引向量用固定长度的向量表征，只能用于模型的第一层，主要参数为：①input _ dim，输入的词汇量大小；②output _ dim，输出的向量维度；③input _ length，输入序列的长度。因为需要对原始向量进行处理，因此不同于其他网络的输入层，该层需要进行参数训练，参数数量为 input _ dim * output _ dim。第一层是 LSTM 层，为了防止过拟合，采用了 Dropout 策略，需要训练的参数有 4×(64+32+1)×32=12 416 个。第二层为含 64 个神经元的全连接层，采用了 L2 正则化以防止过拟合，需要训练的参数有 (32+1)×64=2 112 个。输出层为 1 个神经元的全连接层，需要训练 64+1=65 个参数。

训练过程中使用 Adam 作为优化算法，因为这属于二分类问题，因此损失函数和评估模型在训练和测试时的性能指标选择 binary _ crossentropy 和 binary _ accuracy。

模型在训练集上的准确率约为 94%，在测试集上的准确率约为 87%。

13.7 思考练习题

1. 有哪些常见的激活函数？为什么要选择不同的激活函数？激活函数之间有优劣之分吗？
2. 损失函数在神经网络中起到什么作用？
3. 如何避免神经网络参数初始化对结果的影响？
4. 神经网络隐层数的增加会有什么效果？
5. 在卷积神经网络中，卷积层和池化层起什么作用？
6. 循环神经网络有哪些特点？适用于什么样的实际问题？

第 14 章　表征学习

表征学习（representation learning）是从原始数据中提取数据特征，将其转化为机器能理解的语言，作为各类算法输入的原始数据表示方法。如常用的主成分分析（principal components analysis）就是表征学习的一种。主成分分析通过使用一组新的不相关的综合性指标来代表原始的存在一定相关性的众多指标。新的综合性指标包含了原始数据的特征，因此能够代表原始数据。表征学习能使用数据特征表示原始数据，在分析非结构化数据方面发挥着重要作用。电子商务、在线社交等发展为用户自由表达提供了便利，对用户撰写的自然语言进行分析能挖掘商品的优劣势和舆论变化。识别社会网络中每个人的特征能够有效地发现社区，对社区进行精细化管理。因此，本章将聚焦于文本和网络这两类常见的非结构化数据的表征方法。

14.1　文本表征学习

文本表征学习的目标是从非结构化的文本信息中提取特征和压缩维度，使用低维向量等方式来表征原始文本。本节将以文本映射到向量空间的起点为始，介绍词袋模型、TF-IDF 模型、文档主题模型中的潜在语义分析和隐狄利克雷分布以及基于深度学习的 Word2Vec 模型和 Doc2Vec 模型等文本表征方法。

14.1.1　词袋模型

词袋模型是将文本中的所有词汇放进一个“袋子”中，不考虑词法、语序和上下文语境，仅以词出现的频率作为权重的文本表征方法。词袋模型首先对原始文本进行分词，然后通过统计每个词在文本中出现的次数，用“词—词频”向量表征各文本，这种表征称为独热编码（one-hot encoding）。11.1.3 节中文档 1 和文档 2 的向量表征就采用了词袋模型。

Python 中 gensim 库[①]是常用的可用来进行语义分析、主题建模和向量空间建模的文本分析工具。我们可以通过 corpora 模块来实现词袋模型：首先，创建一个 Dictionary 类作为词典；然后，使用 doc2bow( ) 方法对原始文档进行处理；最后，可以通过独热编码将其转化成稀疏向量，计算文档 1 和文档 2 的余弦相似度。其中，doc2bow( ) 方法的常

---

① Gensim 官网：https：//radimrehurek. com/gensim/index. html。

用参数为：①document，原始文档；②allow _ update，是否允许词典更新，默认为False。

```
1. import nltk
2. import numpy as np
3. from gensim import corpora
4.
5.  doc _ list = [" Jim likes math and physics but hates English." ," Alice likes
    math and English, Tom likes too." ]
6. punctuation = ',.'
7. # 分词去标点
8. def doc _ process(doc):
9.       sen = nltk. word _ tokenize(doc) # 分词
10.      word = [w. lower() for w in sen if w not in punctuation] # 去标点
11.      return word
12.
13. sent = []
14. for i in doc _ list:
15.      sent. append(doc _ process(i))
16. dictionary = corpora. Dictionary(sent) # 建立词典
17.  print(dictionary. token2id) # {'but':0,'too':9,'jim':1,'alice':10,'physics':2,'
    hates':3,'tom':8,'likes':4,'math':5,'and':6,'english':7}
18. corpus = [dictionary. doc2bow(s) for s in sent] # BOW 模型
19. print(corpus) # [[(0,1),(1,1),(2,1),(3,1),(4,1),(5,1),(6,1),(7,1)],
    [(4,2),(5,1),(6,1),(7,1),(8,1),(9,1),(10,1)]]
20. # 转化为稀疏向量,独热编码
21. def bow2vec(bow):
22.      vec = np. zeros(len(dictionary. token2id))
23.      for i in range(len(dictionary. token2id)):
24.           for j in bow:
25.                if j[0] = = i:
26.                     vec[i] = j[1]
27.      return vec
28.
29. vector = []
30. for i in corpus:
```

```
31.     vector.append(bow2vec(i))
32. print(vector) # [array([1.,1.,1.,1.,1.,1.,1.,1.,0.,0.,0.]),array
    ([1.,0.,1.,0.,0.,1.,2.,0.,1.,1.,1.])]
33. print(sum(vector[0] * vector[1]) / (np.sqrt(sum(vector[0] * vector
    [0])) * np.sqrt(sum(vector[1] * vector[1])))) # 0.5590169943749475
```

此外，sklearn库的feature_extraction模块中的text.CountVectorizer( )方法也可以快速实现词袋模型，主要参数有：①input，输入内容，可以是“filename”、“file”和“content”，默认是“content”；②encoding，指定编码类型，默认为“utf-8”。该方法还可以通过lowercase、preprocessor、tokenizer和stop_words等参数对原始文档进行初始化，具体使用方法参见sklearn官网。

```
1. from sklearn.feature_extraction.text import CountVectorizer
2.
3. doc_list = [" Jim likes math and physics but hates English." ," Alice likes
   math and English,Tom likes too." ]
4. bow = CountVectorizer()
5. bow_matrix = bow.fit_transform(doc_list)
6. print(bow.vocabulary_) # {'and':1,'likes':6,'too':10,'alice':0,'but':2,'
   physics':8,'english':3,'tom':9,'hates':4,'jim':5,'math':7}
7. print(bow_matrix.toarray()) # [[0 1 1 1 1 1 1 1 1 0 0]  [1 1 0 1 0 0 2 1 0 1 1]]
```

14.1.2 TF-IDF模型

词袋模型是最简单的文本表征方法，但是由于一个文本往往只会使用词汇表中很少一部分词汇，因此通过词袋模型构建的词向量会有大量的0，即稀疏向量。当词汇量达万级时，直接使用词袋模型会导致每一文本向量有上万维，造成“维度爆炸”，极大地影响存储和运算的效率。此外，词袋模型还存在将所有词视为同等重要以至于对文本刻画不够贴切的问题，如常用的“I”“you”等词会频繁地出现在文本中，其频率远高于文本主题词的频率，这些词“喧宾夺主”，使得文本主题（即数据特征）无法被有效地表征。

为了更好地对文本进行表征，TF-IDF（term frequency-inverse document frequency）模型应运而生。该模型在文本挖掘、信息检索等领域有着广泛的应用。

TF-IDF模型由词频TF和逆文本频率IDF两部分组成。前者类似于词袋模型中统计得到的词频；而后者用于刻画词在所有文本中出现的频率，如果一个词在很多文本中出现，说明这个词不是很重要，其IDF值应该低。IDF的计算方式如下：

$$IDF(x) = \log \frac{N}{N(x)}$$

其中，N 是语料库中文本的总数，$N(x)$ 是语料库中包含了词 x 的文本总数。可以看到，如果一个词在所有文本中均出现，其 IDF 值为 0，说明该词对文档而言并不重要。TF-IDF 值就是 TF 和 IDF 的乘积。

我们可以通过 gensim 库实现 TF-IDF 模型，TfidfModel( ) 函数的主要参数有 corpus 和 normalize，前者为词袋模型处理后的语料，后者为是否对结果进行标准化处理，默认为 True。

```
1. import nltk
2. import numpy as np
3. from gensim import corpora, models
4.
5.  doc_list = [" Jim likes math and physics but hates English."," Alice likes
   math and English, Tom likes too." ]
6. punctuation = ',.'
7. # 分词去标点
8. def doc_process(doc):
9.      sen = nltk.word_tokenize(doc) # 分词
10.     word = [w.lower() for w in sen if w not in punctuation] # 去标点
11.     return word
12.
13. sent = []
14. for i in doc_list:
15.      sent.append(doc_process(i))
16. dictionary = corpora.Dictionary(sent) # 建立词典
17. print(dictionary.token2id) # {'alice':9,'tom':10,'jim':2,'but':1,'too':8,
   'english':0,'likes':3,'and':4,'hates':5,'math':6,'physics':7}
18. corpus = [dictionary.doc2bow(s) for s in sent] # BOW 模型
19. tfidf = models.TfidfModel(corpus) # TF-IDF 模型
20. print(list(tfidf[corpus])) # [[(1,0.5),(2,0.5),(5,0.5),(7,0.5)],[(8,
   0.5773502691896258),(9,0.5773502691896258),(10,0.5773502691896258)]]
```

我们可以看到，同时在两个文档中出现的“English”和“likes”等词在 TF-IDF 模型中并未出现。

sklearn 库的 feature_extraction 模块中的 text.TfidfVectorizer( ) 也可以快速实现

TF-IDF 模型，该方法的参数与 text. CountVectorizer( ) 方法的参数基本相同。

```
1. from sklearn. feature _ extraction. text import TfidfVectorizer
2.
3. doc _ list = [" Jim likes math and physics but hates English." ," Alice likes
   math and English,Tom likes too." ]
4. tfidf = TfidfVectorizer()
5. tfidf _ matrix = tfidf. fit _ transform(doc _ list)
6. print(tfidf. vocabulary _ ) # {'alice':0,'jim':5,'physics':8,'math':7,'tom':
   9,'likes':6,'but':2,'hates':4,'too':10,'and':1,'english':3}
7. print(tfidf _ matrix. toarray())
8. ---------------------
9. [[0.         0. 28986934 0. 40740124 0. 28986934 0. 40740124 0. 40740124
10.   0. 28986934 0. 28986934 0. 40740124 0.         0.         ]
11.  [0. 39092014 0. 2781429  0.         0. 2781429  0.         0.
12.   0. 55628581 0. 2781429  0.         0. 39092014  0. 39092014]]
```

这一结果与 gensim 库的结果存在差异，且两者都与之前介绍的计算结果不一致，这主要是因为各算法会在原始 TF-IDF 模型的基础上进行微调，如 gensim 库中的 TfidfModel( ) 是取以 2 为底的对数来计算 IDF 值；而 sklearn 库中的 text. TfidfVectorizer( ) 则是用自然对数来计算，并在此基础上加 1 使得那些出现但不重要的词有一个较小的 IDF 值。

14. 1. 3　文档主题模型

主题模型（topic model）是以非监督学习的方式对文档隐含的语义结构进行挖掘，以发现文档中抽象主题的一种统计模型。主题模型的核心思想是：如果一个文档有一个中心思想，那么一些特定词语会更频繁地出现；如果一篇文档涉及了多个主题，那么与其高度相关的特定词语会共同出现在文章内，且每个主题代表词汇所占比例各不相同。主题模型能自动地分析每个文档，统计文档内的词语，根据统计的信息来推断当前文档含有哪些主题，以及每个主题所占的比例，由此对文档进行表征。接下来将介绍两种常用的主题模型。

（1）潜在语义分析

潜在语义分析（latent semantic analysis，LSA）[①] 也称为潜在语义索引（latent semantic index，LSI），是一种旨在提高图书馆检索和搜索引擎查询效率的一种信息检索技术。潜在语义分析作为一种文本挖掘方法被广泛应用到信息检索、人工智能、心理学、认

① Deerwester，S.，Dumais，S. T.，Furnas，G. W.，Landauer，T. K.，Harshman，R.（1990）. Indexing by latent semantic analysis. *Journal of the American Society for Information Science*，41(6)，391－407.

知科学和信息系统等领域。潜在语义分析的基本思想就是把高维空间的文档映射到低维空间（即潜在语义空间），从而从自然语言中提取关键信息、基本概念和主题以及隐藏的语义。空间的映射关系是基于奇异值分解严格线性的。

潜在语义分析的具体步骤为：首先，对原始文档集合进行预处理。使用词袋模型或TF-IDF模型对词和文档进行表征，建立词—文档矩阵（term-document matrix）$A_{t\times d}$。其次，对矩阵进行奇异值分解（singular value decomposition，SVD）。奇异值分解是矩阵分解技术，可以将其看作从词—文档矩阵中发现不相关的索引变量，从而将原始数据映射到语义空间内。传统向量空间模型使用精确匹配，由于一词多义和一义多词的存在，两个表意相近的文档可能在词—文档矩阵中不甚相似，但在语义空间内更靠近，因此潜在语义分析能更有效地处理语义。这里将词—文档矩阵分解成三个矩阵的乘积$X_{t\times f}B_{f\times f}Y_{f\times d}$。其中$X_{t\times f}$为词—词类矩阵，可以理解为每个词在语义相近的词类中的重要性；$Y_{f\times d}$是文档—主题矩阵，表示每个文档与不同主题的相关性；而$B_{f\times f}$是对角线为特征值的平方根的奇异值矩阵，其值的大小表示词类与不同主题的相关性，是降维处理的重要依据。再次，对奇异值分解后的矩阵进行降维处理。奇异值矩阵中奇异值较小可以理解为词类与主题不相关，可以移除作降维处理，得到$B'_{f\times f}$矩阵。最后，将降维后的三个子矩阵相乘就可以得到重构的词—文档矩阵$A'_{t\times d}=X_{t\times f}B'_{f\times f}Y_{f\times d}$。通过 LSA 得到的文档—主题矩阵就可以用于计算文本的相似性。

我们从搜狐新闻选取了 3 篇与 COVID－19 相关以及 1 篇与苹果供应链相关的新闻，通过 gensim 库来使用 LSA 模型计算文本间的相似性。LsiModel( ) 函数的主要参数有：①corpus，词袋模型或 TF-IDF 模型等处理后的语料；②num _ topics，潜在主题，默认为 200。

```
1. import jieba
2. from gensim import corpora, models, similarities
3.
4. d1 = open('. /news1. txt', encoding = 'utf - 8') # 与 COVID - 19 相关
5. d2 = open('. /news2. txt', encoding = 'utf - 8') # 与 COVID - 19 相关
6. d3 = open('. /news3. txt', encoding = 'utf - 8') # 与苹果供应链相关
7. q = open('. /news4. txt', encoding = 'utf - 8') # 与 COVID - 19 相关
8. doc1, doc2, doc3, query = d1. read(), d2. read(), d3. read(), q. read()
9. file = open('. /stop _ word. txt', encoding = 'utf - 8') # 停用词表
10. stop _ words = file. read(). splitlines()
11. # 中文文本处理,分词、去除停用词
12. def preprocessing(doc):
13.     words = []
14.     sent = ' '. join(jieba. cut(doc))
15.     for i in sent. split():
```

```
16.         if i not in stop_words:
17.             words.append(i)
18.     return words
19.
20. text = [preprocessing(doc1),preprocessing(doc2),preprocessing(doc3)]
21. dictionary = corpora.Dictionary(text) # 建立词典
22. corpus = [dictionary.doc2bow(t) for t in text] # BOW 模型
23. tfidf = models.TfidfModel(corpus) # TF-IDF 模型
24. corpus_tfidf = tfidf[corpus]
25. query_text = preprocessing(query)
26. query_bow = dictionary.doc2bow(query_text)
27. query_tfidf = tfidf[query_bow]
28. tfidf_sim = similarities.MatrixSimilarity(corpus_tfidf)
29. print('基于 TF-IDF 模型的文档间相似性:',list(enumerate(tfidf_sim
    [query_tfidf])))
30.
31. lsa = models.LsiModel(corpus_tfidf,id2word = dictionary,num_topics = 2) #
    LSA 模型,设置主题数为 2
32. lsa_result = lsa.print_topics(num_topics = 2,num_words = 20) # LSA
    模型结果,只显示 20 个词
33. print('LSA 词在词类中的重要性:\n',lsa_result)
34. lsa_vector = lsa[corpus_tfidf]
35. query_vector = lsa[query_tfidf]
36. print('文档与主题的相关性:',list(lsa_vector))
37. lsa_sim = similarities.MatrixSimilarity(lsa_vector)
38. print('基于 LSA 模型的文档间相似性:',list(enumerate(lsa_sim[query_
    vector])))
39. ----------------------
40. 基于 TF-IDF 模型的文档间相似性: [(0,0.14258753),(1,0.38354775),(2,
    0.010022534)]
41. LSA 词在词类中的重要性:
42. [(0,'0.239*"船员"+0.209*"阳性"+0.209*"美国"+0.208*"患者"+0.188*
    "京东方"+0.179*"名"+0.178*"康复"+0.154*"新冠"+0.126*"苹果"+
    0.126*"屏幕"+0.124*"报告"+0.120*"92"+0.119*"影响"+0.119*"持续
```

```
"+0.119*"英国"+0.100*"公司"+0.094*"首轮"+0.094*"12'+0.094*"供应商"+0.094*"OLED"'),(1,'0.349*"京东方"+0.232*"屏幕"+0.232*"苹果"+-0.218*"患者"+-0.187*"康复"+0.174*"供应链"+0.174*"iPhone"+0.174*"12"+0.174*"OLED"+0.174*"首轮"+0.174*"供应商"+-0.125*"持续"+-0.125*"英国"+-0.125*"影响"+0.116*"外媒"+0.116*"之家" +0.116*"BOE"+0.116*"IT"+0.116*"三星"+0.116*"达到"')]
43. 文档与主题的相关性:[[(0,0.7011300318161018),(1,-0.032216704596631424)],[(0,0.5826635254875405),(1,-0.5877733233748867)],[(0,0.45279242193870917),(1,0.8062462139735238)]]
44. 基于 LSA 模型的文档间相似性:[(0,0.84341097),(1,0.98443776),(2,-0.10122961)]
```

我们可以看到，基于 TF-IDF 模型的文档 4 与前两篇文档的相似性较高，表明该模型是有效的。尽管这三篇文档都与 COVID-19 相关，但是在语料较少的情况下，文档间的相似度的值并不是很高。我们将 LSA 模型中的主题数设置为 2，从结果中可以看到，主题 0 的词多与 COVID-19 相关，而主题 1 的词多与苹果供应链相关。文档 1 和文档 2 与主题 0 的相关性较高，而文档 3 则与主题 1 的相关性较高。在文档相似性的表现上，LSA 模型的表现明显优于 TF-IDF 模型，文档 4 与前两篇文档的相似度很高，而与文档 3 的相似度为负数。

(2) 隐狄利克雷分布

另一个十分流行的主题模型是隐狄利克雷分布（latent dirichlet allocation，LDA）①，该模型是包含词、主题和文档的三层贝叶斯概率模型。LDA 是一种非监督机器学习技术，可以用来识别大规模文档集或语料库中潜在的主题信息。LDA 模型的生成过程可以理解为：对于给定的一篇已知词汇量的文档，每个词都是通过以一定概率选择某个主题，而后从这个主题中以一定概率选择某个词的过程得到的，遍历文档中的每一个词以形成整篇文档。文档服从主题的多项式分布，主题服从词的多项式分布。

LDA 的构建过程离不开贝叶斯定理的核心思路“先验分布＋样本信息⇒后验分布”，通过不断加入新的样本信息，迭代更新后验分布直至最佳。但在实际运算过程中，样本信息越多，更新后验分布的计算就越复杂，如若先验分布与后验分布的形式相同，则可大大减少迭代产生的计算量，此时先验分布与后验分布被称为共轭分布。常见的共轭分布有二项分布（Binomial）、Beta 分布、多项式分布（Multinomial）和狄利克雷分布。

① Blei，D. M.，Ng，A. Y.，Jordan，M. I.（2003）. Latent dirichlet allocation. *Journal of Machine Learning Research*，993-1022.

$$Beta(p \mid \alpha, \beta) + Binomial(k, n-k) = Beta(p \mid \alpha+k, \beta+n-k)$$

在二维情况下使用二项分布作为似然函数时，先验分布和后验分布都是 Beta 分布，上一阶段的后验分布可作为当前阶段的先验分布，引入新的二项分布样本信息，就可以更新得到新的后验分布，如此迭代直至最佳。

$$Dirichlet(\vec{p} \mid \vec{\alpha}) + Multinomial(\vec{m}) = Dirichlet(\vec{p} \mid \vec{\alpha}+\vec{m})$$

推广至三维或更高维度时，使用多项式分布作为似然函数，先验分布和后验分布均为狄利克雷分布，迭代更新的模式与二维情况相同。

假设数据集中有 M 篇文档，分词后共有 V 个词，其中第 d 个文档中的词汇量为N_d，文档的主题数有 K 个。LDA 的目标是找到每篇文档的主题多项式分布和每个主题中词的多项式分布。

LDA 模型假设文档—主题的先验分布为狄利克雷分布，即对于任一文档 d，其主题分布$\theta_d = Dirichlet(\vec{\alpha})$，$\vec{\alpha} \in R^K$；同样地，主题—词的先验分布也是狄利克雷分布，即对于任一主题 k，其词的分布$\varphi_k = Dirichlet(\vec{\beta}), \vec{\beta} \in R^V$。LDA 生成文档的概率图模型见图 14－1。

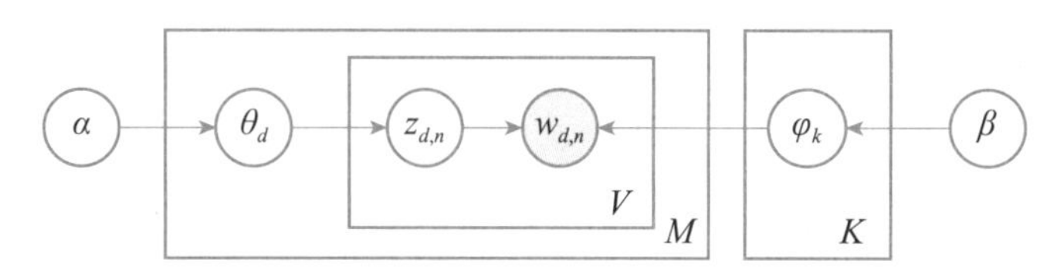

图 14－1　LDA 生成文档的概率图模型

在生成过程中，对于任一文档 d 中的第 n 个词，我们可以从文档—主题分布θ_d中得到其主题的分布为 $z_{d,n} = Multinomial(\theta_d)$；而对于该主题，从主题一词分布中可以得到这一位置上词的概率分布为$w_{d,n} = Multinomial(\varphi_{z d,n})$，而$w_{d,n}$不仅是由两次生成得到的词，也是从数据样本中可以实际观测到的词。不断重复N_d次这一过程就可以生成文档 d，重复上述步骤 M 次即可生成M 篇文档的集合。

对于生成的文档集合，有 M 个文档与主题的狄利克雷分布，对于任意一个文档 d，可以计算出其在 K 个主题上的分布。如果在第 d 个文档中，第 k 个主题的词的个数为 n_d^k，则对应的多项式分布的计数可以表示为$\vec{n_d} = (n_d^1, n_d^2, \cdots, n_d^K)$，利用狄利克雷分布和多项式分布为共轭分布的性质，得到θ_d的后验分布为$\theta_d = Dirichlet(\theta_d \mid \vec{\alpha} + \vec{n_d})$，这样文档—主题分布完成了一次迭代更新。同理，对生成的文档集合，有 K 个主题与词的狄利克雷分布，对于任意一个主题 k，也可计算出其在 V 个词上的分布。如果在第 k 个主题中，第 v 个词的个数为 n_k^v，则对应的多项式分布的计数可以表示为$\vec{n_k} = (n_k^1, n_k^2, \cdots, n_k^V)$，$\varphi_k$ 的后验分布为$\varphi_k = Dirichlet(\varphi_k \mid \vec{\beta} + \vec{n_k})$，这样主题—词分布就完成了一次迭代更新。完成上述 $M+K$ 组狄利克雷分布—多项式分布共轭后，将迭代得到的θ_d和φ_k 的后验分布作为下一次迭代的先验分布就可以重新生成M 篇文档，不断更新θ_d和φ_k 直至收敛。

可以通过期望最大化（expectation maximum，EM）算法或吉布斯采样（Gibbs sampling）

算法等来估计 LDA 模型中的参数，具体不再展开介绍，感兴趣的读者可以自行了解。

接下来我们将通过 gensim 库来使用 LDA 模型对 4 篇搜狐新闻的相似度进行度量。LdaModel( ) 函数的常用参数与 LsiModel( ) 函数类似，还有影响文档—主题分布和主题—词分布稀疏性的 alpha 和 eta 等参数，具体详见官网。

```
31. lda = models.LdaModel(corpus_tfidf, id2word = dictionary, num_topics = 2) # LDA 模型,设置主题数为 2
32. lda_result = lda.print_topics(num_topics = 2, num_words = 20) # LDA 模型结果,只显示 20 个词
33. print('LDA 词在词类中的重要性: \n', lda_result)
34. lda_vector = lda[corpus_tfidf]
35. query_vector = lda[query_tfidf]
36. print('文档与主题的相关性:', list(lda_vector))
37. lda_sim = similarities.MatrixSimilarity(lda_vector)
38. print('基于 LDA 模型的文档间相似性:', list(enumerate(lda_sim[query_vector])))
39. ---------------------
40. LDA 词在词类中的重要性:
41. [(0,'0.004*"京东方"+0.004*"屏幕"+0.004*"苹果"+0.003*"美国"+0.003*"船员"+0.003*"OLED"+0.003*"供应链"+0.003*"首轮"+0.003*"iPhone"+0.003*"阳性"+0.003*"名"+0.003*"供应商"+0.003*"新冠"+0.003*"报告"+0.003*"12"+0.003*"康复"+0.003*"BOE"+0.003*"患者"+0.003*"未能"+0.003*"持续"'),(1,'0.004*"患者"+0.004*"康复"+0.004*"船员"+0.004*"京东方"+0.004*"阳性"+0.004*"美国"+0.003*"影响"+0.003*"名"+0.003*"新冠"+0.003*"英国"+0.003*"持续"+0.003*"苹果"+0.003*"屏幕"+0.003*"报告"+0.003*"12"+0.003*"研究"+0.003*"供应商"+0.003*"人们"+0.003*"92"+0.003*"病毒"')]
42. 文档与主题的相关性: [[(0, 0.1707056941492786), (1, 0.8292943058507214)], [(0, 0.09121803801041192), (1, 0.908781961989588)], [(0, 0.8257657979924097), (1, 0.17423420200759027)]]
43. 基于 LDA 模型的文档间相似性: [(0, 0.99889004), (1, 0.99091756), (2, 0.4319505)]
```

将 LDA 模型中的主题数也设置为 2，可以看到，主题 0 的词多与苹果供应链相关，而主题 1 的词多与 COVID－19 相关，该模型也能准确地度量各文档间的相似度。

sklearn 库的 decomposition 模块中的 LatentDirichletAllocation( ) 函数也可以实现

LDA 模型，此处不再展开介绍。

14.1.4　Word2Vec 模型

Word2Vec[①②] 是谷歌在 2013 年开发的文本表征模型，它能将所有的词向量化，通过向量的方式度量词与词之间的关系，挖掘它们之间的联系，能较好地表达不同词之间的相似和类比关系。Word2Vec 模型是简化的神经网络，输入的是独热编码后的向量，隐层采用线性单元，输出层是 Softmax 函数，训练后便可以对所有词进行向量化表征。Word2Vec 包含 CBOW（continuous bag of words）和 Skip-Gram 两个模型。

CBOW 模型和 Skip-Gram 模型的不同之处在于：前者用一个词的上下文作为输入，预测这个词本身；而后者则用这个词作为输入，预测它的上下文。

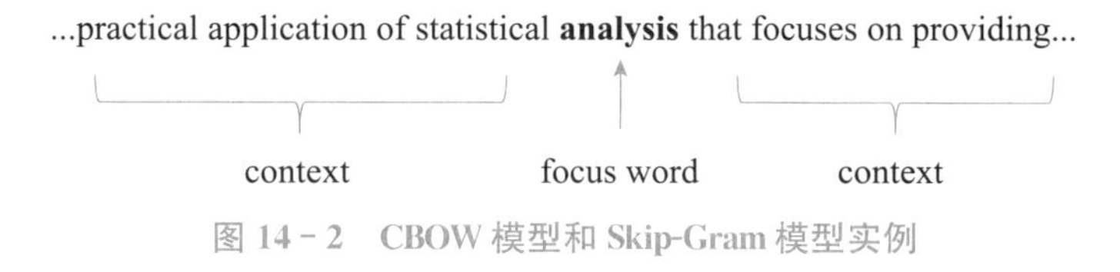

图 14-2　CBOW 模型和 Skip-Gram 模型实例

例如，对于一个句子，将上下文长度（窗口）设置为 4，CBOW 模型以特定词“analysis”前后 8 个词的向量作为输入，输出词典中所有词的概率，训练目标为使特定词对应的概率最大。训练后就可以用每个词的独热编码乘以权重矩阵得到词向量。而对于 Skip-Gram 模型，输入的是特定词“analysis”的独热词向量，输出词典中所有词与特定词共同出现的概率，同样地，训练目标为使前后窗口词对应的概率最大，训练后就可以得到对应的词向量。CBOW 模型适合于小型语料，而 Skip-Gram 模型则在大型语料中的表现更好。

从 CBOW 模型和 Skip-Gram 模型的结构可以看出，输出层的神经元个数直接受词典规模的影响，当词典规模达到万级时，计算效率就会很低。Word2Vec 模型考虑了两种高效的训练方法，分别是层次 Softmax（hierarchical Softmax）和负采样（negative sampling），感兴趣的读者可以自行研究。

gensim 库的 models 模块中的 word2vec. Word2Vec( ) 函数能实现 Word2Vec 模型，主要参数有：① sentences，文本列表，对于大型语料，建议使用 BrownCorpus( )、Text8Corpus( ) 或 lineSentence( ) 来构建；② size，输出向量的维度，默认为 100；③window，窗口大小，默认为 5；④min_count，词频小于该值的词会被丢弃，默认为 5；⑤sg，设置模型，0 为 CBOW 模型，1 为 Skip-Gram 模型；⑥hs，是否使用层次 Softmax 训练方法，默认为 0，不使用。

---

① Mikolov, T., Chen, K., Corrado, G., Dean, J. (2013). Efficient estimation of word representations in vector space. *arXiv preprint arXiv*: 1301.3781.

② Mikolov, T., Sutskever, I., Chen, K., Corrado, G. S., Dean, J. (2013). Distributed representations of words and phrases and their compositionality. In *Advances in Neural Information Processing Systems*, pp. 3111-3119.

我们使用《射雕英雄传》全文作为语料来训练 Word2Vec 模型。

```
1. from gensim import models
2.
3. sentences = models.word2vec.Text8Corpus('./novel.txt') # 导入语料
4. model = models.word2vec.Word2Vec(sentences, size = 200, window = 5, min_count = 3, workers = 4, sg = 0, hs = 1) # 配置并训练 Word2Vec 模型
5. model.save('./Word2Vec.model') # 保存 Word2Vec 模型,保存训练好的模型后,我们就可以直接调用来进行分析.
6. model = models.Word2Vec.load('./Word2Vec.model') # 导入 Word2Vec 模型
7. print(model['郭靖']) # 获得词的表征向量:[ -0.54785717  -0.02922499  -0.03322583  -0.19070396   0.24297686   0.02099353 …  0.38727474   0.5472034 ]
8. print(model.wv.similarity('郭靖','黄蓉')) # 计算两个词的余弦相似度: 0.9069509813504314
9. print(model.wv.similarity('黄药师','桃花岛')) # 计算两个词的余弦相似度:0.8018419352800664
10. print(model.wv.similarity('洪七公','桃花岛')) # 计算两个词的余弦相似度:0.6559341495583524
11. print(model.wv.doesnt_match('郭靖 黄蓉 黄药师 桃花岛'.split())) # 找出不同类的词:桃花岛
12. print(model.wv.similar_by_word('郭靖',topn = 3)) # 与目标词最近的词和相似度:[('低头',0.924897313117981),('侧头',0.9247522354125977),('远远',0.9244564175605774)]
```

我们可以看到,"黄药师"和"桃花岛"的相似度明显高于"洪七公"和"桃花岛"的相似度,这符合小说中的设定。同时,能将"桃花岛"从人名中找出来,说明该模型的效果也是比较理想的。

除了 Word2Vec 模型,还有 GloVe[①] 等词表征方法,感兴趣的读者可以深入学习。

14.1.5 Doc2Vec 模型

Doc2Vec[②] 又称 Paragraph2Vec、Sentence Embedding,是在 Word2Vec 模型的基础上设

① Pennington, J., Socher, R., Manning, C. D. (2014). glove: global vectors for word representation. In *Proceedings of the* 2014 *Conference on Empirical Methods in Natural Language Processing* (*EMNLP*), pp. 1532 - 1543.

② Le, Q., Mikolov, T. (2014). Distributed representations of sentences and documents. In *International Conference on Machine Learning*, pp. 1188 - 1196.

计的非监督算法。其比 Word2Vec 模型更加灵活，可以接受不同长度的完整句子作为训练样本。Doc2Vec 模型在输入层中增加了代表句子主旨的句子向量，与词向量一同训练学习，以实现对长文本（如句子、段落或文档）的向量表征。

Doc2Vec 也有两种模型，分别是类似于 CBOW 模型的 PV-DM（distributed memory model of paragraph vectors）模型和类似于 Skip-Gram 模型的 PV-DBOW（distributed bag of words of paragraph vector）模型。这两个模型的结构见图 14-3。

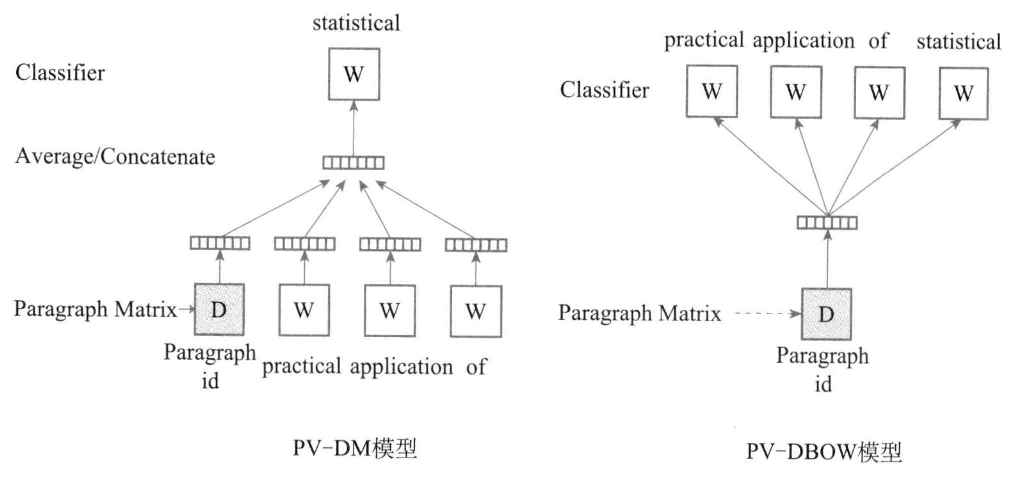

图 14-3　PV-DM 模型和 PV-DBOW 模型的结构

PV-DM 模型每次从一句话中滑动采样固定窗口的词，取其中一个词作为预测词，其他词作为输入词。输入的词向量与句子向量共同作为输入层的输入，在投影层将句子向量与词向量加和平均或拼接，构成一个新的向量，进而使用这个中间向量预测此次窗口内的预测词。

相比于 Word2Vec 模型的输入层，Doc2Vec 新增了一个句子向量，这个向量负责保留句子承载的“记忆”，作为对词向量的补充。Word2Vec 在每次训练中只截取句子中窗口内的词，而忽略了句子中的其他词，所以仅训练出每个词的向量表征，句子的表征仅为词向量的累加。而 Doc2Vec 模型中的句子向量则弥补了这一不足，其每次训练同样滑动截取句子中一小部分词作为输入，而句子向量在同一个句子的若干次训练中是共享的，即同一句话的多次训练中的输入都包含同一个句子向量。句子向量可以视为句子的主旨，将其纳入学习过程，不仅可以学习词向量，还能训练得到越来越接近句子含义的句子向量。PV-DM 模型的训练过程与 CBOW 模型相同，采用随机梯度下降来优化模型的参数。训练收敛后，即可得到训练样本中所有的词向量和每句话对应的句子向量。

PV-DBOW 模型的原理与 PV-DM 模型类似，不过，该模型的输入只有句子向量，在每一次迭代中从句子中采样得到一个窗口，再从这个窗口随机采样一个词作为预测任务，优化参数，直至收敛得到表征向量。

训练好的模型还可以对新句子进行向量表征预测。在预测新句子时，首先随机初始化句子向量，加入模型后重新根据随机梯度下降法不断迭代，求得最终稳定下来的句子向量，在此过程中，模型里的词向量和神经元参数等都不会发生变化，只更新句子向量。

gensim 库的 models 模块中的 doc2vec. Doc2Vec( ) 函数能实现 Doc2Vec 模型，该函数的主要参数与 word2vec. Word2Vec( ) 函数类似：①document，文本列表，需要使用 TaggedDocument( ) 等进行构建；②size，输出向量的维度，默认为 100；③window，窗口大小，默认为 8；④min _ count，词频小于该值的词会被丢弃，默认为 5；⑤dm，设置模型，1 为 PV-DM 模型，0 为 PV-DBOW 模型，默认为 1；⑥dm _ mean，向量的连接方式，0 表示求和，1 表示求平均，仅在非拼接模式下使用，默认为 0；⑦dm _ concat，是否开启向量拼接模式，默认为 0，不开启。

接下来我们使用《射雕英雄传》全文，将每一段视为一个文档来训练 Doc2Vec 模型进行表征。

```
1. from gensim import models
2.
3. text = open('. /novel. txt', encoding = 'utf - 8'). readlines() # 导入语料
4. documents = [models. doc2vec. TaggedDocument(doc. split(), [i]) for i, doc
   in enumerate(text)] # 为每个文档默认编号
5. model = models. doc2vec. Doc2Vec(documents, size = 100, min _ count = 5, win-
   dow = 8, dm = 1, workers = 4) # 配置并训练 Doc2Vec 模型
6. model. save('. /Doc2Vec. model') # 保存 Doc2Vec 模型
```

我们可以直接调用训练好的模型来对新句子进行表征。

```
7. model = models. Doc2Vec. load('. /Doc2Vec. model') # 导入 Doc2Vec 模型
8. sentence = '柯镇恶 自 兄长 死后 与 六个 结义 弟妹 形影不离 此时 却 已 无 一
   个 亲人 与 黄蓉 相处 虽 只 一日 不知不觉 之间 已 颇 舍不得 与 她 分离'
9. vector = model. infer _ vector(sentence. split())
10. print(vector) # [ 1.02343224e - 02  - 3.03926542e - 02   1.64252345e - 03 …
    2.20517665e - 02   3.50837759e - 03]
11. most _ sim = model. docvecs. most _ similar([vector], topn = 5)
12. print(most _ sim) # [(4876, 0.8241961598396301), (1928, 0.8202955722808838), (6181,
    0.8120461702346802), (1564, 0.8084464073181152), (1713, 0.8030252456665039)]
13. print(documents[most _ sim[0][0]]) # 与新句子相似度最高的句子:TaggedDocu-
    ment(['郭靖挥', '手', '推开', '三名', '丐帮', '帮众', '急奔', '黄蓉身', '旁', '俯身', '去解', '身
    上', '绳索', '只', '解开', '一个', '结', '丐帮', '帮众', '已然', '涌到', '郭靖', '索性', '坐在', '地下',
    '就学', '丘处机', '王处一', '人', '天罡', '北斗', '阵', '御敌', '法', '只伸', '右掌', '迎战', '黄蓉
    放', '双膝', '之上', '左手', '慢慢', '解', '绳结', '曾', '周伯通', '传授', '双手', '互搏', '一心二
    用', '之术', '左手', '解索', '右手', '迎敌', '丝毫', '不见', '局促'], [4876])
```

14.2　网络表征学习

在第 12 章“社会网络分析”中我们介绍了社会网络的基本概念，通过对社会网络的分析，可以深入了解社会结构。但现实中的网络往往是信息冗余和难以处理的。20 世纪初，学者就提出了网络表征的思想：根据实际问题构造一个 D 维空间网络，然后将网络中的节点映射到 d 维向量空间（$d \ll D$）中，保持原网络中的相连节点在低维空间中仍然靠近，以实现高维网络的低维向量表示。通过这种方式得到的低维向量就可以实现如节点分类、链接预测等应用。本节将重点介绍基于网络的拓扑结构与性质的网络表征学习算法 DeepWalk 算法、Node2Vec 算法以及基于异构网络的 Metapath2Vec 算法。

14.2.1　DeepWalk 算法

DeepWalk[①] 的核心思想是采用随机游走（random walk）的方式，将节点之间的关系转化成“句子”，然后通过 Word2Vec 模型对网络中节点与节点之间的共现关系进行学习，以实现节点的向量表征。

随机游走是一种可重复访问已访问节点的深度优先搜索（depth first search，DFS）算法。给定初始节点 v_i，从其邻居节点中随机选择下一个访问节点 v_j，重复此过程，直到访问序列长度满足预设条件。如果网络是加权有向网络，那么从节点 v_i 跳转到节点 v_j 的概率为

$$p(v_j \mid v_i) = \begin{cases} \dfrac{M_{ij}}{\sum\limits_{j \in N_+(v_i)} M_{ij}}, & v_j \in N_+(v_i) \\ 0, & \text{其他} \end{cases}$$

其中，$N_+(v_i)$ 是节点 v_i 所有的出边集合，M_{ij} 是节点 v_i 到节点 v_j 边的权重。等权有向网络、加权无向网络和等权无向网络都是加权有向网络的特殊情况，仅对上述概率进行适当调整即可。

获取足够数量的节点访问序列后，输入 Skip-Gram 模型即可进行向量表征学习。

接下来，我们使用 Facebook ego nets 数据集的前 500 个节点构造一个网络，使用 DeepWalk 算法对其进行表征学习。以下代码仅适用于等权网络，加权网络需适当修改。

```
1. import networkx as nx
2. import numpy as np
3. import random
```

① Perozzi，B.，Al-Rfou，R.，Skiena，S.（2014）. Deepwalk：Online learning of social representations. In *Proceedings of the 20th ACM SIGKDD International Conference on Knowledge Discovery and Data Mining*，pp. 701－710.

```
4. from gensim import models
5.
6. # 随机游走
7. def random_walk(g,walk_length=40,start_node=None):
8.     walks=[start_node]
9.     while len(walks) < walk_length:
10.        cur=walks[-1]
11.        cur_nbs=list(g.neighbors(cur))
12.        if len(cur_nbs) > 0:
13.            walks.append(random.choice(cur_nbs))
14.        else:
15.            raise ValueError('Node has no neighbors.')
16.    return walks
17. # 采样节点序列
18. def sample_walk(g,walk_length=40,number_walks=10,shuffle=True):
19.     total_walks=[]
20.     print('Start sampling walk:')
21.     nodes=list(g.nodes())
22.     for iter_ in range(number_walks):
23.         print('\t iter:{} / {}'.format(iter_ +1,number_walks))
24.         if shuffle:
25.             random.shuffle(nodes) # 打乱节点顺序
26.         for node in nodes:
27.             walks=random_walk(g,walk_length,node)
28.             walks=[str(i) for i in walks]
29.             total_walks.append(walks)
30.     return total_walks
31.
32. data=np.zeros((4039,4039))
33. file=open('./facebook_combined.txt',encoding='utf-8') # 导入数据
34. for i in file:
35.     edge=i.split()
36.     data[int(edge[0])][int(edge[1])]=1
37.     data[int(edge[1])][int(edge[0])]=1
```

```
38. file.close()
39. g = nx.Graph(data[0:500,0:500])
40. total_walks = sample_walk(g,walk_length = 20,number_walks = 8) # 
    每个节点生成 8 条长度为 20 的随机序列
41. print(total_walks[0]) # ['378','475','492','388','493','408','461','408','456','409',
    '363','436','394','348','392','404','392','373','355','412']
42. # 生成的序列输入 Word2Vec 训练向量
43. model = models.word2vec.Word2Vec(total_walks, size = 10, window = 5, min_
    count = 3,sg = 1,hs = 1) # 配置并训练 Word2Vec 模型
44. model.save('./DeepWalk.model') # 保存 DeepWalk 模型
```

我们可以利用训练好的模型获得所有节点的表征向量，然后使用聚类对节点进行类别划分，以实现社区划分。

```
45. from sklearn import cluster
46. import matplotlib.pyplot as plt
47.
48. model = models.Word2Vec.load('./DeepWalk.model') # 导入 DeepWalk 模型
49. print(model['0']) # [ 0.26697606   0.0943819   -0.01668344  -0.7000491
    0.67957664  0.09522378  0.13993193  -0.6385964  -0.44982508  -0.49841747]
50. nodes = model.wv.index2word # 模型结果中所有节点
51. graph = [0] * 500
52. for i in nodes:
53.     graph[int(i)] = model[i]
54. kmeans = cluster.KMeans(n_clusters = 2, random_state = 0) # 配置
    k-means 模型
55. kmeans.fit(graph) # 聚类
56. color = ['#377eb8'] * 500
57. for i in range(len(color)):
58.     if kmeans.labels_[i] == 0:
59.         color[i] = '#ff7f00'
60. nx.draw(g,node_color = color,node_size = 20,edge_color = '#000000',
    alpha = 0.8)
61. plt.show() # 见图 14-4
```

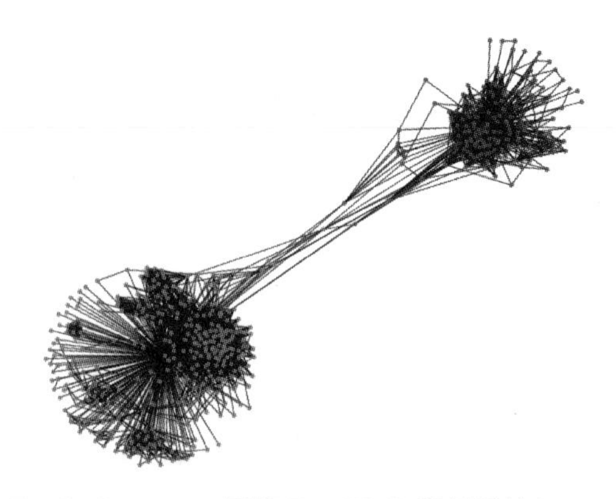

图 14-4　Facebook ego nets 网络 DeepWalk 表征后的 k-means 聚类结果

由图 14-4，我们可以看到，在这一数据集上的划分效果是十分理想的。

14.2.2　Node2Vec 算法

DeepWalk 算法基于深度优先搜索，一条路走到底在一定程度上能反映出节点邻居的宏观特征；而广度优先搜索（breadth first search，BFS）也同样很重要，这一搜索策略倾向于在初始节点的周围游走，能揭示出一个节点邻居的微观特征。Node2Vec① 算法的整体思路与 DeepWalk 相同，也是通过随机游走转为节点之间的关系，然后通过 Word2Vec 模型进行学习，以实现节点的向量表征。不同之处在于，该算法设计了随机游走策略以在深度优先搜索和广度优先搜索这两种搜索策略中维持平衡。两种搜索策略的示例见图 14-5。

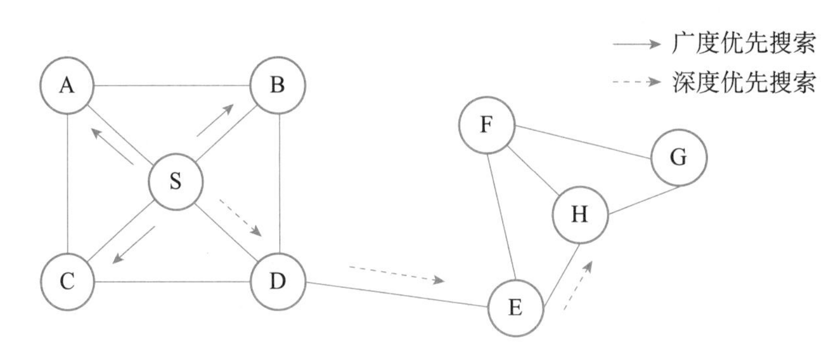

图 14-5　从 S 节点开始步长为 3 的广度优先搜索和深度优先搜索示例

Node2Vec 算法采用了有偏的随机游走，给定节点 v_i，下一步跳转到节点 v_j 的概率为

$$p(v_j \mid v_i)=\begin{cases}\dfrac{\pi_{ij}}{Z}, & (i,j)\in E \\ 0, & \text{其他}\end{cases}$$

其中，π_{ij} 是节点 v_i 和节点 v_j 之间未标准化的转移概率，Z 是标准化常数。

Node2Vec 算法引入了两个超参数 p 和 q 来控制随机游走策略。假设当前随机游走经

① Grover，A.，Leskovec，J.（2016）. node2vec：Scalable feature learning for networks. In *Proceedings of the 22nd ACM SIGKDD International Conference on Knowledge Discovery and Data Mining*，pp. 855-864.

过边（v_h，v_i）到达节点 v_i，节点 v_i 要根据转移概率 $p(v_j \mid v_i)$ 来决定下一个节点 v_j，w_{ij} 为两个节点间边的权重，d_{hj} 为两个节点之间最短路径的距离，设 $\pi_{ij}=\alpha_{pq}(v_h, v_j)\cdot w_{ij}$，则有：

$$\alpha_{pq}(v_h,v_j)=\begin{cases}\dfrac{1}{p},\ d_{hj}=0\\ 1,\ d_{hj}=1\\ \dfrac{1}{q},\ d_{hj}=2\end{cases}$$

其中，p 是返回参数，决定再访问前序节点的可能性，如果 p 较大，那么重复访问的概率会降低，反之则会使得随机游走拘泥于局部；q 称为进出参数，控制 DFS 和 BFS 的平衡。当 $q>1$ 时，随机游走倾向于访问与 v_h 接近的节点，游走偏向于广度优先搜索；当 $q<1$ 时，随机游走偏向于深度优先搜索；当 $p=q=1$ 时，Node2Vec 算法就是 DeepWalk 算法。

将足够数量的节点访问序列输入 Skip-Gram 模型便可进行向量表征学习。

Node2Vec 算法的设计者公开了基于 Python 2 的源代码[①]，我们直接将 node2vec. py 文件下载到本地，适当调整使其能兼容 Python 3 便可直接调用。node2vec. py 创建了 Graph 类，在类内定义了 node2vec _ walk( )、simulate _ walks( ) 和 preprocess _ transition _ probs( ) 等方法，其中前两种方法类似于在 DeepWalk 中定义的 random _ walk( ) 和 sample _ walk( ) 函数，用于生成随机游走序列，而 preprocess _ transition _ probs( ) 方法则是对指导随机游走的转移概率的预处理。类外还定义了用于采样的 alias _ draw( ) 函数等。

接下来，我们使用 Node2Vec 算法对 Facebook ego nets 数据集的前 500 个节点网络进行表征学习。

```
1. from node2vec import Graph
2. import networkx as nx
3. import numpy as np
4. from gensim import models
5.
6. data = np. zeros((4039,4039))
7. file = open('. /facebook _ combined. txt', encoding = 'utf - 8') # 导入数据
8. for i in file:
9.     edge = i. split()
10.    data[int(edge[0])][int(edge[1])] = 1
11.    data[int(edge[1])][int(edge[0])] = 1
```

① node2vec 算法代码：https：//github. com/aditya－grover/node2vec。

```
12. file.close()
13. g = nx.Graph(data[0:500,0:500])
14. G = Graph(nx_G = g, is_directed = False, p = 1, q = 0.5) # 实例化 Graph(),
    设置超参数 p 和 q
15. G.preprocess_transition_probs()
16. walks = G.simulate_walks(num_walks = 8, walk_length = 20) # 每个节点
    生成 8 条长度为 20 的随机序列
17. walks = [list(map(str, walk)) for walk in walks]
18. model = models.word2vec.Word2Vec(walks, size = 10, window = 5, min_count = 3, sg = 1)
19. print(model['0']) # [ 0.70321363 - 0.06734562 - 0.20611556 -
    0.35791093  0.37827536  0.7108311  0.1629159  - 1.0522277
    0.33876878  0.48577985]
20. model.save('./Node2Vec.model') # 保存 Node2Vec 模型
```

我们同样可以利用训练好的模型获得节点的表征向量并进行聚类分析以实现社区发现。结果表明，在该数据集上这种方法的效果很理想，见图 14 - 6 所示。

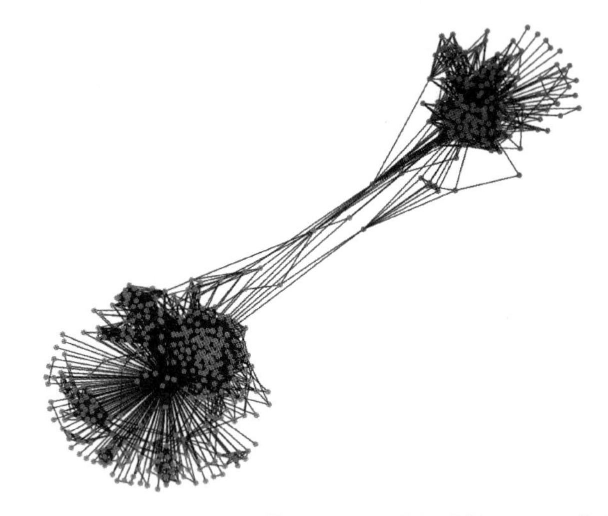

图 14 - 6　Facebook ego nets 网络 Node2Vec 表征后的 k-means 聚类结果

除了上述两种算法外，还有使用卷积神经网络的 LINE 算法[①]、引入半监督模型的 SDNE 算法[②]等网络表征方法，感兴趣的读者可以深入研究。

---

① Tang, J., Qu, M., Wang, M., Zhang, M., Yan, J., Mei, Q. (2015). Line: Large-scale information network embedding. In *Proceedings of the 24th International Conference on World Wide Web*, pp. 1067 - 1077.

② Wang, D., Cui, P., Zhu, W. (2016). Structural deep network embedding. In *Proceedings of the 22nd ACM SIGKDD International Conference on Knowledge Discovery and Data Mining*, pp. 1225 - 1234.

14.2.3　Metapath2Vec 算法

以上两种算法的分析对象均为同构网络（homogeneous networks），即所有节点均为同一类型的网络，但网络中可以包含多种类型的节点，如根据消费记录建立的“消费者—商品”网络、根据学术合作关系构造的“期刊—论文—作者”网络等，这类网络称为异构网络（heterogeneous network）。当不同类型的节点共存于同一网络时，上述网络表征学习算法便不再适用，因此接下来将介绍一种针对异构网络的表征学习方法——Metapath2Vec①，该方法不仅能保留网络中的异构信息，还能捕捉不同节点之间的语义关系。

与在同质网络中随机游走无须考虑节点类型不同，在异构网络中，随机游走会偏向于某些高度可见类型的节点，即具有主导优势的节点，所以需要使用基于元路径（meta path）的随机游走方法，通过预先设置元路径指导随机游走，指定游走时对节点类型的选择模式。

元路径的形式如下所示，其中 V_i 指节点类型，元路径就是预先定义的节点类型的变化规律。

$$V_1 \xrightarrow{R_1} V_2 \xrightarrow{R_2} V_3 \xrightarrow{R_3} \cdots V_t \xrightarrow{R_t} V_{t+1} \cdots \xrightarrow{R_{l-1}} V_l$$

图 14－7 是学术异构网络的结构，元路径可以定义为“作者—论文—作者”（APA）、“作者—论文—会议—论文—作者”（APVPA）和“机构—作者—论文—会议—论文—作者—机构”（OAPVPAO）等。通过定义元路径，可以将随机游走限制在变化规律中，用于解决随机游走偏向于选择某些高度可见类型的节点的问题。

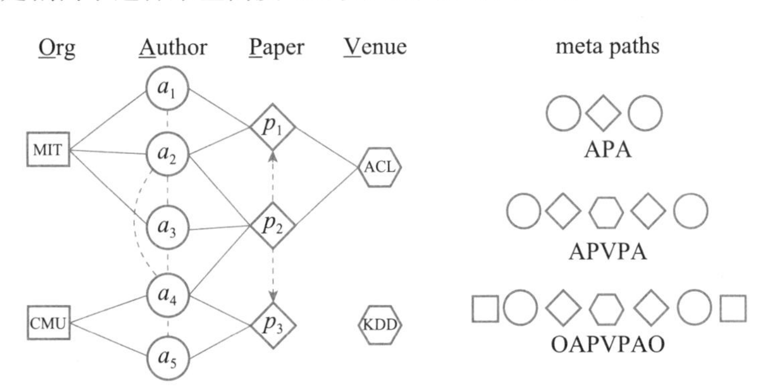

图 14－7　学术网络的元路径示例

基于元路径 p 的随机游走每步的转移概率为

$$p(v^{i+1} \mid v_t^i, p) = \begin{cases} \dfrac{1}{\mid N_{t+1}(v_t^i) \mid}, & (v^{i+1}, v_t^i) \in E, \varphi(v^{i+1}) = t+1 \\ 0, & (v^{i+1}, v_t^i) \in E, \varphi(v^{i+1}) \neq t+1 \\ 0, & (v^{i+1}, v_t^i) \notin E \end{cases}$$

① Dong, Y., Chawla, N. V., Swami, A. (2017). metapath2vec: scalable representation learning for heterogeneous networks. In *Proceedings of the 23rd ACM SIGKDD International Conference on Knowledge Discovery and Data Mining*, pp. 135－144.

其中，节点 v_t^i 属于 V_t 类型，$N_{t+1}(v_t^i)$ 是节点 v_t^i 的属于 V_{t+1} 类型的邻近节点，而转移概率就是该类型的节点个数的倒数，$\varphi(v^{i+1})$ 表示节点 v^{i+1} 的类型。基于元路径的随机游走，后续节点类型必须满足指定位置上的节点类型才能发生转移，这样能够保证语义变化的正确性。

在获得序列后就可以使用 Skip-Gram 模型进行训练，完成对不同类型的节点的向量表征。

Metapath2Vec 算法也有基于 Python 2 的源代码[①]，将 py4genMetaPaths. py 文件下载到本地并适当调整即可调用。该代码中创建了 MetaPathGenerator 类，类内定义了 read _ data( ) 用于读取数据，generate _ random _ aca( ) 方法用于生成“作者—会议—作者”(ACA) 元路径下的随机游走序列。

我们对 DBIS Data (Database and Information System Data) 这一异构网络进行表征学习。DBIS Data 是一个学术网络数据集，包含 464 场学术会议、72 902 篇论文和 192 421 位学者。

```
1. from py4genMetaPaths import MetaPathGenerator
2.
3. dirpath =" C:/Users/xxx/net _ dbis" # 数据集位置,需要输入完整路径
4. outfilename =" ./mp2v _ walk. txt" # 序列输出文件
5. mpg = MetaPathGenerator() # 实例化 MetaPathGenerator()
6. mpg. read _ data(dirpath) # 读取数据
7. mpg. generate _ random _ aca(outfilename, numwalks = 10, walklength = 20) #
   每个节点生成 10 条长度为 20 的随机序列
```

通过上述方式就可以得到以作者为起点的 ACA 元路径下的 4 640 个随机游走序列，将序列输入 Skip-Gram 模型进行训练就可以得到所有节点的表征向量，这样就能深入分析异构网络的结构和特征。

 14.3 思考练习题

1. 词袋模型、TF-IDF 模型、主题模型、Word2Vec 模型有哪些区别？
2. 在实际应用中，应当如何确定 LDA 模型的主题数？
3. 在使用 Word2Vec 模型将词向量化、刻画词与词之间的关系时，向量长度对结果有

---

① Metapath2Vec 算法代码和数据集：https：//ericdongyx. github. io/metapath2vec/m2v. html。

影响吗?

4. DeepWalk 算法、Node2Vec 算法、Metapath2Vec 算法的区别有哪些?

5. 网络表征学习方法与传统的社会网络分析方法有哪些区别?

6. 表征学习可以将文本或网络表示成特征向量，如何评价得到的特征向量?

应用篇

在掌握了 Python 基本语法以及商业数据分析常用的数据挖掘和机器学习方法之后，对于一个商业数据分析人员，下一步的学习目标就是如何通过一些目的明确的商业数据案例来进一步提升应用 Python 进行商业数据分析的综合能力。结合作者研究团队近年来在大数据分析方面的研究成果，同时考虑到商业数据分析中的常见任务，本书在应用篇中重点介绍五个案例。在这五个案例中，首先是网络数据抓取案例。通过这一案例，商业数据分析人员可以掌握数据分析的最初环节——数据抓取与收集中的常见方法与技巧。在此基础上，本篇将选取三个常见商业场景介绍如何对顾客进行市场细分、如何对用户进行需求分析、如何对消费者评论意见进行提取的案例。最后，本篇将针对近年来一种新兴的商业模式——知识付费，详细介绍其中的顾客满意度分析案例。商业数据分析的学习需要大量案例来提升数据分析人员的实战能力，本书希望通过应用篇的五个代表性案例的介绍与分析为商业数据分析人员提供有效的参考。

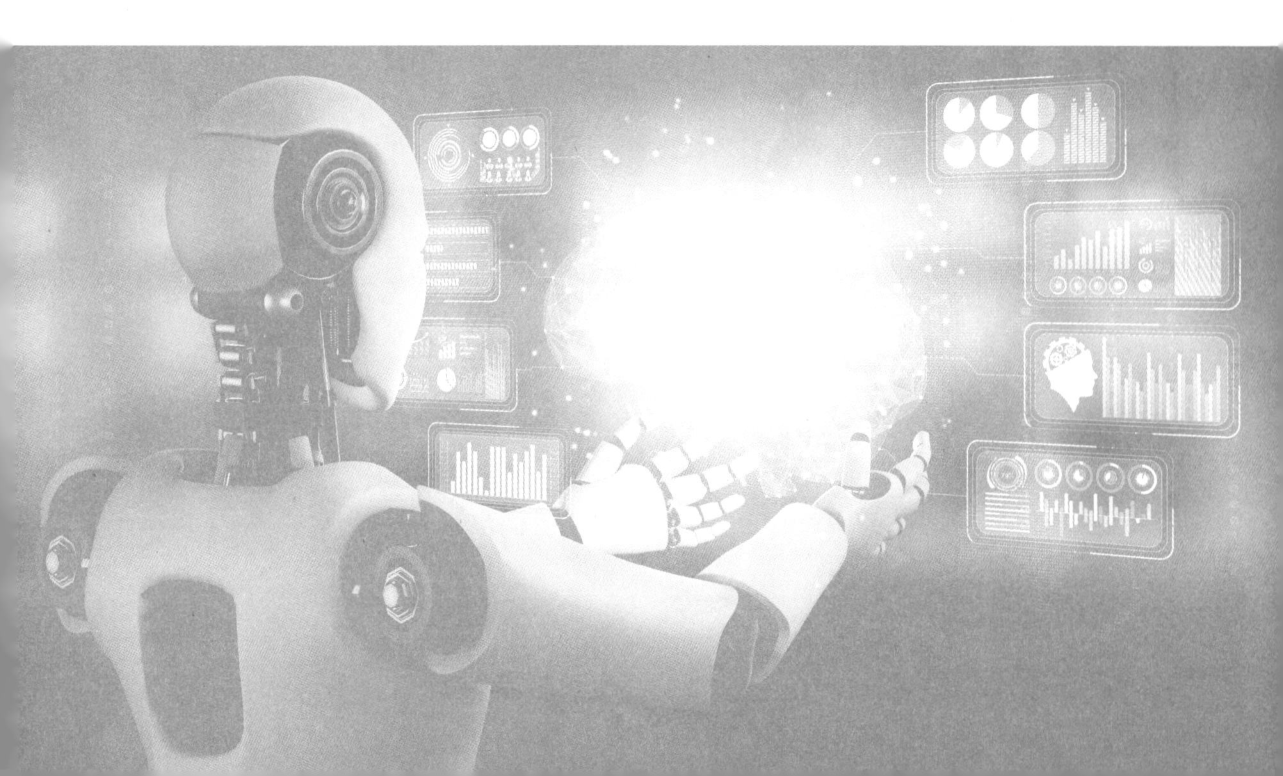

第 15 章　网络数据抓取

数据获取是数据分析的基础，无论是企业决策还是学术研究都需要大量、准确和及时的数据作为支撑。在大数据时代中，互联网成为获取数据的重要途径之一，互联网上积累了海量信息和知识，蕴含着丰富的商业和学术价值。例如，电商网站的售后评论信息有助于企业识别用户偏好和产品缺陷；线上二手房价格的长期监测有助于预测区域房价变动；投资论坛中对股票的讨论有助于识别投资者的情绪；微博等社交媒体中的用户发帖能体现民众对某热点事件的看法（见图 15-1）。本章将介绍如何利用 Python 编程，从互联网上进行数据抓取。

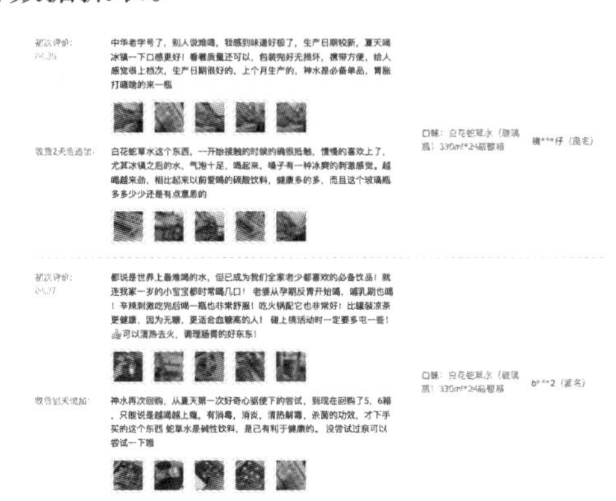

电商网站的售后评论示例（淘宝网）

社交媒体发帖（新浪微博）

线上二手房价格示例（链家网）

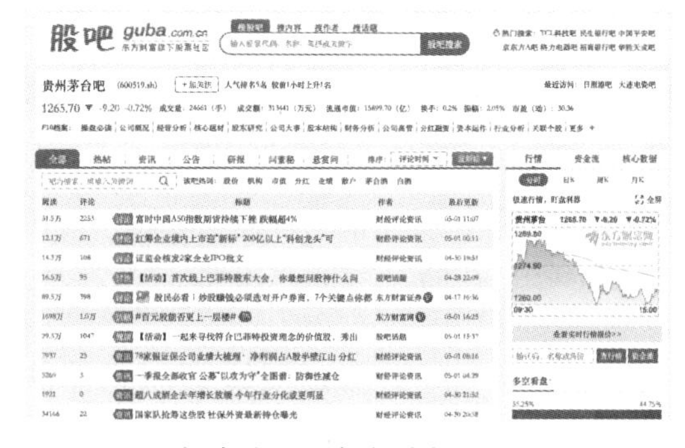

投资论坛（东方财富股吧）

图 15-1　互联网数据资源

15.1 基础知识

15.1.1 数据抓取的基本思想

要利用 Python 实现数据抓取，首先要理解数据抓取的基本思想，明确数据抓取的具体过程。数据抓取希望从网页中自动提取出某些有价值的数据，如产品信息、用户信息、用户评论等，因此需要先确定从哪些网站抓取哪些数据。

假设我们希望 Python 程序能自动获取每只股票的当前价格。图 15－2 展示了东方财富网上同花顺股票的信息①。这里我们关注的是股票价格，即图中箭头指示处的信息。如果采用人工方法，对于一只股票而言，我们需要三个步骤：①打开网页；②找到股价信息的位置；③将股价信息复制到数据文件中。而对于多只股票而言，则需要额外添加一个步骤：④跳转到下一只股票。

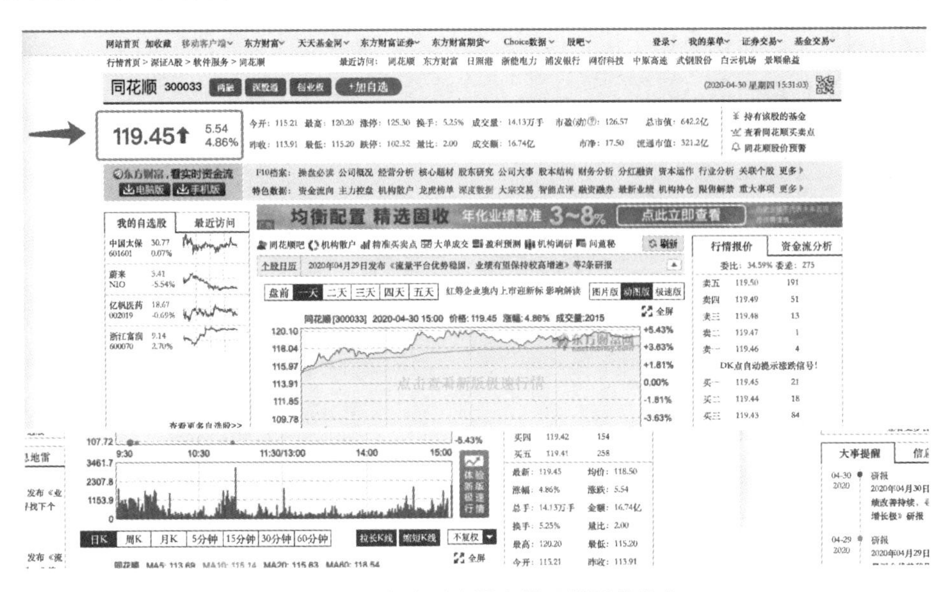

图 15－2 东方财富网上某只股票的信息

因此，在程序的编写中，我们也需要一一实现这些功能。然而，程序并不能像人一样理解某些概念。例如，人会将股价信息的位置描述为：标题栏的下方或是网页的左上角。但程序无法从网页图像（可视化界面）中理解“标题栏”或者“上下左右”的概念。我们需要从程序的视角去重新认识网页，这就涉及网页的基础知识和浏览器的原理。

15.1.2 网页基础知识和浏览器原理

我们所见的网页都是特定格式的源代码在浏览器下显示的结果。以新浪首页②为例，

① 东方财富网：http：//quote.eastmoney.com/sz300033.html。

② 新浪首页：https：//www.sina.com.cn。

我们看到的可视化用户图形界面的背后是上千行代码（见图 15－3）。这些代码经过 IE、Safari 等浏览器的处理，最终呈现在用户面前。

```
1  <!DOCTYPE html>
2  <!-- [ published at 2020-05-01 20:24:01 ] -->
3  <html>
4  <head>
5      <meta http-equiv="Content-type" content="text/html; charset=utf-8"/>
6      <meta http-equiv="X-UA-Compatible" content="IE=edge"/>
7      <title>新浪首页</title>
8      <meta name="keywords" content="新浪,新浪网,SINA,sina,sina.com.cn,新浪首页,门户,资讯"/>
9      <meta name="description" content="新浪网为全球用户24小时提供全面及时的中文资讯，内容覆盖国内外突发新闻事件、体坛赛事、娱乐
   时尚、产业资讯、实用信息等，设有新闻、体育、娱乐、财经、科技、房产、汽车等30多个内容频道，同时开设博客、视频、论坛等自由互动交流空
   间。"/>
10     <meta content="always" name="referrer">
11     <link rel="mask-icon" sizes="any" href="//www.sina.com.cn/favicon.svg" color="red">
12     <meta name="stencil" content="PGLS000022"/>
13     <meta name="publishid" content="30,131,1"/>
14     <meta name="verify-v1" content="6HtwmypggdgP1NLw7NOuQBI2TW8+CfkYCoyeB8IDbn8="/>
15     <meta name="application-name" content="新浪首页"/>
16     <meta name="msapplication-TileImage" content="//i1.sinaimg.cn/dy/deco/2013/0312/logo.png"/>
17     <meta name="msapplication-TileColor" content="#ffbf27"/>
18     <link rel="apple-touch-icon" href="//i3.sinaimg.cn/home/2013/0331/U586P30DT20130331093840.png"/>
19
20     <script type="text/javascript">
21     //js异步加载管理
22     (function() {
23         var w = this,
24             d = document,
25             version = '1.0.7',
26             data = {},
27             length = 0,
28             cbkLen = 0;
29         if (w.jsLoader) {
30             if (w.jsLoader.version >= version) {
31                 return
32             }
33             ;
34             data = w.jsLoader.getData();
35             length = data.length
36         }
37         ;
```

图 15－3　新浪网源代码（部分）

网页主要是由 HTML（HyperText Markup Language）代码编写。HTML 意为超文本标记语言，是一种标识性语言。我们可以在与 Python 的比较中理解 HTML 语言。我们在编写 Python 程序时，按照 Python 语言的规则写下 Python 代码，经过 Python 程序的处理，变成计算机可以理解的操作，实现相应功能。如果只有 Python 代码（“.py”文件），而计算机中没有安装 Python 程序（如 Python 3），该代码就无法在这台计算机上运行；反之，如果计算机中只安装了 Python 程序，而没有 Python 代码，同样无法实现特定的功能。类似地，只有 HTML 代码，没有浏览器的处理，用户只能看到如图 15－3 所示的字符串；而只有浏览器，没有 HTML 代码，用户只能看到空白的网页。HTML 语言是一种标记语言，而非编程语言（如 Python、Java 等）。它的主要作用是用来描述网页，而非编写计算机可执行的程序。HTML 与 Python 的比较见图 15－4。

15.1.3　HTML 语言简介

为了加深对 HTML 语言的理解，便于后续数据抓取，我们将介绍一些最基本的 HTML 语言。很多在线资源介绍了 HTML 的详细知识，如 W3school[①] 等，感兴趣的读者可以深入学习。接下来将简要介绍 HTML 标签、元素、属性等相关概念，并通过实例说明

① HTML 语言教程：https://www.w3school.com.cn/html/index.asp。

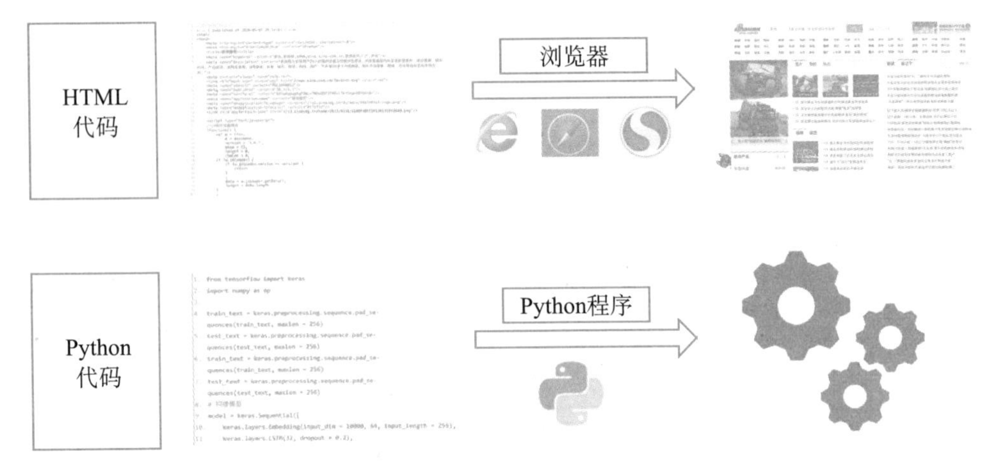

图 15 - 4　HTML 与 Python 的比较

HTML 语言和网页中数据的联系。

标记语言就是通过标记标签对文本进行编辑。图 15 - 5 展示了一个简单的 HTML 代码。与 Python 类似，可以使用 Sublime 等工具来编写 HTML 代码。代码写好后，将后缀保存为“. html”格式，使用浏览器打开该文件，即可得到如图 15 - 5 所示的结果。通过不同的修饰，文本在浏览器中会呈现出不同的显示效果。例如，这里的“h”表示标题 (headline)，“h”后面的数字表示标题所在的层级，数字越小，代表层级越高，相应的显示字号也越大。这里的“p”表示段落（paragraph）。

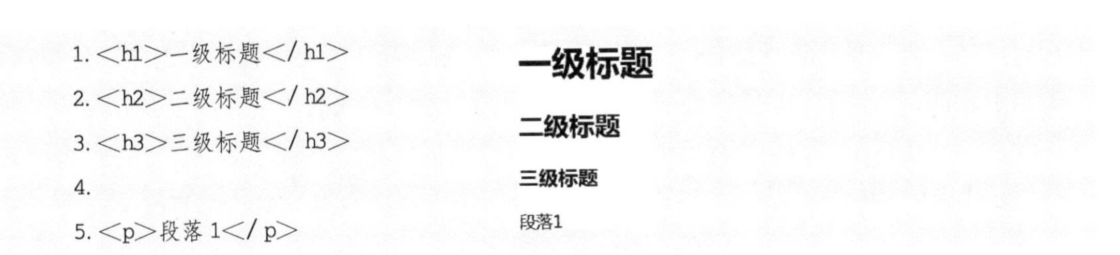

图 15 - 5　HTML 示例及运行结果

这些用来修饰的标记称为 HTML 标签，通常都是成对出现的，表示被修饰部分的开始和结束。结束标签中带有斜杠（“/”）符号。从开始标签到结束标签的所有内容被称为 HTML 元素。如“<h1>一级标题</h1>”就称为一个 h1 元素。

在数据抓取中，除了标题和段落，我们还要关注超链接。超链接通过<a>标签实现，这里的“a”表示锚点（anchor）。超链接对一段文字或图像进行标记，当点击被标记内容时，将跳转到特定的网址。最简单的超链接结构可以写成“<a href = " 网址" >被修饰内容</a>”的格式。

我们可以通过如下代码实现超链接（如图 15 - 6 所示），用超链接修饰的内容是蓝色且带有下划线的格式，点击相应的内容，就会跳转到预先给定的网址。

```
1. <a href = " http://www.baidu.com" > 跳转到百度 </a>
2. <a href = " http://www.qq.com" > 跳转到腾讯首页 </a>
3. <br />
4. <a href = " http://www.sina.com" > 文字部分可以自己设计 </a>
5. <a href = " http://www.sohu.com" > 搜狐首页 </a>
6.
7. <p>在段落中的一部分使用超链接 <a href = " http://www.163.com" > 像
   这样 </a></p>
```

跳转到百度 跳转到腾讯首页
文字部分可以自己设计 搜狐首页

在段落中的一部分使用超链接 像这样

图 15-6　超链接代码示例及效果

超链接本身没有换行的效果，使用
标签可以进行换行。由于
标签不需要修饰任何内容，因此不存在开始标签和结束标签。在大多数浏览器中，
（不需要斜杠“/”）也会被理解成换行标签，但
更为规范。此外，从第 7 行的例子中，我们可以看到超链接可以和普通字符串混合使用，只有<a>和</a>之间的部分（图 15-6 中的“像这样”部分）才会被认为是超链接，可以跳转到相应的网址。这个例子体现了 HTML 元素的可嵌套性，如一个<p>元素中可以嵌套一个<a>元素。

在超链接元素中，相比于被修饰的文本内容（如：“跳转到百度”“跳转到腾讯首页”等），我们更关心跳转的网址，即“href =”后面的内容（如：“http：//www.baidu.com”“http：//www.qq.com”）。这部分信息在标签内部（尖括号内部），被称为 HTML 元素的属性。属性总是以属性名和属性值的形式出现，等号左边的 href 是属性名，等号右边的网址是属性值。

此外，列表相关的标签也需要熟悉，包括<ol>、<ul>和<li>。其中，<ol>表示 ordered list，用来定义有序列表；<ul>表示 unordered list，用来定义无序列表；<li>表示 list item，用来定义列表中的元素。列表相关的标签示例及效果见图 15-7。

```
1. <ol>
2. <li>标签
3. <li>元素
4. <li>属性
5. </ol>
```

1. 标签
2. 元素
3. 属性

```
1. <ul>
2. <li>标签
3. <li>元素
4. <li>属性
5. </ul>
```

- 标签
- 元素
- 属性

图 15-7　列表相关的标签示例及效果

在初步了解 HTML 标签、元素、属性等内容后，接下来我们将介绍它们与网页数据之间的联系。我们关心的数据往往都在特定的 HTML 元素中，通过提取 HTML 元素的内容或属性，便可获得我们想要的数据。

以链家二手房信息为例，我们能在链家网上查询到某区域发布的房源信息（见图 15－8）。对于每套二手房，假设我们关心总价、单价、位置信息和房屋信息等属性。从标题跳转进入详情界面，我们还可以看到房屋的特色描述、经纪人信息、户型信息等属性（见图 15－9）。

图 15－8　链家二手房列表页面示例

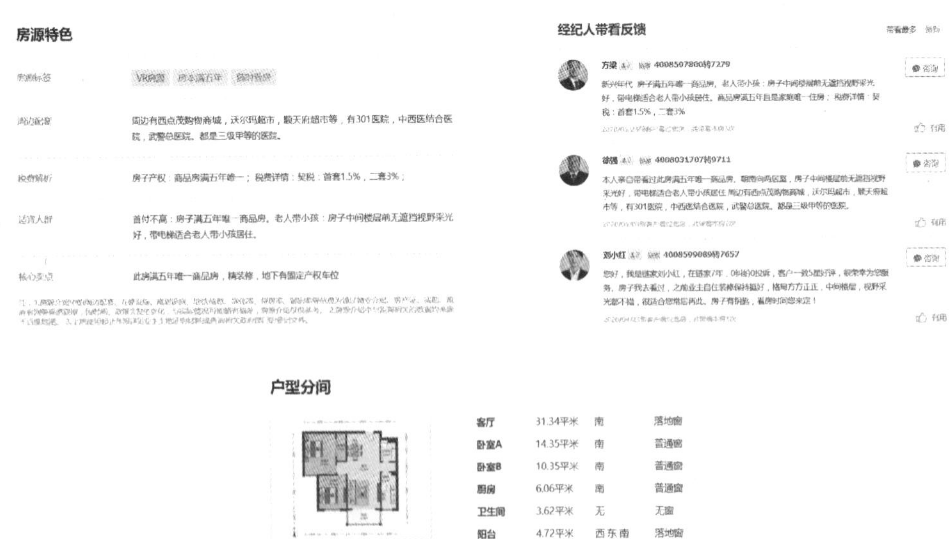

图 15－9　详情界面中房屋的特色描述（经纪人信息、户型信息）示例

因此，当我们试图抓取二手房信息时，可以在列表界面和详情界面获取不同的信息。网页是源代码的体现，通常情况下，我们需要的所有信息都能在对应的源代码中找到。我们可以在浏览器中某页面的空白处单击鼠标右键，选择“查看网页源代码”，就能看到网页对应的 HTML 代码。大部分浏览器中具有“开发者工具”功能，同样可以显示 HTML 代码（如图 15-10 所示）。对于具体的数据项，可以通过浏览器的“检查”或“审查元素”功能，快速定位目标数据。

```
1295                    <div class="price">
1296                        <span>2056</span>
1297                        万
1298                    </div>
1299                </a>
1300                <a class="title" href="https://bj.lianjia.com/ershoufang/101104683726.html" target="_blank"
     data-bl="list" data-log_index="1" data-housecode="101104683726" data-is_focus="" data-el="ershoufang">地铁上盖+空
     中花园+地铁商业配套+有车位</a>
1301                <div class="info">
1302                    四季青
1303                    <span>/</span>
1304                    3室2厅
1305                    <span>/</span>
1306                    153.74平米
1307                    <span>/</span>
1308                    南 北
1309                    <span>/</span>
1310                    精装
1311                </div>
1312                <div class="tag">
1313                    <span class="subway">近地铁</span>
1314                    <span class="vr">VR房源</span>
1315                    <span class="five">房本满两年</span>
1316                    <span class="haskey">随时看房</span>
1317                </div>
1318            </div>
```

图 15-10 链家二手房列表页面源代码示例一

在网页源代码中可以看到房源的名称位于一个<a>元素中（第 1 300 行），该元素具有多个属性，其中 href 属性的值就是该房源详情界面的网址。该房源的总价在一个<div>元素中（第 1 295 行到 1 298 行），且该<div>元素具有一个名为 class 的属性，其值为“price”。这里的“div”是指文档中的分区或节（division），属性“class”意为类别。这里的“price”表示房屋价值（总价）。此外，页面中也存在其他<div>元素，如第 1 301 行到第 1 311 行<div>元素的 class 属性值为“info”，表示该部分对应房屋的基本信息；第 1 312 行到第 1 317 行<div>元素的 class 属性值为“tag”，表示该部分内容对应一些标签。这里的属性名（如 class）和属性值（如 info、tag）都是由网页的开发者自己定义的。一般网页的源代码都具有较强的可读性，属性名和属性值等都有较强的实际意义。

我们希望抓取多套房源的信息，因此需要验证上述规律在其他房源中是否具有一致性。图 15-11 展示了另一套房源对应的源代码。可以看出，不同房源的代码结构相似（见图 15-12），具体的数据有所差异。因此，数据与源代码的对应关系在该网站中具有普适性。从另一个角度看，由于这些信息在界面上的显示是相似的，而界面显示都是由源代码决定的，因此这些界面在源代码上也应该具有一致性。类似的例子不胜枚举，例如，百度搜索返回的每条结果都有类似的结构，同一金融信息网站的不同股票页面有相似的界面。探索并总结数据在源代码上的规律，才能明确数据在网页上的“位置”，进而顺利抓取数据。

```
1332                            <div class="price">
1333                                <span>470</span>
1334                                万
1335                            </div>
1336                        </a>
1337                        <a class="title" href="https://bj.lianjia.com/ershoufang/101103834871.html" target="_blank"
data-bl="list" data-log_index="2" data-housecode="101103834871" data-is_focus="" data-el="ershoufang">清华大学旁
2005年成熟小区 高教老师居多</a>
1338                        <div class="info">
1339                            学院路
1340                            <span>/</span>
1341                            1室1厅
1342                            <span>/</span>
1343                            63.6平米
1344                            <span>/</span>
1345                            南 北
1346                            <span>/</span>
1347                            精装
1348                        </div>
1349                        <div class="tag">
1350                            <span class="vr">VR房源</span>
1351                            <span class="haskey">随时看房</span>
1352                        </div>
1353                    </div>
```

图 15－11　链家二手房列表页面源代码示例二

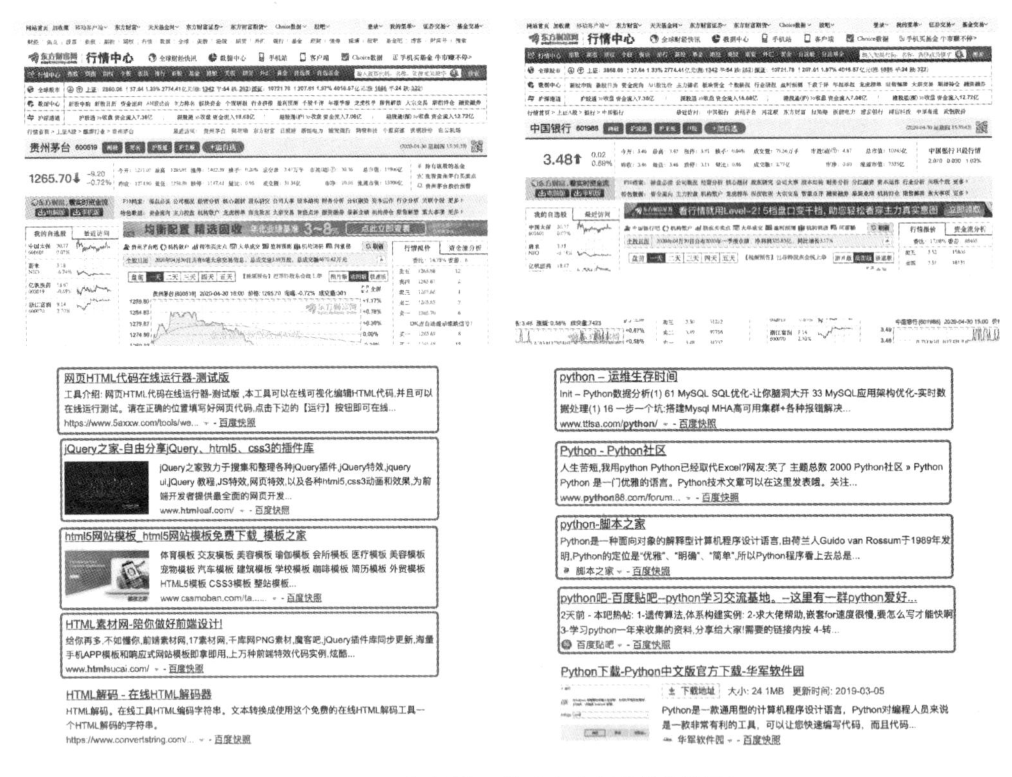

图 15－12　相似界面背后存在相似的源代码

15.2　用 Python 实现数据爬取

在理解了数据抓取的基本思想、网页基础知识和浏览器原理之后，从 HTML 源代码的底层视角，我们对数据抓取流程有了全新的理解。

从图 15－13 中可以看到，打开网页不再依赖于浏览器，而是通过程序获得几乎涵盖了网页所有信息的 HTML 源代码；定位数据不再需要用户的感官判断，而是通过 HTML

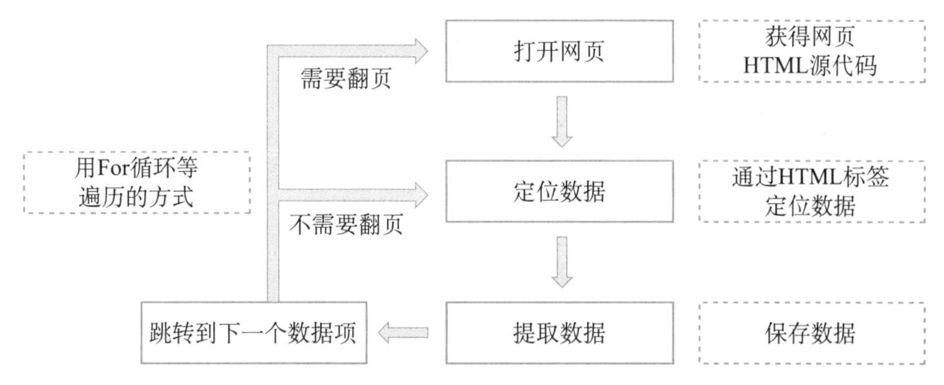

图 15-13　从 HTML 视角理解数据抓取流程

标签定位数据；提取数据不再是手工地复制粘贴，而是将目标数据储存在内存或硬盘文件中；最后，再通过循环等遍历的方式，处理同页面中的下一条数据，或者跳转到不同的页面。接下来我们将使用 Python 编程实现各个环节。

15.2.1　获得网页 HTML 源代码

我们可以通过 Python 内置的 urllib 模块或第三方库（如 Requests）来获取网页源代码。若使用 urllib 模块，则可以通过 request. urlopen( ) 函数模拟浏览器打开对应的网址，该函数返回 http. client. HTTPResponse 类，是本次请求的响应。我们可以通过 HTTPResponse. status 查看该响应的状态码，常见的状态码和含义包括：200-OK；400-Bad Request；403-Forbidden；404-Not Found。2 开头的状态码表示本次请求成功，即请求已成功被服务器接收、理解并接受。我们可以通过以下代码获取百度主页。

```
1. from urllib import request
2.
3. url = 'http://www.baidu.com'
4. html = request.urlopen(url)
5. status = html.status
6. print(html)
7. print(status)
8. ---------------------
9. <http.client.HTTPResponse object at 0x0000000002CECD68>
10. 200
```

那么该如何获取网页源代码呢？我们可以通过 HTTPResponse. read( ) 方法来读取响应的内容，即 HTML 源代码。

```
11. file = html.read()
12. print(file)
13. ---------------------
14. b'<!DOCTYPE html><!--STATUS OK--> \n \n \n     <html><head>
    <meta http-equiv="Content-Type" content="text/html;charset=utf-
    8"><meta http-equiv="X-UA-Compatible" content="IE=edge,chrome=
    1"><meta content="always" name="referrer"><meta name="theme-
    color" content="#2932e1"><meta name="description" content="\
    xe5\x85\xa8\xe7\x90\x83\xe6\x9c\x80\xe5\xa4\xa7\xe7\x9a\x84\
    xe4\xb8\xad\xe6\x96\x87\xe6\x90\x9c\xe7\xb4\xa2\xe5\xbc\x95\
    xe6\x93\x8e\xe3\x80\x81\xe8\x87\xb4\xe5\x8a\x9b\xe4\xba\
    x8e\xe8\xae\xa9\xe7\xbd\x91\xe6\xb0\x91\xe6\x9b\xb4\xe4\xbe\
    xbf\xe6\x8d\xb7\xe5\x9c\xb0\xe8\x8e\xb7\xe5\x8f\x96\xe4\xbf\
    xa1\xe6\x81\xaf\xef\xbc\x8c\xe6\x89\xbe\xe5\x88\xb0\xe6\x89\
    x80\xe6\xb1\x82\xe3\x80\x82\xe7\x99\xbe\xe5\xba\xa6\xe8\xb6\
    x85\xe8\xbf\x87\xe5\x8d\x83\xe4\xba\xbf\xe7\x9a\x84\xe4\
    xb8\xad\xe6\x96\x87\xe7\xbd\x91\xe9\xa1\xb5\xe6\x95\xb0\xe6\
    x8d\xae\xe5\xba\x93\xef\xbc\x8c\xe5\x8f\xaf\xe4\xbb\xa5\xe7\x9e\
    xac\xe9\x97\xb4\xe6\x89\xbe\xe5\x88\xb0\xe7\x9b\xb8\xe5\x85\xb3\
    xe7\x9a\x84\xe6\x90\x9c\xe7\xb4\xa2\xe7\xbb\x93\xe6\x9e\x9c\xe3\
    x80\x82"><link rel="shortcut icon" href="/favicon.ico" type="im-
    age/x-icon" /><link rel="search" type="application/opensearch-
    description+xml" href="/content-search.xml" …</html>'
```

上述仅为部分结果，HTTPResponse.read( ) 方法以 bytes 形式返回源代码，所有中文都以“\x”开头的形式显示，我们无法从中提取到有用的信息，因此需要使用 decode( ) 函数将其解码为字符串格式。

```
15. file = file.decode('utf-8')
16. print(file)
17. ---------------------
18. <!DOCTYPE html><!--STATUS OK-->
19.   <html><head><meta http-equiv="Content-Type" content="text/
    html;charset=utf-8"><meta http-equiv="X-UA-Compatible" con-
    tent="IE=edge,chrome=1"><meta content="always" name="refer-
    rer"><meta name="theme-color" content="#2932e1"><meta name=
    "description" content="全球最大的中文搜索引擎、致力于让网民更便捷地获
```

```
取信息,找到所求.百度超过千亿的中文网页数据库,可以瞬间找到相关的搜索结果." ><link rel =" shortcut icon" href =" /favicon.ico" type =" image/x-icon" /><link rel =" search" type =" application/opensearch-description+xml" …</html>
```

可以看到，之前以“\x”开头的中文字符全部被成功解码，转换成 utf-8 格式的中文字符串。

在访问某些网站时，我们会遇到 urllib.error.URLError 异常，主要是因为这些网站的 SSL 证书出现了问题，可以通过取消证书验证的方式加以解决。加入如下代码就可以解决该异常：

```
1. import ssl
2. ssl._create_default_https_context = ssl._create_unverified_context
```

在访问某些网站时，urlopen( ) 函数能顺利打开网址，但在解码时会抛出 UnicodeDecodeError 异常（如腾讯首页等），这说明该响应内容无法由 byte 格式转化成字符串格式，因为部分网站对传输给用户的数据进行了压缩以提高传输效率。然而 urlopen( ) 函数并不能识别网页的压缩，也不能进行自动解压。遇到这种情况就需要使用能够处理更复杂的 HTTP 请求和可以自动解压内容的 Requests 库。接下来，我们使用 Requests 获取腾讯首页源代码。

```
1. import requests
2.
3. response = requests.get('https://www.qq.com/')
4. print(type(response)) # <class 'requests.models.Response'>
5. print(response.status_code) # 200
6. print(response.encoding) # GB2312
7. print(response.text)
8. ---------------------
9. <!doctype html>
10. <html lang =" zh-CN" >
11. <head>
12.   <title>腾讯首页</title>
13.   <meta charset =" gb2312" >
14. …
15. </html><!--[if !IE]> | xGv00 | fdb6ce293f205e36a37088a129cb5468<![endif]-->
```

requests. get( ) 函数的功能类似于 urllib. request. urlopen( )，但该函数能自动实现解压和解码功能，同时也自动处理了 SSL 证书相关问题，返回 requests. models. Response 类。响应的状态码、源代码可以通过该类的 status _ code 和 text 属性获得，其中 text 返回的结果就是字符串格式。另一个重要属性是 encoding，该属性能够自动识别网页的编码，并应用于后续的自动解码过程。中文网站的编码通常为 utf-8 或 GB2312，但某些网页由于采用其他编码（如新浪首页的编码为 ISO-8859-1），可能会导致解码错误，因此，在输出源代码前需要指定编码，如：response. encoding = 'utf-8'。

15.2.2 通过 HTML 标签定位数据

在获得 HTML 代码后，我们需要在代码中定位目标数据。在 HTML 语言简介部分，我们简要归纳了目标数据可能是某个标签的内容或属性。为了方便快速地提取目标数据，接下来将结合链家网的二手房屋列表来介绍如何使用第三方库 BeautifulSoup[①] 定位目标数据。BeautifulSoup 可以从 HTML 或 XML 文件中提取数据，简单易用，建议安装 beautifulsoup 4 版本。同时，为了更高效地解析源文件，还需要安装 lxml 解析器。

通过 HTML 标签定位目标数据首先需要获得网页源代码，然后使用 BeautifulSoup 进行处理，选择 lxml 解析器进行解析。由于 lxml 解析器的解析速度快，因此官方推荐使用该解析器。此外，还有 html. parse 和 html5lib 等解析器，感兴趣的读者可以深入研究。

```
1. import requests
2. from bs4 import BeautifulSoup
3.
4. # 北京链家二手房的网址
5. url = 'https://bj. lianjia. com/ershoufang/'
6. # 使用 requests 打开网址
7. response = requests. get(url)
8. response _ html = response. text
9. # 使用 BeautifulSoup 解析网页源代码
10. soup = BeautifulSoup(response _ html,'lxml')
11. print(soup)
12. --------------------
13. <!DOCTYPE html>
14. <html><head><meta content =" text/html; charset = utf - 8" http -
    equiv =" Content - Type " /><meta content =" IE = edge" http - equiv =" X - UA -
```

① BeautifulSoup 文档：https：//beautifulsoup. readthedocs. io/zh _ CN/v4. 4. 0/。

```
Compatible" /><meta content ="no - transform" http - equiv ="Cache - Con-
trol" /><meta content ="no - siteapp" http - equiv ="Cache - Control" />
<meta content =" zh - CN" http - equiv =" Content - language" /><meta con-
tent ="telephone = no" name =" format - detection" /><meta content ="pc"
name ="applicable - device" /><meta content ="province = 北京;city = 北
京;coord = 39.8992, 116.4138 " name =" location " />< link href =" ht-
tps://m.lianjia.com/bj/ershoufang/ " media =" only screen and ( max -
width:640px)" rel =" alternate" />…</script></body></html>
```

对网页源代码进行处理后就得到了 bs4.BeautifulSoup 类，接下来就可以方便地使用该类的各种方法和属性提取页面中的 HTML 元素、标签和属性。find( ) 和 find _ all( ) 是搜索符合条件的元素的两个基本方法。不同之处在于 find( ) 方法用来查找符合条件的第一个元素，而 find _ all( ) 方法则是查找符合条件的所有元素，以列表形式返回。

```
15. a1 = soup.find('a')
16. print(a1)
17. a2 = soup.find_all('a')
18. print(a2[0])
19. ---------------------
20. <a href ="//www.lianjia.com/" >首页</a>
21. <a href ="//www.lianjia.com/" >首页</a>
```

我们通过对网页源代码的分析发现，所有房源的名称均位于 class="title" 的<a>元素中，如果搜索条件只考虑<a>，那么结果中还会夹杂其他<a>元素。因此，我们不仅要声明元素，还要明确属性，只需在 find( ) 或 find _ all( ) 方法中加入属性的约束即可。

```
22. title = soup.find_all('a',class_ = " title" )
23. print(len(title))
24. print(title[0:2])
25. ---------------------
26. 30
27. [<a class ="title" data - bl ="list" data - el ="ershoufang" data - housec-
    ode ="101103153121" data - is _ focus ="" data - log _ index ="1" href =" ht-
    tps://bj.lianjia.com/ershoufang/101103153121.html" target =" _ blank" >
    新桥大街 39 号院全明格局的中间层南北朝向二居室</a>,<a class =" title"
    data - bl ="list" data - el ="ershoufang" data - housecode ="101103352970"
```

```
data-is_focus ="" data-log_index ="2" href ="https://bj.lianjia.com/ershoufang/101103352970.html" target ="_blank" >北纬全南向两居室 满 5 年唯一</a>]
```

通过查找，我们只提取出了目标数据所在的元素，还需要进一步去除无用的代码，仅保留目标数据。其中，房源的名称是<a>元素的内容，可以使用 string 属性来提取内容；房源详情页网址是 href 属性的值，可以直接用类似于字典的方法进行提取。

```
28. for i in title[0:2]:
29.     print(i.string)
30.     print(i["href"])
31. ---------------------
32. 新桥大街 39 号院全明格局的中间层南北朝向二居室
33. https://bj.lianjia.com/ershoufang/101103153121.html
34. 北纬全南向两居室  满 5 年唯一
35. https://bj.lianjia.com/ershoufang/101103352970.html
```

这样我们就成功获取到了房源名称和对应的详情页网址。

在数据抓取的过程中，我们要反复检查目标数据所处位置的规律，确保这些规律能且仅能提取出目标数据，是提取目标数据的“充要条件”。

以房屋总价为例，我们发现所有的房屋总价都在“class = "price"”的<div>元素中。但以此为搜索条件，就会混入不符合要求的元素。

```
36. price = soup.find_all('div',class_ = "price")
37. print(len(price))
38. print(price)
39. ---------------------
40. 31
41. [<div class ="price" ><span>245</span>万</div>,<div class = "price" ><span>600</span>万</div>, …, <div class =" price" id ="priceSideBarContainer" log-mod ="recommand_price" ></div>]
```

可以看到，返回列表的长度为 31，与每页的房屋数（30）是不一致的，其中前 30 个元素是正确的房价信息，而最后 1 个元素就不是我们希望提取的目标数据。

那么该如何获取准确的房价信息呢？最简单的方法是截取前 30 个元素或删除最后 1 个元素作为房价信息的结果。更严谨的方法需要重新思考提取数据的规律，浏览器“检查”“审查元素”等功能会将 HTML 源代码组织成可读性更强的结构（见图 15 - 14），通过分析结构特征，我们可以进一步精确定位目标数据。

```
▼<div class="content " id="content">
  <!-- 左侧内容 -->
 ▼<div class="leftContent">
  ▶<div class="orderFilter">…</div>
  ▶<div class="resultDes clear">…</div>
   <div id="newAddHouseContainer"></div>
   <!--卡片吊顶-->
   <div class="top_sem_card"></div>
  ▶<script type="text/template" id="top_sem_card_tpl">…</script>
   <div class="listContentLine"></div>
  ▶<div class="bigImgList" style="display: none;" log-mod="list">…</div>
  ▼<ul class="sellListContent" log-mod="list">
   ▼<li class="clear LOGCLICKDATA" data-lj_view_evtid="21625" data-lj_evtid="21624" data-lj_view_event="ItemExpo" data-
   lj_click_event="SearchClick" data-lj_action_source_type="链家_PC_二手列表页卡片" data-lj_action_click_position="0" data-
   lj_action_fb_expo_id="319156082000330752" data-lj_action_fb_query_id="319156081656397824" data-lj_action_resblock_id=
   "1111027381323" data-lj_action_housedel_id="101107385952">
    ▶<a class="noresultRecommend img LOGCLICKDATA" href="https://bj.lianjia.com/ershoufang/101107385952.html" target=
    "_blank" data-log_index="1" data-el="ershoufang" data-housecode="101107385952" data-is_focus data-sl>…</a>
    ▼<div class="info clear">
     ▼<div class="title">
        <a class href="https://bj.lianjia.com/ershoufang/101107385952.html" target="_blank" data-log_index="1" data-el=
        "ershoufang" data-housecode="101107385952" data-is_focus data-sl>新增新兴年代两居室精装有固定产权车位</a> == $0
        <!-- 拆分标签 只留一个优先级最高的标签-->
        <span class="goodhouse_tag tagBlock">必看好房</span>
        ::after
      </div>
     ▶<div class="flood">…</div>
     ▶<div class="address">…</div>
     ▶<div class="followInfo">…</div>
     ▶<div class="tag">…</div>
```

图 15-14　Chrome 浏览器"检查"功能结果

我们可以看到，房源的 HTML 代码片段处于多级嵌套结构下，意义较为明确的层级包括 content（内容）、leftContent（页面左侧内容）、sellListContent（待售列表内容），各套房源信息均在一个<li>标签中（见图 15-15）。

```
▼<ul class="sellListContent" log-mod="list">
  ▶<li class="clear LOGCLICKDATA" data-lj_view_evtid="21625" data-lj_evtid="21624" data-lj_view_event="ItemExpo" data-
  lj_click_event="SearchClick" data-lj_action_source_type="链家_PC_二手列表页卡片" data-lj_action_click_position="0" data-
  lj_action_fb_expo_id="319156082000330752" data-lj_action_fb_query_id="319156081656397824" data-lj_action_resblock_id=
  "1111027381323" data-lj_action_housedel_id="101107385952">…</li>
  ▶<li class="clear LOGCLICKDATA" data-lj_view_evtid="21625" data-lj_evtid="21624" data-lj_view_event="ItemExpo" data-
  lj_click_event="SearchClick" data-lj_action_source_type="链家_PC_二手列表页卡片" data-lj_action_click_position="1" data-
  lj_action_fb_expo_id="319156082000330753" data-lj_action_fb_query_id="319156081656397824" data-lj_action_resblock_id=
  "1111027376127" data-lj_action_housedel_id="101106227166">…</li>
  ▶<li class="clear LOGCLICKDATA" data-lj_view_evtid="21625" data-lj_evtid="21624" data-lj_view_event="ItemExpo" data-
  lj_click_event="SearchClick" data-lj_action_source_type="链家_PC_二手列表页卡片" data-lj_action_click_position="2" data-
  lj_action_fb_expo_id="319156082000330754" data-lj_action_fb_query_id="319156081656397824" data-lj_action_resblock_id=
  "1111027376127" data-lj_action_housedel_id="101107572255">…</li>
  ▶<li class="clear LOGVIEWDATA LOGCLICKDATA" data-lj_view_evtid="21625" data-lj_evtid="21624" data-lj_view_event=
  "ItemExpo" data-lj_click_event="SearchClick" data-lj_action_source_type="链家_PC_二手列表页卡片" data-
  lj_action_click_position="3" data-lj_action_fb_expo_id="319156082000330755" data-lj_action_fb_query_id=
  "319156081656397824" data-lj_action_resblock_id="1111027377326" data-lj_action_housedel_id="101106588824">…</li>
  ▶<li class="clear LOGVIEWDATA LOGCLICKDATA" data-lj_view_evtid="21625" data-lj_evtid="21624" data-lj_view_event=
  "ItemExpo" data-lj_click_event="SearchClick" data-lj_action_source_type="链家_PC_二手列表页卡片" data-
  lj_action_click_position="4" data-lj_action_fb_expo_id="319156082000330756" data-lj_action_fb_query_id=
  "319156081656397824" data-lj_action_resblock_id="1111027380077" data-lj_action_housedel_id="101107258527">…</li>
  ▶<li class="list_goodhouse_daoliu list_app_daoliu VIEWDATA" data-view-evtid="22158" data-view-event="ItemExpo">…</li>
  ▶<li class="clear LOGVIEWDATA LOGCLICKDATA" data-lj_view_evtid="21625" data-lj_evtid="21624" data-lj_view_event=
  "ItemExpo" data-lj_click_event="SearchClick" data-lj_action_source_type="链家_PC_二手列表页卡片" data-
  lj_action_click_position="5" data-lj_action_fb_expo_id="319156082000330757" data-lj_action_fb_query_id=
  "319156081656397824" data-lj_action_resblock_id="1111027382663" data-lj_action_housedel_id="101107561330">…</li>
  ▶<li class="clear LOGVIEWDATA LOGCLICKDATA" data-lj_view_evtid="21625" data-lj_evtid="21624" data-lj_view_event=
  "ItemExpo" data-lj_click_event="SearchClick" data-lj_action_source_type="链家_PC_二手列表页卡片" data-
  lj_action_click_position="6" data-lj_action_fb_expo_id="319156082000330758" data-lj_action_fb_query_id=
  "319156081656397824" data-lj_action_resblock_id="1111027376139" data-lj_action_housedel_id="101107588929">…</li>
```

图 15-15　房源信息处在无序列表中

因此，我们可以将提取房源信息分为两步：第一步，提取每套房源对应的 HTML 代码片段；第二步，在代码片段中进一步提取具体信息。我们先在网页源代码中找到 class="sellListContent" 的<ul>元素，进而在该部分中搜索所有的<li>元素。

```
42. sellListContent = soup.find('ul',class_ = "sellListContent")
43. house_info_list = sellListContent.find_all('li')
44. print(len(house_info_list)) # 31
```

我们仍然得到了 31 个结果，仔细观察页面发现在第 6 个元素的位置有一则广告。这则广告对应的代码虽然也是<li>元素，房源信息<li>元素 class="clear LOGVIEWDATA LOGCLICKDATA"，而广告<li>元素 class="list_goodhouse_daoliu list_app_daoliu"，如图 15-16 所示。类似于“clear LOGVIEWDATA LOGCLICKDATA”的这类复杂属性值被称为多值属性，在限制时仅需限制其中任一属性值即可。

```
▼<li class="list_goodhouse_daoliu list_app_daoliu " data-view-evtid="22158" data-view-event="ItemExpo">
  ▼<a class="CLICKDATA" data-click-evtid="22159" data-click-event="WebClick" href="https://bj.lianjia.com/ershoufang/goodhouse/">
      <img src="https://img.ljcdn.com/beike/haofang/1572430905201.png">
    </a>
    <i class="daoliu_close_good_house daoliu_close CLICKDATA" data-click-evtid="22160" data-click-event="WebClick"></i>
  </li>
```

图 15-16 广告及其对应的 HTML 代码

```
45. house_info_list = sellListContent.find_all('li',class_ = "LOG-
    VIEWDATA")
46. print(len(house_info_list)) # 30
```

这样我们就完成了第一步——提取每套房源对应的 HTML 代码片段，得到了含有房源信息的 30 条正确结果。接下来，我们将采用层层递进的方式在代码片段中提取具体数据。

```
47. first = house_info_list[0]
48. print('房源名称:',first.div.contents[0].a.string)
49. print('房源详情页:',first.div.contents[0].a['href'])
50. print('房源总价:',first.div.contents[5].contents[0].get_text())
51. print('房源单价:',first.div.contents[5].contents[1].string)
52. print('位置信息:',first.div.contents[1].get_text())
53. print('房源信息:',first.div.contents[2].get_text())
```

```
54. print('房源标签:',[tag.string for tag in first.div.contents[4].con-
    tents])
55. ---------------------
56. 房源名称:新桥大街39号院全明格局的中间层南北朝向二居室
57. 房源详情页:https://bj.lianjia.com/ershoufang/101103153121.html
58. 房源总价:245 万
59. 房源单价:单价33 934 元/平米
60. 位置信息:新桥大街39号院    -   大峪
61. 房源信息:2 室 1 厅 | 72.2 平米 | 南 北 | 简装 | 中楼层(共 6 层) |
    1995 年建 | 板楼
62. 房源标签:['VR 房源','房本满五年','随时看房']
```

contents 能以列表的形式获取当前元素的所有子元素。由于 string 不能处理嵌套元素中的内容，即只能提取当前元素的文本，不能提取子元素的文本，而 get_text( ) 方法能直接提取当前元素及其子元素的所有文本，因此当我们需要同时提取元素和子元素的所有内容时，往往采用 get_text( ) 方法。

15.2.3　处理“翻页”数据

我们已经介绍了通过 find_all( ) 和 for 循环处理同一网页中的多条数据，接下来将介绍如何处理多网页的“翻页”问题。

对于多数情况，“翻页”意味着网址发生了变化，如链家二手房首页的网址为 https://bj.lianjia.com/ershoufang/，第二页为 https://bj.lianjia.com/ershoufang/pg2/，第十页为：https://bj.lianjia.com/ershoufang/pg10/。显然，“翻页”操作就是在基础网址上加入“/pg 页码”，我们可以通过循环的方式抓取多个网页的数据。

```
1. for i in range(1,n):
2.     url = "https://bj.lianjia.com/ershoufang/pg" + str(i)
3.     process(url) # 对该网站进行相应的处理,如抓取数据
```

但在有些情况下，“翻页”并未引起网址的变化，比如在微博或 QQ 空间中不断向下翻动页面，就会不停地加载出新的内容。这类网页应用了异步加载方法，在不变动网址的前提下，不断加载新内容。我们需要根据加载出的内容来获取链接以抓取相关数据。接下来，我们以新浪微博[①]为例简要介绍抓取该类网站数据的方法。

---

① 新浪微博首页：https://weibo.com/。

首先，打开新浪微博和开发人员工具中的网络监控工具，一般为“网络”或“Network”，如图 15－17 所示。

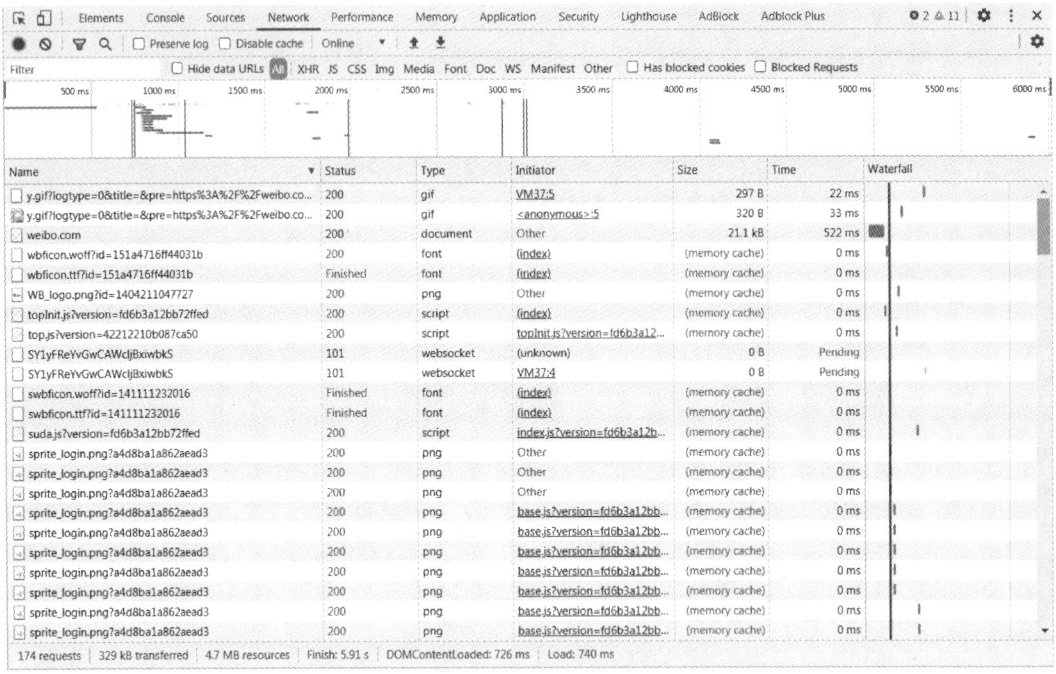

图 15－17　Chrome 浏览器的“网络监控”工具

从“网络监控”工具中可以看到，在不断翻动界面的过程中，虽然网址没有发生变化，但是浏览器在不停地加载新内容，我们需要从中找到真实网址。我们会发现如表 15－1 所示的大量相似网址，不同的部分均已加粗。这些相似网址的不同之处在于 page 值和 __rnd 值。我们猜想 page 值表示当前加载的是第几页，__rnd 是时间戳。在绝大多数情况下，时间戳只起记录作用。因此，只需要改变 page 值就可以获取真实网址。

表 15－1　异步加载的相似网址

https://weibo.com/a/aj/transform/loadingmoreunlogin?ajwvr=6&category=0&**page=2**&lefnav=0&cursor=&**__rnd=1590914768054**
https://weibo.com/a/aj/transform/loadingmoreunlogin?ajwvr=6&category=0&**page=3**&lefnav=0&cursor=&**__rnd=1590914769486**
https://weibo.com/a/aj/transform/loadingmoreunlogin?ajwvr=6&category=0&**page=4**&lefnav=0&cursor=&**__rnd=1590914776283**

通过“Preview”可以查看这些网址的相应内容（如图 15－18 所示）。为了节省数据传输的大小，提高传输速度，这部分信息使用了纯数据的 JSON 格式，需要采用类似于字典的方法进行处理。

在找到真实网页后，就可以采用循环的方式获取数据。

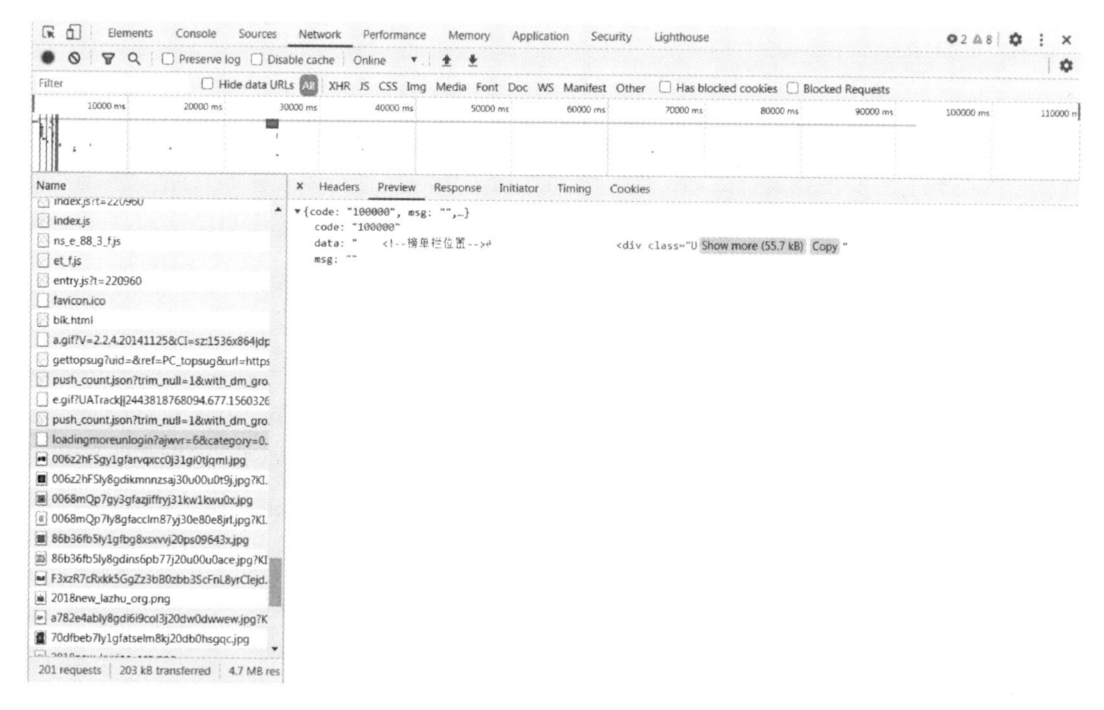

图 15－18　使用“Preview”查看异步加载内容

```
1. import requests,json,time
2. from bs4 import BeautifulSoup
3.
4. for i in range(3):
5.     url = "https://weibo.com/a/aj/transform/loadingmoreunlogin?ajwvr =
       6&category = 0&page = %s&lefnav = 0&cursor = &__rnd = 1590914768054"
       % i # 利用%s 改变 url
6.     response = requests.get(url)
7.     html = response.text
8.     response_html = json.loads(html)["data"]
9.     soup = BeautifulSoup(response_html,'lxml')
10.    for i in soup.find_all('h3',class_ = "list_title_s"):
11.        print(i.text.strip())
12.    time.sleep(1) # 暂停机制,抓取一页后暂停 1 秒
```

异步加载有非常广泛的应用，延迟载入的电商数据、滚动加载的新闻数据、微博动态数据、视频弹幕数据等都应用了异步加载技术。

15.3 数据抓取技巧

尽管数据抓取能帮助我们快速地获取大量数据，但由于大多数网站并不欢迎数据抓取程序，因此我们要合理地进行数据抓取。频繁地请求访问网页对服务器而言是一种额外的负担，甚至会被认为是恶意攻击。在爬取不同页面时，请务必加入暂停机制，以在最大程度上避免对服务器正常运行的影响。暂停机制可以使用内置的 time 标准库，通过 time. sleep( ) 实现程序的暂停。

此外，一些网站对 Python 程序的访问进行了限制。从技术上讲，需要将 Python 程序伪装成浏览器，即在请求中添加请求头的信息。在开发者工具中，我们可以看到浏览器访问网站时不仅用到了网址，还有大量的请求头信息，包括浏览器接受网页的编码、使用的 cookie 以及用户代理（User-Agent）等（见图 15 - 19）。

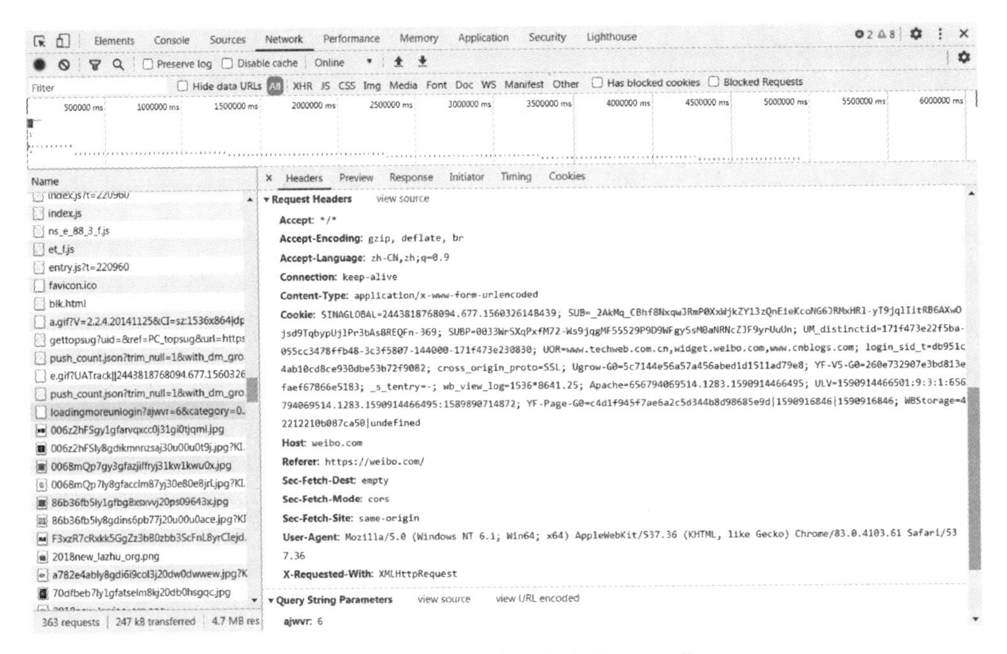

图 15 - 19　网页访问中的"Headers"

Requests 可以简便地实现添加请求头的功能，只需将请求头写成字典格式，并在 requests. get( ) 中以 headers 参数的形式输入即可。我们可以使用请求头抓取百度搜索"Python 编程"的第一页的结果。

```
1. import requests
2. from bs4 import BeautifulSoup
3.
4. header = {
```

```
5.     "Connection" : " keep - alive" ,
6.     "Host" : " www. baidu. com" ,
7.     " Accept" : " text/html, application/xhtml + xml, application/xml; q =
       0. 9, image/webp, image/apng, * / * ; q = 0. 8, application/signed - ex-
       change; v = b3; q = 0. 9" ,
8.     "Accept - Encoding" : " gzip, deflate, br " ,
9.     "Accept - Language" : " zh - CN, zh; q = 0. 9" ,
10.     " Upgrade - Insecure - Requests" : " 1" ,
11.     "User - Agent" : " Mozilla/5. 0 (Windows NT 6. 1; Win64; x64) AppleWeb-
        Kit/537. 36 (KHTML, like Gecko) Chrome/83. 0. 4103. 61 Safari/537. 36 "
12. }
13. url  = " https://www. baidu. com/s?ie = utf - 8&wd = Python 编程"
14. response  =  requests. get(url, headers  =  header)
15. soup  =  BeautifulSoup(response. text, 'lxml')
16. for i in soup. find _ all('div', class _  = " c - tools" ):
17.     try:
18.         print(i[" data - tools" ])
19.     except KeyError:
20.         continue
21. ---------------------
22. {"title" : " Python 基础教程 ｜ 菜鸟教程" ," url" : " http://www. baidu. com/
    link? url  =  SyHho6a4bMoY3Iijru567o _  - hVL4lCADW9M8EMgZNdsUObfvx -
    8YSbtS _ pyUtVoGchyXjj6smYO4yqy _ riGz _ a"}
23. …
24. {"title" : " 在线 python 编程 " ," url": " http://www. baidu. com/link?url =
    0CAGe - r - yF0n0T0ZaMLC98q56M50KDe2Kw4cOdjTSTR0Co - jn0okhC3CmDQoARtG"}
```

由于各网站都在不断地开发更新，上述介绍的页面、网址和数据抓取规律都可能发生变化。希望读者关注数据抓取的逻辑和技术，而不是记忆个别网站的抓取规律。

最后，希望读者在进行数据抓取时遵守相关法律法规，尊重提供数据的网站且心存敬意。

15.4　思考练习题

1. 请列出网络数据抓取的步骤，以及各步骤代码实现的主要方法。

2. 如何定位要抓取的数据在 HTML 代码中的位置?
3. 网页数据可能有不同的编码方式。编码方式的不同可能会给程序带来哪些问题?
4. 网页数据必然以 HTML 代码的形式存在吗? 还可能有哪些形式?
5. 如何储存网络数据抓取的结果?
6. 在数据抓取过程中，常常可能出现抓取失败的情况。如何增强抓取程序的鲁棒性?

第 16 章　顾客市场细分

16.1　背景与问题

电子商务的蓬勃发展使得越来越多的消费者选择在线购物，消费者在购物过程中会产生很多数据，如性别、年龄等属性信息以及用户行为路径、页面停留时间、页面点击（见图 16－1）等行为数据。电子商务平台会通过一些第三方分析工具（如百度统计、腾讯统计、Google Analytics 等）或自己开发的功能模块，收集并分析平台内消费者的数据。

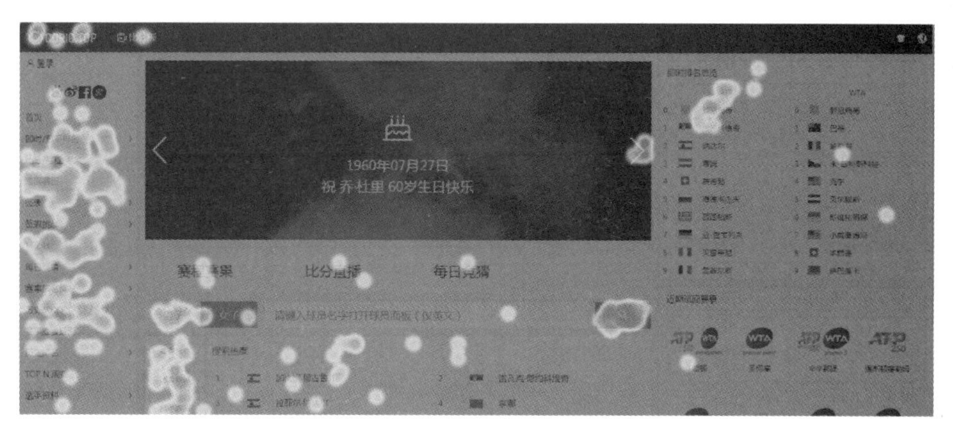

图 16－1　某网页的用户点击行为

电子商务平台可以对消费者的在线行为数据进行多维分析，提高消费者的购物体验和平台的销售额。例如，可以进行统计分析，定位产品设计的不合理之处，丰富产品功能和完善页面布局，提高消费者的购物体验和忠诚度；可以进行聚类分析，挖掘不同层次的消费者的行为特征和偏好，进行个性化推荐和差异化营销，拉动平台销售额的增长；还可以进行分类预测，推断消费者对某一商品的购买概率，提前进行货物调度和库存管理，缩短消费者的等待时间。

本案例通过对消费者在线访问电子商务平台的行为进行分析，对消费者分层，根据每类消费者的特征推断其行为模式，制定差异化的营销策略。

16.2 数据介绍

本案例使用的数据集为 Online Shoppers Purchasing Intention Dataset①。该数据集记录了消费者在某电子商务网站上的在线浏览和购买行为，共包含 12 330 条 session 记录（消费者从进入该网站或结束上一条购买行为开始到退出该网站或完成购买行为的过程称为一个 session 记录）。每个 session 记录包含 18 个属性，属性的具体含义及范围详见表 16-1。

表 16-1 Online Shoppers Purchasing Intention Dataset 数据集信息

属性	含义	取值范围
Administrative	浏览账户管理相关页面的数目	$\{x\in N \mid 0\leqslant x\leqslant 27\}$
Administrative_Duration	浏览账户管理相关页面的总时长（秒）	[0，3 399)
Informational	浏览有关网站、对话和地址等信息类页面的数目	$\{x\in N \mid 0\leqslant x\leqslant 24\}$
Informational_Duration	浏览信息类页面的总时长（秒）	[0，2 550)
ProductRelated	浏览商品类页面的数目	$\{x\in N \mid 0\leqslant x\leqslant 705\}$
ProductRelated_Duration	浏览商品类页面的总时长（秒）	[0，63 974)
BounceRates	访问所有入口页面的跳出率平均值	[0，0.2]
ExitRates	访问页面的退出率平均值	[0，0.2]
PageValues	访问页面的页面价值的平均值	[0，362)
SpecialDay	页面访问日期与节日的靠近程度	{0，0.2，0.4，0.6，0.8，1}
Month	页面访问日期所在月份	1～12 月英文缩写
OperatingSystems	访问网站使用的操作系统编号	$\{x\in N \mid 1\leqslant x\leqslant 8\}$
Browser	访问网站使用的浏览器编号	$\{x\in N \mid 1\leqslant x\leqslant 13\}$
Region	网站访问者所属地区编号	$\{x\in N \mid 1\leqslant x\leqslant 9\}$
TrafficType	访问者进入网站的方式	$\{x\in N \mid 1\leqslant x\leqslant 20\}$
VisitorType	访问者分为“新用户”、“回头客”和“其他”三类	{New_Visitor，Returning_Visitor，Other}
Weekend	访问网站的时间是否在周末	{True，False}
Revenue	该访问最后是否完成购买行为	{True，False}

其中，跳出率（Bounce Rates）是指在只访问了入口页面（如网站首页）就离开的浏览量与所产生的总浏览量的比值。一个页面的跳出率仅当此页面作为入口页时才可以计算。当一个页面没有作为直接入口时是没有跳出率的。退出率（Exit Rates）是指从该页面退出网站的浏览量和所有进入本页面的浏览量的比值，所有页面都有退出率。页面价值（Page Values）用来衡量一个页面的单次浏览量对特定目标的价值。网页分析者通过设定网站的目标（目标一般设定为特定页面，如交易成功提示页面）和对应目标的价值，实现

① 资料来源：http：//archive.ics.uci.edu/ml/datasets/Online+Shoppers+Purchasing+Intention+Dataset。

对网站各个页面重要性的衡量。当平台设定下单页和支付页的价值分别为 10 和 100 时，如图 16-2 所示，消费者通过商品页进入下单页和支付页获得的总价值为 110，因此该商品页 B 的页面价值为 110。

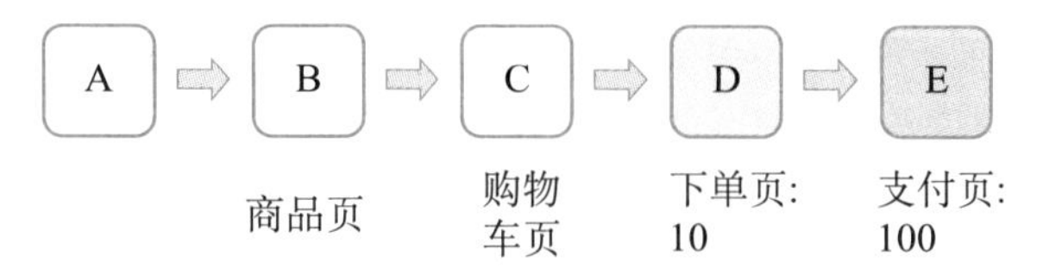

图 16-2　单路径页面价值

当然现实情况往往更加复杂，通常需要综合多个 session 来计算各个页面的页面价值。如图 16-3 所示，计算商品页 B 时需要同时考虑两条路径，第一条路径商品页 B 获得的总价值为 110，第二条路径商品页 B 获得的总价值为 10，因此商品页 B 的页面价值为 120/2=60（虽然第二条路径中商品页出现了两次，但同一路径上只计一次）。

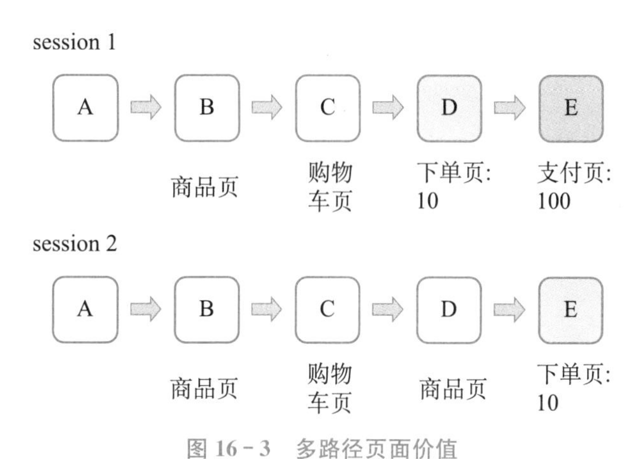

图 16-3　多路径页面价值

接下来，我们使用 Pandas 模块和 sklearn 库中 preprocessing 模块对数据集进行预处理。

```
1. import pandas as pd
2.
3. data = pd.read_csv('./online_shoppers_intention.csv') # 导入数据
4. print(data.isnull().any()) # 检查是否有缺失值
5. ----------------------
6. Administrative                    False
7. Administrative_Duration           False
8. Informational                     False
9. Informational_Duration            False
10. ProductRelated                   False
```

```
11. ProductRelated _ Duration    False
12. BounceRates              False
13. ExitRates                False
14. PageValues                False
15. SpecialDay             False
16. Month                    False
17. OperatingSystems          False
18. Browser                  False
19. Region                 False
20. TrafficType              False
21. VisitorType              False
22. Weekend                  False
23. Revenue                  False
24. dtype:bool
```

可以看到，这一数据集各属性完整，不存在缺失值。

由于 Month、VisitorType、Weekend 和 Revenue 这四个属性都为文本，因此需要将其转换为分类变量。由于各属性的取值范围千差万别，因此还需要进行标准化处理。

```
1. from sklearn.preprocessing import LabelEncoder,MinMaxScaler
2.
3. # 数据预处理
4. tf _ encoder = LabelEncoder()
5. vt _ encoder = LabelEncoder()
6. tf _ encoder.fit(['False','True'])
7. vt _ encoder.fit(['Returning _ Visitor','New _ Visitor','Other'])
8. print(tf _ encoder.classes _ ) # ['False' 'True']
9. print(vt _ encoder.classes _ ) # ['New _ Visitor' 'Other' 'Returning _ Visi-
   tor']
10. data['Weekend _ new'] = tf _ encoder.transform(data['Weekend'])
11. data['Revenue _ new'] = tf _ encoder.transform(data['Revenue'])
12. data['VisitorType _ new'] = vt _ encoder.transform(data['VisitorType'])
13. month = {'Jan':1,'Feb':2,'Mar':3,'Apr':4,'May':5,'June':6,'Jul':7,'Aug':8,
    'Sep':9,'Oct':10,'Nov':11,'Dec':12}
14. data['Month _ new'] = data['Month'].apply(lambda x:month[x])
```

```
15. data = data.drop(['Month','Weekend','Revenue','VisitorType'],axis = 1) #
    删除无用属性
16. scaler = MinMaxScaler()
17. new_data = scaler.fit_transform(data) # 数据归一化处理
```

16.3　分析方法与结论

16.3.1　分析方法

本案例使用 MiniBatchKMeans 聚类方法对消费者进行分层分析，MiniBatchKMeans 在 KMeans 算法基础上，使用批处理技术，以随机抽取小批量数据子集的方式进行聚类，大大缩短了计算时间，而结果并不会明显劣于 k-means 算法。该算法适用于超过一万条记录的大规模数据集。

（1）类别数量的确定

我们使用手肘法、轮廓系数和 Calinski-Harabasz 准则来综合判断合适的类别数量，结果见图 16 - 4。

```
1. from sklearn import cluster,metrics
2. import matplotlib.pyplot as plt
3.
4. # 确定类别数量
5. sse = []
6. sc = []
7. ch = []
8. for i in range(2,8):
9.     clust = cluster.MiniBatchKMeans(init = 'k-means++',n_clusters
       = i,batch_size = 200,random_state = 0)
10.     clust.fit(new_data)
11.     sse.append(clust.inertia_)
12.     sc.append(metrics.silhouette_score(new_data,clust.labels_))
13.     ch.append(metrics.calinski_harabaz_score(new_data,
        clust.labels_))
14. plt.subplot(131)
15. plt.plot(range(2,8),sse,linestyle = '-',marker = 'o')
16. plt.xlabel('k')
17. plt.ylabel('SSE')
```

```
18. plt.subplot(132)
19. plt.plot(range(2,8),sc,linestyle = '-',marker = 'o')
20. plt.xlabel('k')
21. plt.ylabel('Silhouette Coefficient')
22. plt.subplot(133)
23. plt.plot(range(2,8),ch,linestyle = '-',marker = 'o')
24. plt.xlabel('k')
25. plt.ylabel('Calinski - Harabasz Criterion')
26. plt.show()
```

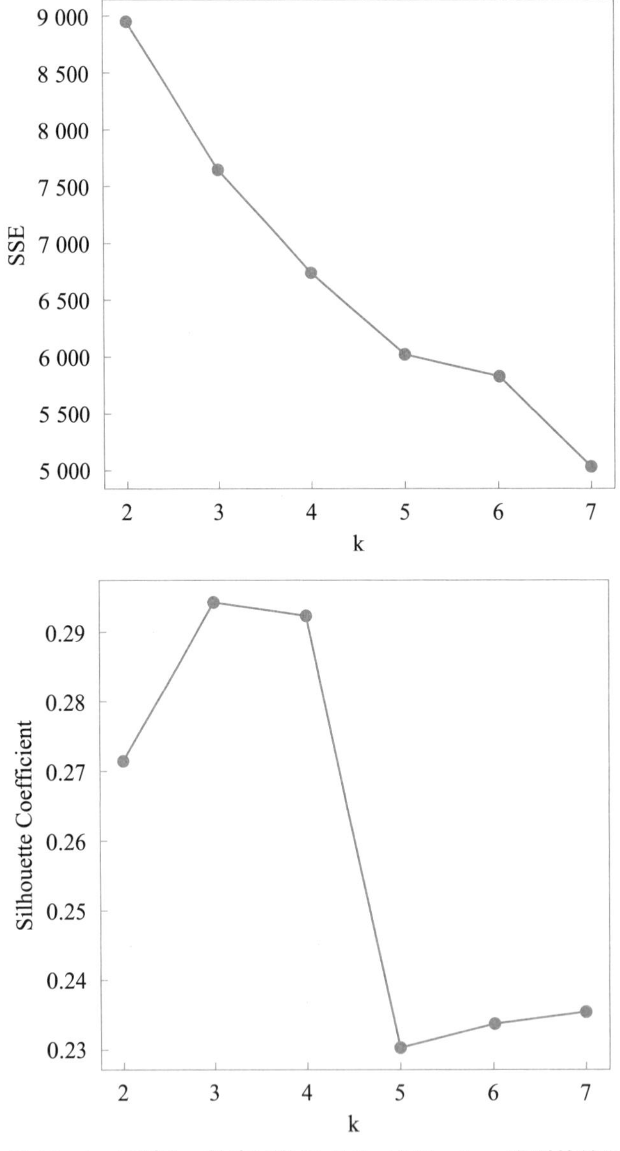

图 16－4　手肘法、轮廓系数和 Calinski-Harahasz 准则的结果

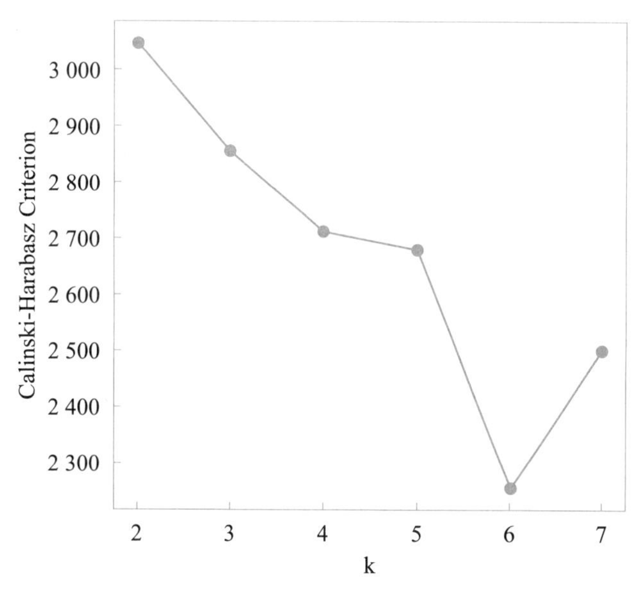

图 16-4　手肘法、轮廓系数和 Calinski-Harabasz 准则的结果（续）

从以上指标中可以看出，当 $k=5$，6 时，手肘图中有一个较为明显的拐点；当 $k=3$，4 时，轮廓系数较大；当 $k=2$，3，4，5 时，Calinski-Harabasz 准则得分较大。因此，综合判断比较合适的类别数量为 5。

（2）聚类分析

确定了类别数量后就可以进行聚类分析了。

```
1. mbk = cluster.MiniBatchKMeans(init = 'k-means++',n_clusters = 5,
   batch_size = 200,random_state = 0)
2. mbk.fit(new_data)
3. print(mbk.cluster_centers_) # 见表 16-2
```

表 16-2　聚类分析类别中心

Cluster	Administrative	Administrative_Duration	Informational	Informational_Duration	ProductRelated	ProductRelated_Duration
0	0.006 24	0.001 94	0.002 08	0.000 52	0.007 41	0.002 27
1	0.070 52	0.018 97	0.015 19	0.008 36	0.040 23	0.016 42
2	0.091 33	0.026 99	0.025 03	0.014 08	0.049 08	0.020 52
3	0.088 62	0.025 05	0.010 74	0.006 32	0.024 33	0.009 21
4	0.122 65	0.033 65	0.027 98	0.022 03	0.063 51	0.026 49

Cluster	BounceRates	ExitRates	PageValues	SpecialDay	OperatingSystems	Browser
0	0.731 67	0.823 49	0.000 13	0.112 64	0.181 72	0.114 62
1	0.049 58	0.172 32	0.010 96	0.128 57	0.161 86	0.116 89
2	0.052 55	0.156 14	0.018 06	0.047 64	0.164 62	0.097 49

续表

Cluster	Bounce-Rates	ExitRates	Page-Values	SpecialDay	Operating-Systems	Browser
3	0.011 84	0.095 55	0.033 20	0.020 41	0.159 26	0.114 80
4	0.045 97	0.149 70	0.019 93	0.004 19	0.159 69	0.117 26

Cluster	Region	TrafficType	Weeken-d _ new	Revenue _ new	Visitor-Type _ new	Month _ new
0	0.230 84	0.228 27	0.095 79	0.022 99	0.975 10	0.488 89
1	0.268 47	0.139 49	0.000 00	0.087 44	0.995 07	0.244 09
2	0.284 81	0.182 14	0.989 49	0.159 37	0.954 47	0.546 23
3	0.311 22	0.174 01	0.219 39	0.275 51	0.058 67	0.698 98
4	0.257 20	0.156 45	0.001 31	0.210 73	0.998 04	0.864 40

```
1. from collections import Counter
2.
3. print(Counter(mbk.labels _ )) # 统计每类数量:Counter({1:3736,4:3616,
   2:2263,3:1709,0:1006})
```

我们可以看到，这五类消费者都有各自的特征。

第一类消费者占整体的 8.2%。这类消费者浏览的页面价值最低，跳出率和退出率最高，而完成购买度最低，说明消费者更多倾向于通过浏览网页获取信息，并没有发生实际购买行为。此外，我们可以看到这类消费者的访问日期与节日比较靠近，在商品类页面的停留时间很短，可以推测这类消费者往往在节假日期间来平台浏览某些特定商品，由于没有认真浏览商品信息，因此大概率关注价格以进行比价。我们将此类称为浅层浏览型。

第二类消费者占整体的 30.3%。这类消费者浏览的页面价值较低，跳出率和退出率较高，完成购买度较低，同时访问日期靠近节日，但浏览了较多的商品类页面，且停留时间较长，说明这一类消费者并没有明确的购买意图，只是在平台上“闲逛”，类似于实体购物场景中的橱窗消费行为。而且这类消费者均在工作日发生这类行为，属于享乐浏览型。

第三类消费者占整体的 18.4%。这类消费者浏览的页面价值、跳出率和退出率以及完成购买度都居中，浏览了大量商品类页面，且在相关页面上的停留时间较长，说明这类消费者有较为模糊的购买意向，但是仍处于观望阶段，以获取商品信息为主，属于信息获取型。

第四类消费者占整体的 13.8%。这类消费者浏览的页面价值最高、在商品类页面的停留时间最短，跳出率和退出率最低，完成购买度最高，说明这类消费者有明确的购物目的，一旦找到合适的商品就会直接购买。此外，这类消费者的类别值较小，说明多为新用户。我们将这类消费者称为果断购买型。

第五类消费者占整体的 29.3%。这类消费者浏览的页面价值较高，但是浏览了大量商品类页面，且停留时间很长，因此造成了不低的跳出率和退出率。此类消费者的完成购买度较高，说明有明确的购买目的，但是在购买过程中不如第四类消费者果断，会详细了解商品的具体信息并进行反复对比，属于犹豫购买型。

16.3.2　分析结论

我们使用较简单的聚类方法将平台上的消费者划分为五类，分别是浅层浏览型、享乐浏览型、信息获取型、果断购买型和犹豫购买型，并深入分析了这几类消费者的行为特征，平台可以结合这几类消费者的行为特征设计有针对性的营销方案，如：

（1）浅层浏览型

我们猜测这类用户来平台最主要的目的是比价，除价格手段外很难有其他方式为平台带来收益，因此平台可以设计个性化的推荐系统，在该类消费者的浏览页面上推荐高度相关且价格更低的商品，适当引导消费者在平台消费。

（2）享乐浏览型

这类消费者没有明确的购买意向，注重浏览商品带来的购物体验和快感。这些消费者的购买决定通常出于感性，当商品吸引力较大且价格适宜时就有可能达成交易。因此，可以从两个方面进行引导。一方面，由于这部分消费群体具有感性的购物决策特征，促销手段是激发消费者购买欲望最简单、直接的方式。电商平台可以通过季节营销、事件营销、节日营销和特色页面布局等方式来吸引这类消费者。如季节营销可以在宣传标语和首页广告位突出季节主题和换季促销、换季上新等内容；事件营销可以结合特定事件，如奥运期间相关纪念品、抗击疫情期间防护和消毒用品等的销售推广；节日营销则是根据节日特点，如情人节巧克力、母亲节鲜花等进行宣传促销活动。特色页面布局的作用在于短时间内快速吸引消费者的注意力，如在首页设置更多有时效性、趣味性和观赏性的装饰图画，提升网站的观赏性；将特色商品和促销信息轮番滚动，实现产品和服务的高曝光率。另一方面，实时营销，当明确这类消费者浏览商品的大致方向后，平台可以个性化推荐相似风格的店铺和KOL，引导消费者关注或订阅相关内容。这种营销手段既可以为这类消费者提供更优质的商品内容，提升消费者体验，并且延长其在平台的停留时间，又可以增强用户黏性，及时将店铺上新、KOL内容推送给消费者，激发其访问和购买。

（3）信息获取型

由于这类消费者还处于获取商品信息阶段，因此若投入大量精力和成本提高这类消费者的购物转化率，就可能得不偿失。电商平台可以通过提供更专业、更丰富的商品和服务信息，如响应迅速的客服系统、准确细致的商品分类导航、专业的价格比较和商品历史价格趋势等服务，增强消费者对平台的信任和依赖，增加未来访问并达成交易的可能性。

（4）果断购买型

这类消费者有明确的购买意图，平台不需要额外的引导，只需要打造平台基础能力。一方面，构建一个方便快捷、简单准确的搜索引擎，以便能够快速准确地找到目标商品。

不宜投放过多商品广告和促销信息，否则容易分散消费者的注意力，引起抵触心理。另一方面，由于这类消费者在很大程度上会做购买决策，因此营销的重点应该放在交易达成后。平台应该在消费者成功购买商品后推荐互补商品，激发消费者更多的购物需求，延长停留时间，增加购买其他商品的概率。

（5）犹豫购买型

这类消费者本身具有较强的购买意愿和较为明确的购买方向，但出于风险规避的选择偏好，试图避免为做出错误决策而后悔，从而难以做出购买决定。针对这类消费者，可以从两个角度出发，提高这类消费者的决策效率。首先，犹豫不决的消费者需要在购买过程中获得尽可能多的肯定和激励，促使其确信自己做了一个正确的购买决定。当消费者在浏览某一商品时，平台可以显示该商品在相关排行榜里的排名。当消费者完成订阅店铺、将商品收藏或加入购物车等正向操作时，予以较为积极正面的措辞，如“您已成为本月第2 008个收藏该商品的用户”。这些方式都可以增强消费者的决策信心。其次，平台可以设计一些显式的提示以有效制约这类消费者犹豫的时间，如提示“有xx位消费者正在浏览该商品，库存仅剩x件”等方式。

上述营销策略只是一个简单的示例，在实际场景中还可以结合每类消费者的人口统计学特征、历史购买记录和消费者画像等更精细化地提供商品和服务，提高平台的交易额。

16.4 思考练习题

1. 使用聚类方法分析消费者购买行为时，各属性的重要程度相同吗？

2. 除了案例数据集中使用的属性，在实际应用中，还能收集哪些属性？

3. 使用聚类分析对消费者进行分层时，使用的属性数量是越多越好还是越少越好？如何对属性进行取舍？

4. 使用聚类方法时，如何确定类别的数量？

5. 可以用哪些可视化方法表现聚类结果中不同消费者群体的特征？

6. 如果想要验证本案例的研究结论，可以采用哪些方法？

第17章　房地产服务平台用户需求分析

17.1　背景与问题

随着房地产市场的繁荣和互联网技术的发展，房地产经纪业务从聚焦线下向发力线上转型，各大房地产经纪公司不仅提供传统的线下看房、买房服务，而且在线上也提供AR看房、在线咨询等便捷服务，以满足不同消费者获取信息的需求。例如，成立于2001年的链家房地产经纪有限公司，不仅线下服务门店遍布大街小巷，而且有线上平台可以提供各类房地产信息服务。评论是消费者获取楼盘信息的重要途径之一，评论中包含了有关楼盘和房屋的海量有效信息，直接影响有购房需求的消费者的第一印象。若评论对楼盘的整体评价较差，那么消费者对该楼盘的关注度和购买意愿将会下降，反之，消费者的关注度和购买意愿将会提高。同样地，对房地产开发商而言，通过评论能够发现消费者对房源的需求，进而在未来的开发计划中做出相应调整。

评论分为两类，分别是专家生成内容（professional generated content，PGC）和用户生成内容（user generated content，UGC）。前者的专家在房地产经纪业务中指的是楼房顾问或经纪人，他们通常具备房地产的专业知识，对于楼盘情况更为了解，因此评论质量更有保证。这些专家评论能够覆盖多数用户评论，但这些评论往往会忽略一些细节内容，且评论时效性差，很难反映当前楼盘的具体情况（如销售状况、周边基础设施建设进度等）。后者的用户就是广大有实际体验的消费者，这些评论没有加工或二次创作，由于这些消费者大多没有与房地产相关的专业知识，其感受对于普通群众而言更有共鸣，不过这类评论通常主观性较强，往往带有强烈的情感色彩。

本案例试图从评论出发，通过分析专家生成内容和用户生成内容，对比两者的侧重点，为专家提供撰写专业意见的指导建议，以更好地针对消费者感兴趣的话题展开评论，积累专业知名度和认可度；深入挖掘消费者的需求，定位消费者的核心诉求，从而制定有针对性的营销方案，提升撮合交易的可能性；对用户生成内容进行情感分析，帮助公司了解整个地区的房屋情况和消费者满意度，为公司未来规划提供决策支持。

17.2　数据介绍

本案例的所有数据收集自链家，包括北京地区125个新房楼盘的评论及评分数据，含

2 983 条用户评论和 555 条顾问点评（如图 17－1 所示），共计 3 538 条。

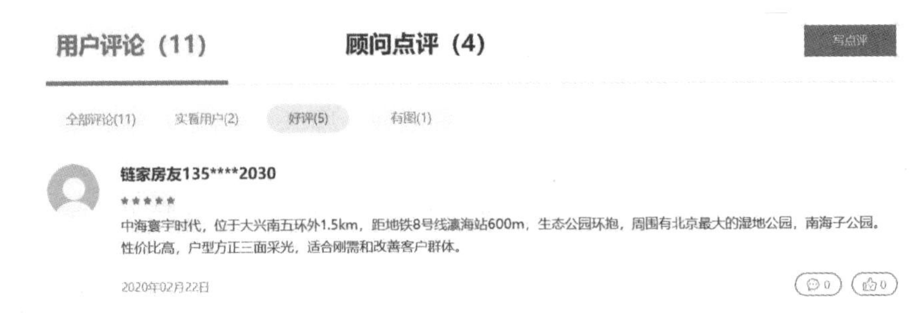

图 17－1　链家平台上的用户评论（UGC）和顾问点评（PGC）

我们通过 Python 从链家上抓取所需的数据。这些数据分布在不同的页面中，因此需要不同的数据提取策略。

（1）确定所有新房楼盘列表

我们可以从链家新房页面[①]进入，找到所有新房楼盘信息。从这一页我们可以获取楼盘名称、所在区域、价格和详情页网址等信息（如图 17－2 所示）。

图 17－2　链家新房楼盘列表

我们需要记录新房楼盘的名称、所在区域和详情页网址，图 17－2 中第一个新房楼盘的详情页为 https://bj.fang.lianjia.com/loupan/p_zsdhzxacpea/，我们可以通过以下代码获取相关信息：

```
1. newhouse_info = []
```

① 链家新房信息网址：https://bj.fang.lianjia.com/loupan。

```
2. for i in range(n):# n 为页面数量
3.     # 用 urllib.request.urlopen()或 requests.get()获得链家新房楼盘页
       面的源代码
4.     newhouse_html = download_html("https://bj.fang.lianjia.com/lou-
       pan/pg" + str(i+1))
5.     # 用 BeautifulSoup 提取出相关信息
6.     soup = BeautifulSoup(response.text,'lxml')
7.     pages = soup.find_all('相应的查询规则')
8.     for j in pages:
9.         # 对于每个新房楼盘,根据规则抓取相关信息
10.        newhouse = {}
11.        newhouse['link'] = j.a.href
12.        newhouse['name'] = j.a.title
13.        newhouse['district'] = j.find('规则').string
14.        newhouse_info.append(newhouse)
```

（2）获取用户评论和顾问点评

我们关心每个新房楼盘的用户评论和顾问点评信息，这些信息记录在每个新房楼盘的详情页中。这部分信息的获取相对比较简单，每个新楼盘的用户评论页面只是在详情页的基础上增加“/pinglun”，而顾问点评页面只是在用户评论页面的基础上增加“/guwen”，使用 urllib.request.urlopen( ) 或 requests.get( ) 获取源代码，并利用 BeautifulSoup( ) 提取评论本文即可，具体不再展开介绍。

这样，我们就较为方便地获取到了链家新房楼盘的基本信息和用户评论、顾问点评数据。

17.3 分析方法与结论

17.3.1 分析方法

（1）用户和顾问关注点异同比较

我们对用户评论和顾问点评进行预处理，使用 jieba 或 PyLTP 之类的第三方库等对中文文本进行分词、删除停用词等。词频统计可以帮助我们清晰地看出文档中各个词语出现的次数，一般而言，词语出现的次数越多就意味着这个词对于整篇文档的重要性越高。词云图能将文本中出现频率较高的关键词放至更大的空间上，可以给读者直观的视觉冲击，是词频统计可视化的常用方式，因此我们使用词云图来直观地展现用户和顾问的关注焦点。

```
1. import wordcloud
2.
3. file = open("./reviews.txt","r",encoding = "utf-8")
4. text = file.read()
5. file.close()
6.
7. wc = wordcloud.WordCloud(font_path = 'C:/Windows/Fonts/simkai.ttf',
   width = 4000,height = 2800,background_color = "white")
8. wc.generate(text)
9. wc.to_file("./result.png")
```

从词云图 17-3 中可以较为直观地发现，消费者和顾问共同关注户型、周边环境和出行交通等。仅仅统计词频无法直接发现用户和顾问关注点的差异，因此接下来将通过 LDA 模型进行深入分析。

图 17-3　用户评论（左）和顾问点评（右）的词云图

```
1. import jieba
2. from gensim import corpora,models
3.
4. file = open("./reviews.txt","r",encoding = "utf-8")
5. text = file.read().splitlines()
6. file.close()
7.
8. reviews = []
9. for i in text:
10.        r = []
11.        x = jieba.lcut(i)
```

```
12.        y = ''.join(x)
13.        reviews.append(y.split())
14.
15. dictionary = corpora.Dictionary(reviews) # 建立词典
16. corpus = [dictionary.doc2bow(t) for t in reviews] # BOW 模型
17. tfidf = models.TfidfModel(corpus) # TF-IDF 模型
18. corpus_tfidf = tfidf[corpus]
19. lda = models.LdaModel(corpus_tfidf, id2word = dictionary, num_topics =
    n) # LDA 模型,设置主题数为 n
20. lda_result = lda.print_topics(num_topics = n, num_words = k) #
    LDA 模型结果,只显示 k 个词
21. print(lda_result)
```

通过 LDA 模型，我们发现消费者和顾问共同关注的特征与词频统计中的结论基本一致。但是顾问更强调装修风格、建筑布局等特征；而消费者则更倾向于关注周边环境和价格等特征，公园、绿化等词不断出现在用户评论中。因此，顾问在对新房楼盘进行评价时，可以适当地关注周边配套设施和相近区域的价格介绍，以更好地贴合消费者需求。

（2）消费者需求的关联分析

在上述分析中，我们重点关注了评论中的词语，通过基础的词频统计和话题模型分析用户评论与顾问评论中的异同。但是，词与词之间的关联关系能更深入地分析评论中体现的实际需求，接下来我们将通过点互信息（pointwise mutual information，PMI）分析词与词之间的相关性，从完整语义的角度深入分析消费者的需求。

互信息（mutual information）是信息论中一种常用的信息度量，可以视为一个随机变量中包含的关于另一个随机变量的信息量，或者说是一个随机变量由于已知的另一个随机变量而减少的不确定性。PMI 是互信息的一个特例，常用于文本分析中衡量词与词之间的关联程度，这一方法能从统计学的角度发现词语共现的情况，进而分析出词与词之间是否存在语义相关，或者主题相关的情况。PMI 的具体计算方式如下：

$$PMI(x, y)=\log_2\left(\frac{p(x, y)}{p(x)p(y)}\right)$$

设两个词 x 和 y 共同出现的概率为 $p(x, y)$，其单独出现的概率分别为 $p(x)$、$p(y)$。若 x 和 y 是相互独立的，则 $p(x, y)=p(x)p(y)$，此时 $PMI(x, y)=0$。相反，$p(x, y)>p(x)p(y)$，说明 x 和 y 存在关联，且 x 和 y 的相关性越强，PMI 的值越大。

```
1. import numpy as np
```

```
2. from gensim import corpora
3.
4. dictionary = corpora.Dictionary(reviews) # 建立词典
5. dictionary.filter_extremes(no_below = 5,no_above = 0.2) # 过滤出
   现次数低于 5 次却又不超过文档大小的 20% 的低频词
6. corpus = [dictionary.doc2bow(t) for t in reviews] # BOW 模型
7. n = len(corpus)
8. word_dic = {} # 记录词语单独出现的次数
9. pair_dic = {} # 记录词语共同出现的次数
10. for i in corpus:
11.     for j in i:
12.         if j[0] in word_dic:
13.             word_dic[j[0]] += 1
14.         else:
15.             word_dic[j[0]] = 1
16.         for k in i:
17.             if j[0] != k[0]:
18.                 if (min(j[0],k[0]),max(j[0],k[0])) in pair_dic:
19.                     pair_dic[(min(j[0],k[0]),max(j[0],k[0]))] += 1
20.                 else:
21.                     pair_dic[(min(j[0],k[0]),max(j[0],k[0]))] = 1
22. pmi_dic = {}
23. for i in pair_dic:
24.     # 需要注意 pair_dic 中词语共同出现的次数为实际次数的 2 倍
25.     pmi_dic[i] = np.log2(pair_dic[i] * n / (2 * (word_dic[i[0]] *
    word_dic[i[1]])))
26.
27. def pmi_result(word,topN):
28.     # 结合关键词 word 输出最相关的 topN 个词
29.     x = [key for key,value in dictionary.items() if value == word][0] # [642]
30.     temp = {}
31.     for i in pmi_dic:
32.         if x in i:
33.             temp[i] = pmi_dic[i]
```

```
34.        result = sorted(temp.items(),key = lambda item:item[1] ,reverse = True)
35.        co_words = []
36.        for i in result[0:topN]:
37.            co_words.append((dictionary[i[0][0]],dictionary[i[0][1]]))
38.        return co_words
39.
40. print(pmi_result('周边',20))
41. --------------------
42. [('周边','施工'),('周边','低端'),('周边','义和庄'),('周边','西南角'),('周边',
    '搬迁'),('西北侧','周边'),('周边','国家森林公园'),('周边','拥堵'),('周边','大型商
    场'),('住户','周边'),('周边','发达'),('周边','西桥'),('周边','宜家'),('周边','餐
    饮'),('周边','放弃'),('周边','冯村'),('周边','自然环境'),('周边','素质'),('繁
    华','周边'),('周边','依靠')]
```

PMI 关联分析与关联规则分析相似，输出结果往往成千上万，其中有价值的结果需要结合实际情况进行分辨。“吹尽狂沙始到金”，我们可以看到“周边”是一个范围很大的词，当消费者评论周边时，不仅关注如前文所述的公园、绿化，还关注：①周边是否繁华，是否配备商场、宜家、餐饮等满足日常生活需求的场所；②是否拥堵，所处环境是否会给出行造成不便；③楼盘周边居民素质情况等更具体化的需求。

通过这一分析方法深入挖掘消费者的不同需求，房地产开发者在进行规划时可以重点分析周边楼盘消费者的关注点，提前招商引资，完善周边的配套设施，利于房屋的出售；房地产经纪在介绍、售卖房屋时，可以有针对性地进行深挖、介绍，以更好地满足消费者的需求，成功达成交易。

(3) 消费者的情感倾向

消费者对于新房楼盘直接进行星级评价可能无法准确地反映其真实感受，如部分消费者可能会习惯性地打出满分评价，但在评论中表达出负面的情感倾向。同时，星级评价得到的评分颗粒度较大，无法精确地体现实际情况。因此，需要使用情感分析来解析消费者在每条评论中表达出来的情感，以更精准地描述消费者的实际感受。

我们可以使用 SnowNLP 第三方库[①]简单快速地进行情感分析，该库可以直接实现对中文语料进行分词、词性标注和情感分析等功能，感兴趣的读者可以深入学习。

```
1. from snownlp import SnowNLP
2.
3. file = open("./reviews.txt","r",encoding = "utf-8")
```

① SnowNLP 官网：https://github.com/isnowfy/snownlp。

```
4. text = file.read().splitlines()
5. file.close()
6. sentiment = []
7. for i in text:
8.     sent = SnowNLP(i).sentiments # 正向情感的概率
9.     sentiment.append(sent)
```

我们确定了每条评论的情感倾向后，将按区域对消费者评论的正向情感概率求平均，然后绘制情感地图。

```
1. from pyecharts import options as opts
2. from pyecharts.charts import Map
3. import pandas as pd
4.
5. df = pd.read_csv('./sentiment.csv')
6. groupby = df.groupby('dis')['score'].mean()
7. dis = list(groupby.index)
8. score = list(groupby)
9. fig = (
10.     Map()
11.     .add(series_name = 'sentiment score',data_pair = [list(i) for i
        in zip(dis,score)],maptype = '北京')
12.     .set_global_opts(title_opts = opts.TitleOpts(title = '北京地
        区新房楼盘情感地图'),
13.                      visualmap_opts = opts.VisualMapOpts(max_ = 1,
                         min_ = 0))
14.     .render('./sentiment_map.html')
15. )
```

由于在该时间段内我们没有获取到延庆区、怀柔区、东城区和西城区的消费者评论，因此这四个区没有相应的情感得分。从生成的北京地区新房楼盘情感地图中可以看出，各区域消费者评论的正向情感概率的均值集中在［0.6，0.8］，没有很显著的差异。总体而言，链家平台上的消费者对北京地区新房楼盘的评价较为积极，新房质量、外观和经纪人的服务较为可观。各区域中正向情感概率较高的分别为石景山区、丰台区和密云区，较低的有顺义区和房山区。

顺义区消费者的主要不满在于“涨价太快”、“绿化少”和“物业不专业”等方面，而房山区的消费者对于“偏僻”、“交通不便”和“价格高”表达了负面情绪。因此，在顺义区有新楼盘规划的房地产开发商可以通过多种植绿化、与专业化高的物业公司合作等提高消费者的满意度。同时，这两区的政府也应该加快交通规划，便捷这两个地区住户的出行。

17.3.2　分析结论

用户评论反映了消费者的直接感受，从用户评论中能够挖掘消费者对于新房楼盘的核心诉求。以北京地区新房楼盘为例，消费者关注的重点是周边环境、出行交通、配套设施和户型等方面。作为房地产开发商，想要在房地产开发中获得优势，就必须切实关注消费者的核心需求，结合楼盘的特点，有针对性地突出宣传。作为房地产顾问，在撰写专业评论介绍楼盘时，也需要从消费者的视角出发，在评论中多体现消费者的核心诉求，提高专业性和交易的成功率。

本案例结合链家平台北京地区新房楼盘的用户评论和顾问点评的分析，不仅适用于房地产经纪业务，而且可以拓展到其他业务，如房屋出租业务、酒店住宿业务等，通过分析各类业务中的用户评论，挖掘消费者的核心诉求，有助于促进业务的发展。

17.4　思考练习题

1. 如何构建词云？

2. PMI 关联分析与关联规则分析有什么异同？

3. 在使用 PMI 关联分析或关联规则提取到初步的结果后，往往需要对输出的初步结果进行筛选。可以用哪些方法进行筛选？

4. 从用户生成内容中提取出的用户情感倾向与星级评价有什么关系？

5. 本章的案例针对用户的总体情感倾向绘制了情感地图，能否针对某个属性或某个关注点绘制情感地图？

6. 本章的案例基于行政区划对新房楼盘进行了分析，能否基于更细粒度的地理信息进行分析？如何获取这样的地理信息数据？

第 18 章　电子商务中消费者评论意见提取

18.1　背景与问题

为了提高消费者的平台参与度和购物体验，各大电商平台都会激励广大消费者评价购买的商品、撰写购物感受。消费者在撰写在线商品评论时，会对自己关注的商品属性（attribute）进行描述，同时在这些属性上表达自己的正面情感（sentiment）或负面情感，从而形成意见或观点（opinion）。这些在线商品评论属于用户生成内容，其不仅语言通俗、真实性高，还能为其他消费者提供有关商品属性的海量有效信息。根据基于原因的选择理论（the theory of reason-based choice），消费者的决策是一个对候选商品产生赞成或反对原因的过程。消费者在选择不同商品时会采用不同的策略，主要有自上而下（top-down）策略和自下而上（bottom-up）策略。自上而下策略指消费者首先评估商品的整体性能，然后评估商品每个特定属性。而自下而上策略通常先评估商品的各个属性，然后评估商品的整体性能。这些信息处理理论均表明消费者在购物时需要用到商品的属性信息，并根据这些属性了解商品的性能。而评论中包含的有效信息正好能帮助消费者全面了解商品的性能和质量，所以消费者在线购物时通常都会阅读商品评论以进行购物决策。由此可见，在线评论对潜在消费者的购物决策发挥着至关重要的作用。

然而，爆炸性增长的在线评论导致了信息过载的问题，各大电商平台上有成千上万条评论的商品随处可见，如图 18－1 所示的华为 Mate 30 5G 手机，其在京东平台上的评论数量高达 31 万之多 。资源匹配理论（resource-matching theory）强调处理信息所需的认知资源与智力资源之间匹配的重要性，当认知资源与智力资源匹配时，决策过程是高效的，反之则会制约决策的效率。因此，过多的商品评论会分散消费者的注意力，对信息的重要程度估计产生偏差，从而降低在线购物的决策效率。而且，随着移动互联网的发展突飞猛进，越来越多的购物行为转移到了移动端，受限于阅读时间和移动设备屏幕尺寸，消费者不可能在做出购物决策前阅读所有的商品评论。同时，虽然在线评论的数量巨大，但对于某一特定商品，消费者通常仅围绕特定的属性进行评价，因此属性的数量是有限的。所以，如果消费者能阅读一个较小且能代表评论总体的子集来获得对商品较为全面的认知，就能有效地解决资源不匹配问题，对消费者做购物决策而言将大有裨益。

本案例尝试结合非结构化的评论文本特性，从纷繁复杂的原始评论中选取一部分评论

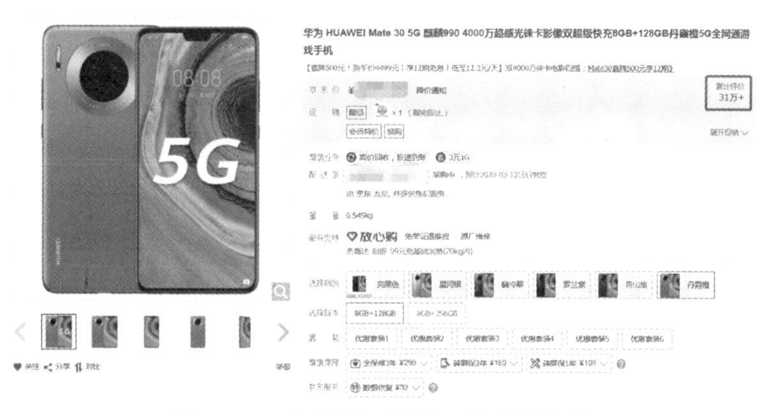

图 18-1　京东平台上华为手机评论数量

子集以代表原始集合，为消费者高效地购物提供决策支持。这一过程存在以下三个难点：第一，如何从非结构化的评论中识别商品属性；第二，如何判断消费者对商品属性的情感倾向；第三，以何种标准选取有代表性的评论。前两个难点属于文本挖掘技术，商品属性识别的准确性和情感倾向判断的精确性会直接影响到代表性评论的选取。

18.2　数据介绍

本案例的所有数据均从爱彼迎平台上获取，包括北京地区所有民宿服务的评论数据。截至 2019 年 12 月，我们从爱彼迎平台上抓取了 306 处民宿服务的 31 985 条用户评论。

18.2.1　数据获取

我们通过 Python 从爱彼迎上抓取所需的数据，这些数据分布在不同的页面中。首先，需要从北京地区的民宿列表页获取所有民宿服务的基本信息（如图 18-2 所示）。

图 18-2　爱彼迎北京地区民宿列表

我们可以通过以下伪代码来获取列表页中民宿的名称、唯一标识和详情页链接。

```
1. hotel _ info = []
2. for i in range(n): # n 为页面数量,每页 18 个商家
3.     url = 'https://www.airbnb.cn/s/ %E5 %8C %97 %E4 %BA %AC/homes?refine-
       ment _ paths %5B %5D = %2Fhomes¤t _ tab _ id = home _ tab&selected _ tab _
       id = home _ tab&screen _ size = large&hide _ dates _ and _ guests _ filters =
       false§ion _ offset = 4&&items _ offset = {}'.format(i * 18)
4. # 用 urllib.request.urlopen()或 requests.get()获得爱彼迎民宿服务基本
   信息的源代码
5.     homepage _ html = download _ html(url)
6.     soup = BeautifulSoup(homepage _ html.text,"lxml" )
7.     all _ hotel = soup.findall('相应的查询规则')
8.     for item in all _ hotel:
9.         hotel = {}
10.        hotel['token'] = item.find('规则').find('a')['href'].split('?')[0]
           [7:] # 民宿的唯一标识
11.        hotel['name'] = item.find('规则').string # 民宿名称
12.        hotel['url'] = 'https://www.airbnb.cn' + item.find('规则').find
           ('a')['href'] # 民宿的链接地址
13.        hotel _ info.append(hotel)
14.
15. save _ to _ file(hotel _ info)
```

在获取了所有民宿的唯一标识后，我们就可以通过以下伪代码较为便捷地获取每处民宿的用户评论信息。

```
1. import json
2.
3. all _ review = []
4. for i in hotel _ info:
5.     num = 0
6.     key = '' # key是用于动态加载的重要参数,需要自行设置
7.     url = 'https://www.airbnb.cn/api/v2/homes _ pdp _ reviews? currency =
       CNY&key = {}&locale = zh&listing _ id = {}& _ format = for _ p3&limit =
       7&offset = {}&order = language _ country'.format(key,i['token'],num)
```

```
8.      web_data = download_html(url)
9.      content = web_data.json()['reviews']
10.      if len(content) < 1:# 当返回的字段为空时,跳出循环
11.          break
12.      print(num)
13.      for item in content:
14.          review = {}
15.          review['token'] = i['token']
16.          review['content'] = item['comments'] # 获取评论内容
17.          review['reviewer'] = item['reviewer']['first_name'] # 获取评论
             人姓名
18.          review['review_time'] = item['localized_date'] # 获取评论时间
19.          review['rating'] = item['rating'] # 获取评论等级
20.          all_review.append(review)
21.      time.sleep(1)
22.      num + = 7 # 根据动态加载的 url 规则,一次返回 7 条数据,因此每次数
         量增加 7
23. save_to_file(all_review)
```

在获取了北京地区所有民宿的用户评论后，对评论进行过滤。我们认为字数过少的评论往往没有太多价值，因此删除了少于 3 个字的评论，共留下 306 处民宿的共计 26 556 条评论。接下来我们要从非结构的评论本文中识别出属性和与属性直接相关的情感分布。

18.2.2　商品属性识别

商品属性是指与商品有关的属性或功能，如与手机相关的属性有屏幕、外观、性能和摄像头等。商品属性识别是从非结构化的文本评论中将属性提取出来。我们将介绍一种基于句法依存关系，通过属性词和情感词的双向传递（double propagation）[①] 来同时识别属性词和情感词的无监督方法。

句法依存分析（dependency parsing）是指分析一个句子中词与词的依赖关系。我们以“这家民宿的老板很友善，房间很温馨。”为例，简单介绍依存关系（见图 18－3）。

我们可以看到，一个句子中词汇并不是独立存在的，而是与其他词之间存在依赖关

① Qiu, G., Liu, B., Bu, J., Chen, C. (2011). Opinion word expansion and target extraction through double propagation. *Computational Linguistics*, 37(1), 9－27.

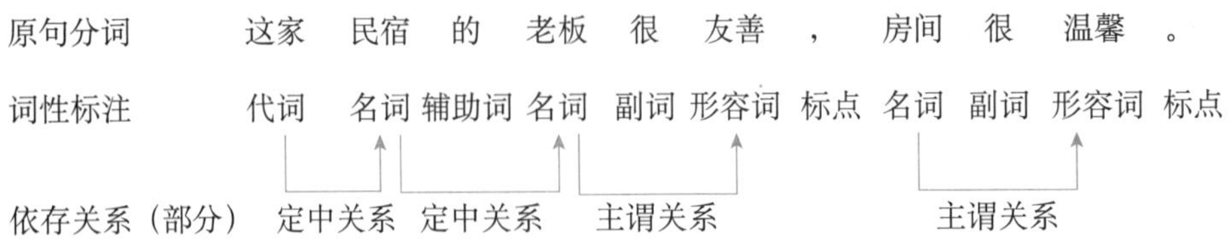

原句分词	这家	民宿	的	老板	很	友善	，	房间	很	温馨	。
词性标注	代词	名词	辅助词	名词	副词	形容词	标点	名词	副词	形容词	标点
依存关系（部分）	定中关系		定中关系		主谓关系			主谓关系			

图 18-3　依存关系示例

系。我们可以利用已知词汇和依存关系来找到句子中的其他词汇。句法依存分析可以直接应用 PyLTP 库中的 Parser 进行，词性标注和句法解析的具体含义可以参见官网。

```
1. import os,jieba
2. from pyltp import Postagger,Parser
3.
4. sentenct = '这家民宿的老板很友善,房间很温馨.'
5. # jieba 分词
6. seg = jieba.lcut(sentenct)
7. seg_result = ''.join(seg)
8. words = seg_result.split('')
9. # LTP 词性标注
10. LTP_DATA_DIR = 'C:\\Program Files\\ltp_data_v3.4.0' # LTP 模型
    的存储位置
11. pos_model_path = os.path.join(LTP_DATA_DIR,'pos.model')
12. postagger = Postagger()
13. postagger.load(pos_model_path)
14. pos_tag = []
15. word_tag = postagger.postag(words)
16. pos_result = ''.join(word_tag)
17. for i in pos_result.split(''):
18.     pos_tag.append(i)
19. postagger.release()
20. # LTP 依存关系解析
21. parser_model_path = os.path.join(LTP_DATA_DIR,'parser.model')
22. parser = Parser()
23. parser.load(parser_model_path)
24. dependency_result = []
25. arcs = parser.parse(words,pos_tag)
```

```
26. rely_id = [arc.head for arc in arcs]
27. relation = [arc.relation for arc in arcs]
28. heads = ['Root' if idx == 0 else words[idx-1] for idx in rely_id]
29. postag = ['Null' if idx == 0 else pos_tag[idx-1] for idx in rely_id]
30. for i in range(len(words)):
31.     result = [[words[i],pos_tag[i]],relation[i],[heads[i],postag[i]]]
32.     dependency_result.append(result)
33. parser.release()
34. print(dependency_result)
35. ----------------------
36. [[['这家','r'],'ATT',['民宿','n']],[['民宿','n'],'ATT',['老板','n']],[['的','u'],
    'RAD',['民宿','n']],[['老板','n'],'SBV',['友善','a']],[['很','d'],'ADV',['友善',
    'a']],[['友善','a'],'HED',['Root','Null']],[[',','wp'],'WP',['友善','a']],[['房间
    ','n'],'SBV',['温馨','a']],[['很','d'],'ADV',['温馨','a']],[['温馨','a'],'COO',['友
    善','a']],[['.','wp'],'WP',['友善','a']]]
```

在明确句法的依存关系后，我们进一步介绍如何利用句法的依存关系来识别属性词和情感词。

首先，我们需要定义词与词之间的直接关系和间接关系。直接关系是指一个词直接依赖于另一个词或它们同时依赖于第三个词；间接关系是指一个词通过其他词依赖于另一个词或它们都通过不同的其他词依赖于第三个词。直接关系广泛存在于各类文本中，而间接关系更多地出现在新闻等正式文本中。由于用户评论属于用户生成内容，多以短文本、简单句法形式出现，因此为了识别的准确性，只使用直接关系。

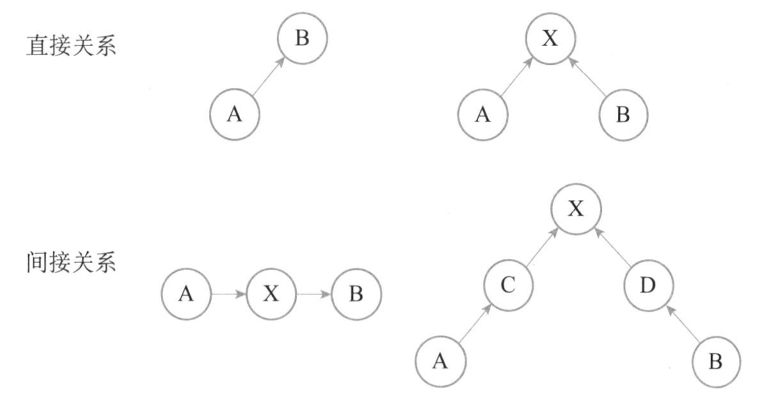

图 18-4　直接关系与间接关系

其次，我们需要分析属性词和情感词的共性以及这些词之间的依存关系特征。通过归纳分析可以发现，用户在撰写评论时，属性词（A）通常使用名词、情感词（S）通常使

用形容词，常用的句法依存集中为定中关系、动宾关系、主谓关系和并列关系。

双向传递方法的核心思想是预先定义一些出现频次高的直接依存关系，如表 18－1 所示，并设置少量常用的形容词作为种子词，然后搜索与种子词有直接或间接关系的名词作为属性词，形容词作为情感词，并将新发现的词加入种子词作为新种子继续搜索，直至没有新词出现。

比如，我们将“干净”作为种子词，可以通过“干净”找到“厨房”、“舒服”和“床”，然后通过“厨房”找到“卫生间”，通过“卫生间”找到“公寓”，进而发现“电器”“齐全”等，当不再有新词出现后，即停止搜索。

表 18－1　用于识别属性词和情感词的直接依存关系规则

规则	规则描述	输出	例子
规则 1	$S \to S\_Dep \to A$ $S\_Dep \in$ {定中关系、动宾关系、主谓关系}	A	这间公寓配备齐全的电器。(齐全→定中关系→电器)
规则 2	$S \to S\_Dep \to A$ $S\_Dep \in$ {定中关系、动宾关系、主谓关系}	S	同规则 1
规则 3	$A \to A\_Dep \to A$ $A\_Dep \in$ {并列关系}	A	公寓的卫生间和厨房都很干净。(卫生间→并列关系→厨房)
规则 4	$A \to A\_Dep \to X \leftarrow A\_Dep \leftarrow A$ $A\_Dep \in$ {定中关系、动宾关系、主谓关系}	A	这间公寓有齐全的电器。(公寓→主谓关系→有←动宾关系←电器)
规则 5	$S \to S\_Dep \to S$ $S\_Dep \in$ {并列关系}	S	床非常干净和舒服。(舒服→并列关系→干净)

这一识别方法可以通过下述伪代码实现：

```
1. seed_words = ['干净'] # 种子词，可以自行定义
2. dep = ['VOB','SBV','ATT','COO'] # 依存关系，可以拓展
3. attribute_pos = ['n'] # 属性词词性，可以拓展
4. sentiment_pos = ['a'] # 情感词词性，可以拓展
5.
6. candidate_sentiment = seed_words
7. candidate_attribute = []
8. x = 1
9. while x > 0:
10.     for i in range(len(dependency_result)): # dependency_result 为多个句子的依存关系列表
11.         for j in candidate_sentiment:
```

```
12.                 if j in dependency_result[i][0]:
13.                     f = Rule_1(dependency_result[i][1],j) # 情感词
                        ->属性词
14.                     o = Rule_5(dependency_result[i][1],j) # 情感词
                        ->情感词
15.                 for x in f:
16.                     if x not in candidate_attribute and x not in candidate_
                        sentiment:
17.                         candidate_attribute.append(x)
18.                 for y in o:
19.                     if y not in candidate_attribute and y not in candidate_
                        sentiment:
20.                         candidate_sentiment.append(y)
21.     m1 = len(candidate_sentiment)
22.     n1 = len(candidate_attribute)
23.     for i in range(len(dependency_result)):
24.             for j in candidate_attribute:
25.                 if j in dependency_result[i][0]:
26.                     f1 = Rule_3(dependency_result[i][1],j) # 属性词
                        ->属性词
27.                     f2 = Rule_4(dependency_result[i][1],j) # 属性词
                        ->->属性词
28.                     f = f1 + f2
29.                     o = Rule_2(dependency_result[i][1],j) # 属性词
                        ->情感词
30.                 for x in f:
31.                     if x not in candidate_attribute and x not in candidate_
                        sentiment:
32.                         candidate_attribute.append(x)
33.                 for y in o:
34.                     if y not in candidate_attribute and y not in candidate_
                        sentiment:
35.                         candidate_sentiment.append(y)
36.     m2 = len(candidate_sentiment)
```

```
37.      n2 = len(candidate_attribute)
38.      x = m2 - m1 + n2 - n1
```

通过上述方法，我们就从非结构化的用户评论中抽取出了属性词和情感词。由于用户评论是由成千上万名消费者自由撰写形成的，大家使用的词汇千差万别，且很多属性具有相似的含义，如使用上述方法从民宿用户评论中识别出的属性高达 812 个，而“公交”、“公交车”和“公交站”等词含义均相同。为了便于后续的子集提取任务，我们需要对商品属性进行归约处理。首先，使用不同领域的评论语料训练 Word2Vec 模型，利用模型计算每个属性词的表征向量；其次，使用 k-means 方法对属性聚类；最后，将相近的类合并，并命名得到新的商品属性大类。上述使用的方法已经介绍多次，因此不再赘述。这样处理之后，我们就得到了 12 个商品属性，分别为“外部环境”、“交通”、“内部环境”、“装修风格”、“生活用品”、“基础设施”、“电器设备”、“交流沟通”、“体验”、“宠物”、“价值”和“服务”。

这种方法需要人工定义规则和进行句法依存关系解析，识别准确度依赖于规则的完备度和句法解析的精度。商品属性识别还有基于条件随机场和基于深度学习等的方法，感兴趣的读者可以深入了解这一领域的相关研究。

18.2.3 属性情感分析

情感分析是通过自然语言处理技术来判断作者表达的主观信息，本质上是分类问题。常见的情感分析有不同的层面，如文档层面、句子层面和词层面，三个层面的情感分析由粗到细。上一案例中我们分析了每一条评论的情感倾向，属于句子层面的情感分析，而本案例需要分析评论者对商品属性的情感倾向，因此是细颗粒度的情感分析。

上一步中我们已经基本识别出了与属性词直接相关的情感词，因此我们采用较为直接的情感判断方式，即利用训练好的 Word2Vec 模型分别计算未知倾向的情感词和正向情感词、负向情感词之间的相似度。若其与正向情感词的相似度较大，则判断为正向；反之，则为负向。当该情感词附近存在否定词时，该情感词的情感倾向相反。具体伪代码如下：

```
1. from gensim import models
2.
3. # 训练 Word2Vec 模型
4. sentences = models.word2vec.Text8Corpus('./corpus.txt') # 任意中文语
   料均可
5. model = models.word2vec.Word2Vec(sentences, size = 200, window = 5, min_
   count = 5, workers = 4)
6. reviews = [[review1, [[attribute1, sentiment1], …, [attributex, sentim-
   entx]]], …]
```

```
7. negator = ['不','没有','没', … ] # 否定词,可以扩充
8. for i in reviews:
9.     for j in i[1]:
10.         nega = 1
11.         pos _ sent = model. similarity('好',word)
12.         neg _ sent = model. similarity('不好',word)
13.         if find _ negator(i[0],j[1]) = = True:
14.             # 在评论中寻找情感词附近是否有否定词
15.             nega = - 1
16.         if pos _ sent > neg _ sent:
17.             j. append(1 * nega)
18.         else:
19.             j. append( - 1 * nega)
```

这是一种简单且直接的进行属性层面情感分析的方法，我们也可以采用如支持向量机、深度学习等机器学习的方法进行高效的属性层面情感分析，这方面也有大量研究成果，读者可以深入研究。

18.2.4 数据转换

从非结构化的评论文本中识别出商品属性和属性情感倾向后，我们需要将每条评论转换为长度为 24 的二元向量，24 维分别代表 12 个正向情感的属性词和 12 个负向情感的属性词。若一条评论中含有某一情感倾向的属性词，则该维度值为 1，否则为 0。

至此，我们从非结构化的评论文本中抽取出了关键信息，并将其转化为结构化数据。

18.3 分析方法与结论

18.3.1 分析方法

怎样的评论才具有代表性呢？有学者认为，评论质量越高，说明评论受到了其他消费者越多的关注，能为他们提供越多帮助，因此高质量的评论能够有效代表评论总体；也有学者认为，一条评论覆盖尽可能多的商品属性说明该评论内容全面，评论详实，具有代表性，若提取的评论子集尽可能覆盖评论总体提到的所有属性，那么评论子集就能在一定程度上代表评论总体[①]；还有学者认为评论子集与评论总体中观点分布越一致，越能体现评

① Tsaparas, P., Ntoulas, A., Terzi, E. (2011). Selecting a comprehensive set of reviews. In *Proceedings of the 17th ACM SIGKDD International Conference on Knowledge Discovery and Data Mining*. ACM, pp. 168 - 176.

论子集与评论总体的一致性[①]。

接下来，我们将以这三种标准进行评论子集提取。我们需要解决的核心问题是消费者在阅读评论时的信息过载，因此不能提取太多，否则没有解决问题；同时也不能太少，评论太少会造成子集无法反映评论整体，导致信息偏差进而误导消费者。因此，我们依照以往的研究惯例，将评论子集数量 k 设置为 5，10，15，20 条。我们采用已有研究成果，从功能性、可靠性和有用性出发，用评论的长度、评论中商品属性的数量、评论中情感词的数量三种标准衡量评论质量。

我们明确一下这三种标准的优化目标：①评论子集的质量尽可能高，即最大化 $\sum_k Q$；②评论子集尽可能覆盖所有商品属性，即最大化 $\sum_k |attribute|$；③评论子集与评论总体中观点分布一致。我们首先需要定义观点分布。每个观点在集合中的占比表示该集合的观点分布，子集观点分布与全集观点分布的欧几里得距离越小，说明两者的差异越小。

（1）高质量评论子集提取

提取质量高的评论作为评论子集的方式较为简单，只需根据计算的结果选取质量最高的前 k 条评论即可，我们将这一方法记作 max _ Q。

```
1. reviews = [(0,Q1),(1,Q2),…,(n,Qn)] # (评论序号,评论质量)
2.
3. def max _ Q(review,k):
4.     cnt = 0
5.     subset = []
6.     while cnt < n:
7.         m = max(review,key = lambda item:item[1])
8.         subset. append(m)
9.         review. remove(m)
10.         cnt + = 1
11.     return subset
```

（2）高覆盖度评论子集提取

提取尽可能覆盖评论总体提到的所有属性也较为简单，我们可以通过贪婪算法，将能使评论子集覆盖的商品属性尽可能多的评论优先纳入评论子集中，以到达最终的评论子集尽可能地覆盖所有商品属性，我们将这一方法记做 greedy _ U。具体实现方式如下：

---

① Lappas，T.，Crovella，M.，Terzi，E.（2012）. Selecting a characteristic set of reviews. In *Proceedings of the 18th ACM SIGKDD international conference on Knowledge discovery and data mining*. ACM，pp. 832 - 840.

```
1. import numpy as np
2.
3. reviews = [(0,(0,1,…,0)),(1,(0,1,…,1)),…,(n,(1,0,…,0))] # (评论序号,评论 24 维向量表示)
4.
5. def convert(subset):
6.     temp = np.zeros(24)
7.     if len(subset) > 0:
8.         for i in subset:
9.             for j in len(range(i[1])):
10.                if temp[j] == 0:
11.                    temp[j] += i[1][j]
12.     return temp
13.
14. def greed_U(review,k):
15.     cnt = 0
16.     subset = []
17.     coverage = -1
18.     while cnt < n:
19.         candidate = review[0]
20.         for r in review:
21.             temp = subset
22.             cover1 = sum(convert(temp))
23.             temp.append(r[1])
24.             cover2 = sum(convert(temp))
25.             delta = cover2 - cover1
26.             if delta > coverage:
27.                 coverage = delta
28.                 candidate = r
29.         subset.append(candidate)
30.         cnt += 1
31.         review.remove(candidate)
32.     return subset
```

（3）高观点分布一致性评论子集提取

使评论子集与评论总体中观点分布越一致的提取方法越复杂，因为这是一个 NP-hard 问题，我们采用贪婪算法获取近似解，我们将这一方法记做 greedy _ CRS。更优的解法可以借鉴已有研究结果，感兴趣的读者可以自行研究。

```
1. import numpy as np
2. import copy
3.
4. reviews = [(0,(0,1,…,0)),(1,(0,1,…,1)),…,(n,(1,0,…,0))] # (评论
   序号,评论 24 维向量表示)
5. # 计算各观点的分布情况
6. def opinion _ ratio(subset):
7.     attribute _ ratio = np.zeros(24)
8.     if len(subset) > 0:
9.         for i in subset:
10.            for j in range(len(i[1])):
11.                attribute _ ratio[j] + = i[1][j]
12.        return attribute _ ratio / len(subset)
13.    else:
14.        return attribute _ ratio
15.
16. def L2(attribute _ ratio1,attribute _ ratio2):
17.    d = 0
18.    for i in range(len(attribute _ ratio1)):
19.        d + = (attribute _ ratio1[i] - attribute _ ratio2[i]) * * 2
20.    return d
21.
22. def greedy _ CRS(review,k):
23.    rev = copy.deepcopy(review)
24.    cnt = 0
25.    subset = []
26.    distance = 100
27.    while cnt < n:
28.        candidate = rev[0]
29.        for r in rev:
```

```
30.             temp = subset
31.             d1 = L2(opinion_ratio(review),opinion_ratio(temp))
32.             temp.append(r[1])
33.             d2 = L2(opinion_ratio(review),opinion_ratio(temp))
34.             delta = d2 - d1
35.             if delta < distance:
36.                 distance = delta
37.                 candidate = r
38.         subset.append(candidate)
39.         cnt += 1
40.         rev.remove(candidate)
41.     return subset
```

18.3.2　分析结论

为了比较三种方法选取的评论子集的表现，我们利用两个指标进行比较。第一个是覆盖度（coverage）指标，该指标衡量评论子集中覆盖评论总体提到的属性的比例，该指标越大，说明评论子集覆盖评论总体的信息越多，效果越好。第二个是观点分布一致性（opinion consistency）指标，该指标度量评论子集与评论总体的观点分布一致性，指标越小，说明评论子集的观点分布与总体越一致，结果越好。这两个指标是 greedy_U 和 greedy_CRS 的优化目标，具体计算方式可以参见这两个提取方法，不再详细展开。

图 18-5 为三种方法的覆盖度结果，其中表现最好的为 Greedy-U 方法，这符合预期，因为 Greedy-U 方法的优化目标就是使子集尽可能覆盖商品的所有属性，因此其表现最佳。紧随其后的是 Max-Q 方法，该方法旨在提取质量高的评论子集，我们采用评论的长度、评论中商品属性的数量、评论中情感词的数量来评估评论的质量。由于评论越长往往伴随着商品属性越多，情感词也越丰富，因此该评论质量的衡量方式在很大程度上靠近覆盖度这一指标，从而 Max-Q 方法也排名靠前。由于 Greedy-CRS 方法的优化目标与商品属性数量关系不大，因此该方法在覆盖度指标上表现较差。

如图 18-6 所示，综合表现最好的为 Greedy-CRS 方法，因为该方法的优化目标就是使子集的观点分布尽可能与评论整体保持一致，因此其表现最佳。Greedy-U 方法的优化目标是使评论子集尽可能覆盖全集的商品属性，这些商品属性包含了正向情感的商品属性和负向情感的商品属性，因此该方法的结果在这一指标上的表现也较好。Max-Q 方法在观点分布一致性上的表现较差，究其原因主要是在进行评论质量估计时，只考虑了情感词的数量，并没有考虑任何有关情感的正负极性以及观点的分布情况，因此表现较差。

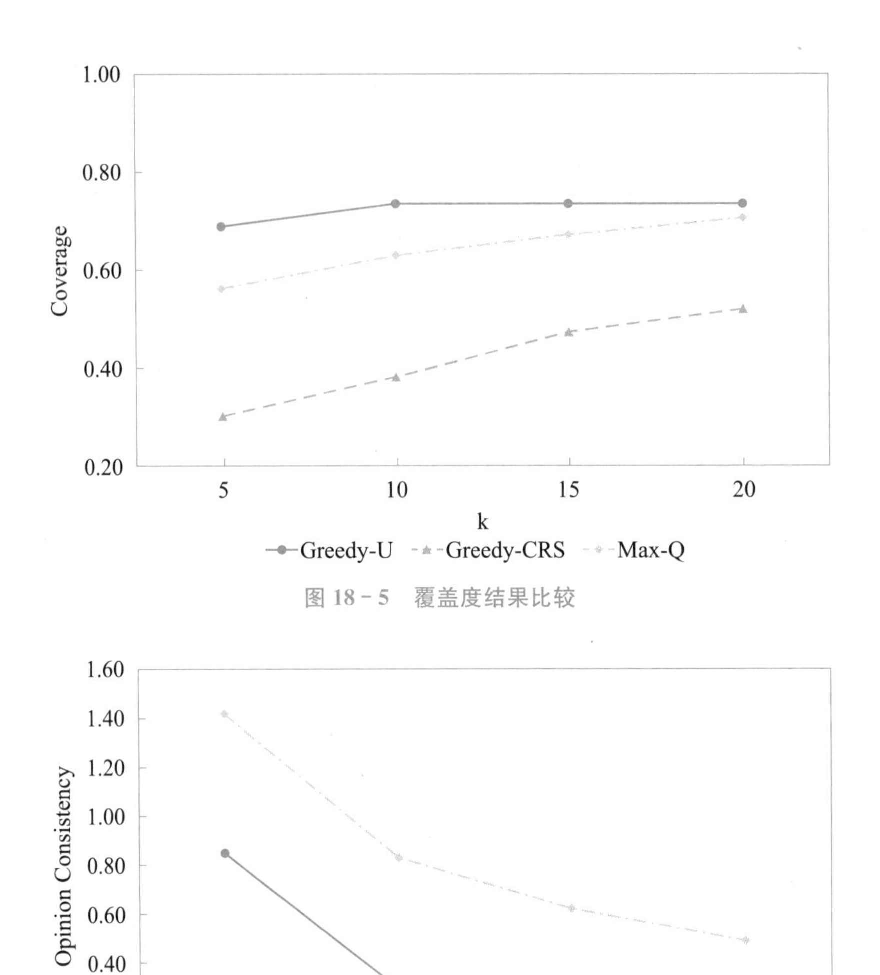

图 18-5　覆盖度结果比较

图 18-6　观点分布一致性结果比较

本案例从评论子集的质量尽可能高、评论子集尽可能覆盖所有商品属性以及评论子集与评论总体中观点分布一致三个方面进行了子集提取，具有较高的实用价值。目前，绝大多数电子商务平台都积累了大量的商品评论，消费者无法阅读某些商品的整体评论是很常见的。当消费者希望能在短时间内快速了解以往消费者对该商品的评价时，平台就可以根据实际情况选择合适的子集提取方法，选取少量的评论来代替难以处理的评论总体。这样不仅能满足消费者在线购物时的信息需求，还能帮助平台提高用户黏性，增强市场竞争力。

18.4　思考练习题

1. 如何提取商品属性？如何归并商品属性？
2. 什么是句法依存分析？它在文本分析中有什么作用？
3. 如何判断情感词的正负极性？
4. 评论子集提取可以选出有代表性的评论子集。有哪些常见的提取标准？
5. 贪婪算法得到的结果是最优解吗？
6. 对于代表性评论子集提取的结果，可以从哪些角度进行评价？

第 19 章　知识付费中顾客满意度分析①

19.1　背景与问题

在线社交问答社区（Online Social Q & A Community）极大地促进了知识的分享、交流和传播。无论是在国内还是国外，在线社交问答社区都呈现出蓬勃发展的态势。在国内，截止到 2018 年底，知乎的注册用户数已经超过 2 亿，问题数超过 3 000 万，成为中国最大的在线社交回答社区。在国外，也有 Quora、Stack Overflow 等一般性或专业性问答社区，汇聚了全世界不同国家和地区用户的知识和经验。这些社区允许用户公开提出问题，鼓励用户回答他人提出的问题。用户也可以“关注”专家用户，进而持续获得相关领域的高质量的知识。

随着免费知识分享的蓬勃发展，在线社交问答社区的运营方也开始思考如何将知识和流量变现。除了传统的广告投放外，平台也积极地利用专家用户的知识和影响盈利。尽管免费的知识社交允许用户分享彼此的知识、经验和见解，但与任何免费模式一样，大量的免费知识的质量参差不齐，存在“信息过载”的问题。为了获取高质量的知识，用户逐渐形成知识付费的意向和需求。同时，部分在特定领域有着良好专业积累的用户在此过程中建立口碑及认知，成为优质的知识提供者，他们可将自身知识包装成产品或服务，并通过知识付费平台售卖给知识付费者以创造商业价值。可以说，知识付费化符合平台、知识需求方、知识供给方的共同利益。在这种情况下，付费知识产品应运而生，其中较为成功的是知乎于 2016 年推出的线上讲座类知识产品：知乎 Live。

在知乎 Live 中，专家用户可以自己设计一场 1～2 小时的讲座，通过文字、图片、语音、视频等多种方式传递知识。一场 Live 同时允许众多听众观看，主讲人可以通过文字、图片、音视频、幻灯片等方式向听众讲授知识。每场 Live 的售价在 10～500 元不等。如图 19 - 1 中的 Live 时长为 67 分钟，售价为 9.99 元，已经有 1 003 名听众进行评论，起码能为主讲人和平台带来上万元的收入。付费知识产品让顾客、专家用户和平台都能获益。顾客获得了高质量的知识，专家用户获得了直接的收益，平台则能从中收取一定的管理费用。我国知识付费用户的规模呈高速增长趋势。从宏观来看，2018 年知识付费用户的规

① Zhang, J., Zhang, J., Zhang, M. (2019). From free to paid: customer expertise and customer satisfaction on knowledge payment platforms. *Decision Support Systems*, 127 (113140), 1 - 13.

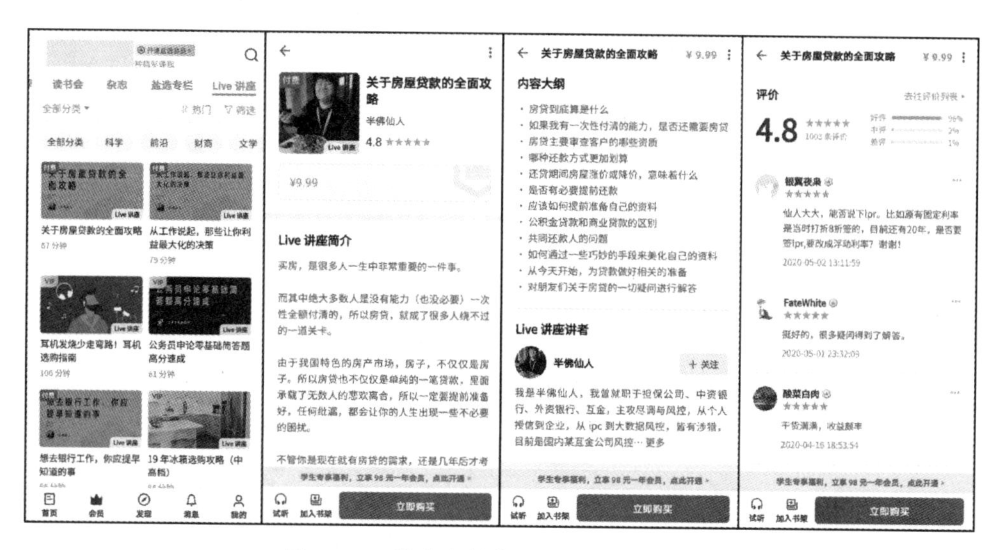

图 19－1　讲座类付费知识产品：知乎 Live

模已超过 2 亿，2019 年知识付费用户的规模已接近 4 亿。从微观来看，以知乎为例，截止到 2020 年 2 月底，知乎宣布其付费用户数比去年同期增长了 4 倍。

知识消费不同于免费的知识分享，用户群体发生了微妙的变化。在免费模式下，用户在不同的问题下创作知识、阅读知识，用户和用户之间分享和讨论知识，呈现出较为对称的地位。而在付费模式下，用户分化成两大群体：知识提供者和知识付费者。一部分用户提供知识，另一部分用户消费知识。用户和用户之间变成了“讲授”和“学习”的非对称关系。免费模式的推动力是“分享”和“社交”，而付费模式的推动力必然是“购买”。和任何付费模式一样，知识付费的核心是知识付费者心甘情愿地、持续地花钱购买知识，也就需要持续地提供高质量的知识、保证顾客的满意度。作为消费者，听众可以对自己购买的 Live 进行评分，表达自己对知识付费的满意程度：主讲人讲得好不好？钱花得值不值？一场成功的 Live 不仅要有众多听众愿意付费观看，而且应该为主讲人积累良好的声誉和口碑，为他下一场 Live 吸引更多听众。

本案例试图探究知识消费中哪些因素影响顾客的满意度。从单次购买的角度，Live 的价格是知识产品极为重要的信息。Live 的价格既是顾客需要付出的经济成本，也可能是知识质量的指示信号。更高的价格会提高消费者对产品的期望，当现实产生落差时，顾客更可能产生不满意的情绪；而从相反的角度，高价格的产品往往意味着更优秀的知识质量，也可能让顾客更为满意。从多次购买的角度，顾客之前的购买记录也可能会影响顾客满意度，这包括顾客对过往消费 Live 的评价情况，以及过往消费 Live 的价格水平。过往评价高的用户可能更为宽容，对所有 Live 都有较高的满意度；而过往消费水平高的用户有较强的购买力，往往也有较高的满意度。知识付费中满意度的影响因素如图 19－3 所示。

此外，顾客本身的特质值得进一步挖掘：顾客到底对哪些内容感兴趣？具备哪方面的背景知识？某场 Live 是否能满足顾客的需求？因此，顾客对特定 Live 的专业性同样会影

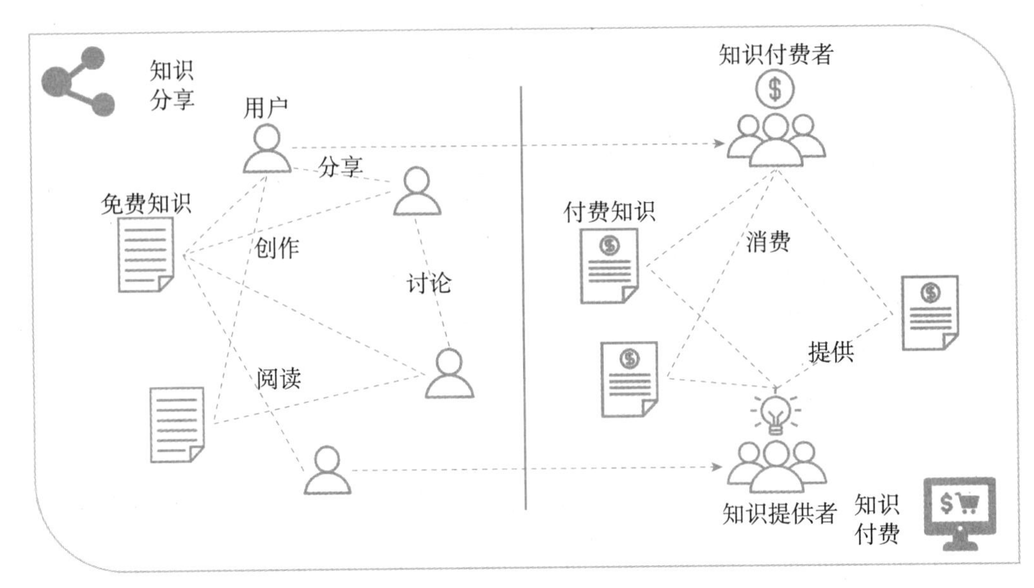

图 19-2　知识社交平台的付费化转变

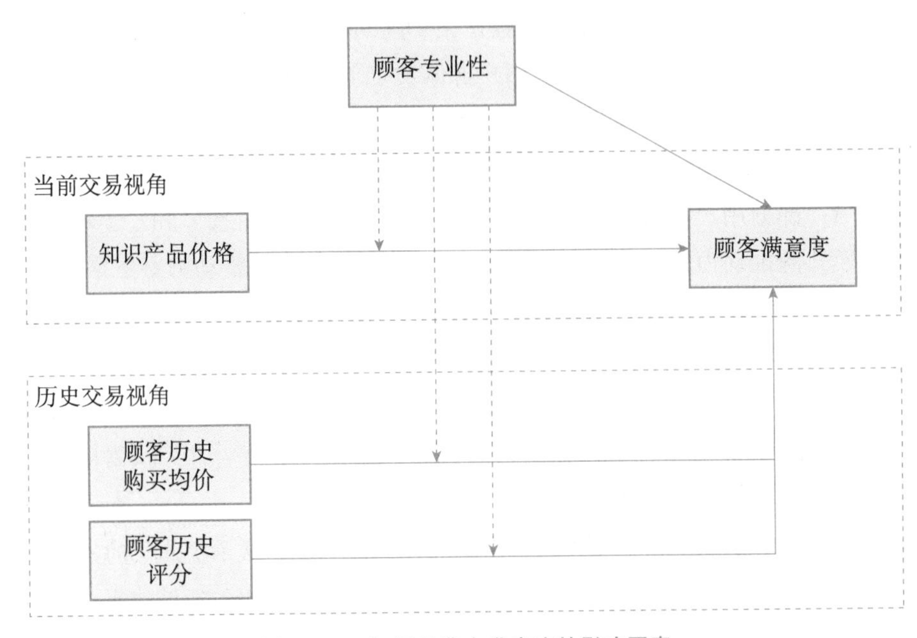

图 19-3　知识付费中满意度的影响因素

响顾客的满意度。顾客可能更倾向于深入了解自己熟悉的领域，也可能更倾向于探索自己未知的领域。当然，对于专业性程度不同的用户，他们对知识产品的感知可能完全不同，也可能影响满意度。

19.2　数据介绍

本案例的所有数据均收集自知乎，包括其免费问答社区和付费知识产品（知乎 Live）。

截至 2018 年 7 月，我们从知乎上收集到 1 756 名主讲人主办的 4 010 场 Live。这些 Live 下记录了超过 50 万条顾客评价，涉及超过 27 万名听众。

首先对数据进行了抽样和清洗。由于听众数量过多，后续还要抓取每名听众在免费平台上的活动，因此我们试图从全部数据中提取一个有代表性的子集进行分析。我们使用系统抽样法对顾客评价进行了抽样，在网页显示的每页评论中保留第一条评论。此外，为了分析历史交易对顾客满意度的影响，需要顾客有一定次数的购买记录。因此，我们剔除了评价 Live 不足 5 场的听众。保留下来的顾客经验更为丰富，评分应该更为稳定，能更好地体现他们的满意度。在剔除所有缺失值后，保留了 8 538 名听众，并且获取了他们从注册知乎起至 2018 年 7 月在免费平台上的所有行为。最终数据包括 3 911 场 Live、1 687 名主讲人和 100 780 条顾客评价。我们同样抓取了主讲人在免费平台上的所有行为。我们重点记录了顾客或主讲人的四类行为：创建回答、创建专栏文章、点赞回答和点赞专栏文章。数据集概况见表 19－1。

表 19－1　数据集概况

用户信息		付费平台信息	
主讲人数	听众数	Live 数	顾客评论数
1 687	8 538	3 911	100 780
免费平台信息			
创建回答数	创建专栏文章数	点赞回答数	点赞专栏文章数
157 416	11 435	3 519 540	439 898

19.2.1　变量介绍

首先，我们介绍可以直接收集到的数值变量。在顾客评价中，顾客对每场 Live 的评价包含一个 1～5 星的评分，可以作为顾客满意度的衡量指标。另外，每场 Live 会有明确的价格。通过顾客 ID，我们可以将顾客对不同 Live 的购买和评价联系起来，进而计算出顾客历史购买均价和顾客历史评价均分。顾客评价示例见图 19－4。

图 19－4　某场 Live 的顾客评价

其次，我们用文本表征学习的方法度量顾客专业性。顾客专业性表示顾客对于他购买的知识（Live）有多了解。对于同一位顾客而言，他对不同知识的专业性可能是不同的。在已有的学术文献中，有学者将对某人的描述和对技能的描述的相似程度作为某人在该项技能上的专业程度。在该情境下，顾客的描述可以使用他在免费平台上的行为记录（见图 19－5）。然而知识（Live）的描述往往过于简洁，无法提取足够的信息。因此，我们采取了一种变通的方式：将主讲人在免费平台上的行为记录作为他主办的 Live 知识领域的替代描述。一般来说，主讲人在免费平台和付费平台上的知识领域具有一致性。免费社区上一位摄影领域的优质回答者主讲的 Live 一般也与摄影高度相关。这一方面取决于主讲人的知识积累，另一方面取决于他的听众基础。因此，我们假设主讲人在免费平台上的知识分布和他所讲的 Live 内容之间具有高度的相关性。基于这一假设，我们将用“听众—主讲人”在免费平台上知识分布的相似性代替“听众—Live”的顾客专业性。

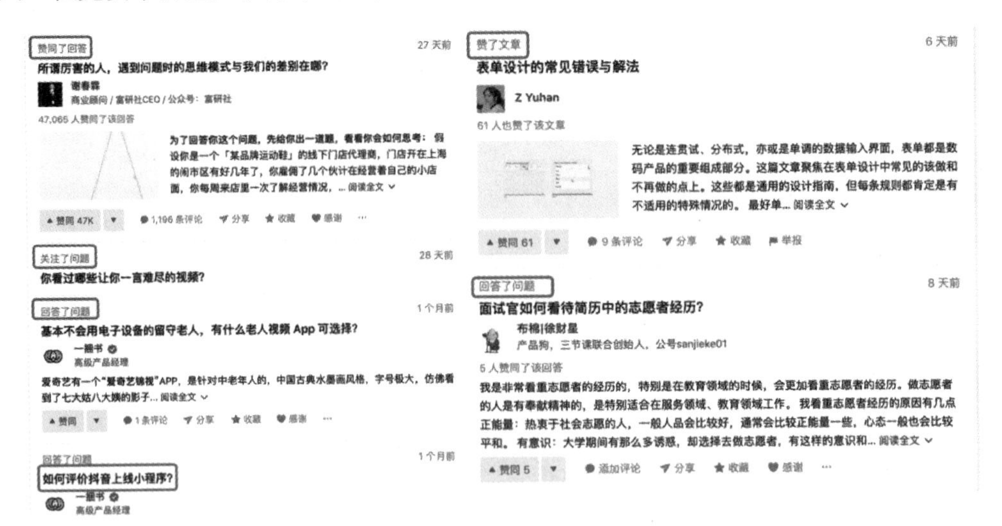

图 19－5　顾客在免费平台上的行为记录

具体来说，听众或主讲人在免费平台上是地位平等的用户，他们会创作、点赞其他回答或专栏文章。我们抓取了所有涉及的回答和专栏文章的所有文本。将一名用户（包括听众或主讲人）创作/点赞的所有回答/文章收集起来，就形成了该用户的一份特征文档（见图 19－6），可以用来计算该用户的知识分布。

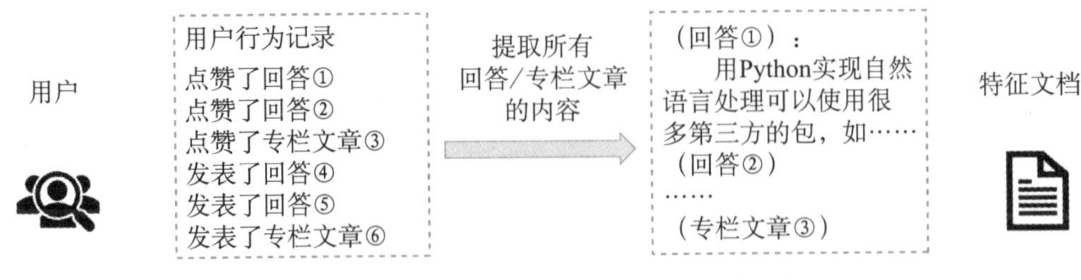

图 19－6　从用户行为记录中提取用户的特征文档

从用户的特征文档计算用户的特征分布，本质上是将特征文档转化成特征向量表征。我们使用 Doc2Vec 模型进行文本向量表征，将所有特征文档转化成 200 维的特征向量。与 LDA 话题模型相比，Doc2Vec 保留了文档中的词语顺序和句子顺序。利用 Doc2Vec 模型，我们将数据集中的 10 208 名用户（包括主讲人和听众）的特征文档建模成 10 208 个特征向量来表示用户的知识分布。在得到用户的知识分布向量后，我们可以用两向量的余弦值计算两名用户（听众—主讲人）知识背景的相似性，用以衡量听众对该主讲人主办的 Live 的专业程度。

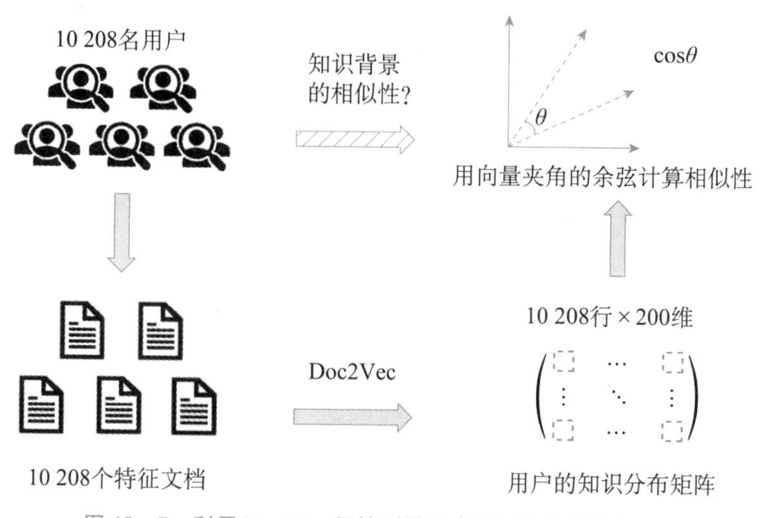

图 19-7　利用 Doc2Vec 间接测量用户的知识背景的相似性

19.2.2　数据获取

我们通过 Python 从知乎上抓取所需的数据。这些数据分布在不同的页面中，因此需要不同的数据提取策略。

（1）确定已发布 Live 的列表

首先要明确有哪些已发布的 Live。我们可以在知乎 Live 的首页[①]获得 Live 的列表。需要注意的是，这份列表长度很短，而且不同登录用户展示的内容也有所差异。这说明该 Live 列表并不是平台上已发布的所有 Live，而是知乎对不同用户进行个性化推荐而产生的推荐列表（见图 19-8）。

那么如何找到更多 Live 呢？在任何一个 Live 的详情页面内，我们发现页面底部有“发现更多”功能（见图 19-9），即知乎对每场 Live 又提供了一个推荐列表，向观众推荐主题类似的 Live。从每场 Live 的推荐列表中，我们可以不断发现新的 Live。因此，我们可以不断遍历已知 Live 的推荐列表，直到不能再发现新的 Live 为止。

① 知乎 Live 网址：https://www.zhihu.com/lives。

图 19-8　知乎 Live 首页的推荐列表

图 19-9　Live 下的“发现更多”功能

我们需要记录每场 Live 的 ID。Live 的 ID 可以从 Live 的详情网址中获取。如图 19-8 中的第一场 Live 的地址为 https://www.zhihu.com/lives/817068222011555840，这里 817068222011555840 就是该 Live 的 ID。因此，为了实现“抓取已发布 Live 的 ID”，相应的伪代码可以写成：

```
1. # 从知乎 Live 首页获得初始 Live 列表
2. initial_Live_ID_list = []
3. # 用 urllib.request.urlopen()或 requests.get()获得知乎 Live 首页的源
   代码
4. homepage_html = download_html("https://www.zhihu.com/lives")
5. # 用 BeautifulSoup 提取出初始列表中每场 Live 的 ID
6. soup = BeautifulSoup(homepage_html,"lxml")
7. Live_ID_items = soup.find_all("相应的查询规则")
8. for i in Live_ID_items:
9.     # 对于每个结果,应该关注其超链接指向的网址,并从中提取出 Live 的 ID
```

```
10.         Live_address = i.a.href
11.         # 提取超链接,如 https://www.zhihu.com/lives/817068222011555840
12.         Live_ID = Live_address.split("/")[-1]
13.         initial_Live_ID_list.append(Live_ID)
14.
15. # 扩展 Live_ID 列表
16. def find_related_Lives(Live_ID):
17.         related_Lives_list = []
18.         # 可以在该 Live 的详情页或推荐列表中发现
19.         # 详情页:https://www.zhihu.com/lives/817068222011555840
20.         # 推荐列表:https://www.zhihu.com/xen/market/recommend-list/
            live/817068222011555840
21.         url = "https://www.zhihu.com/xen/market/recommend-list/live/" +
            str(Live_ID)
22.         Live_recommend_list_html = download_html(url)
23.         soup = BeautifulSoup(Live_recommend_list_html,"lxml")
24.         Live_ID_items = soup.find_all("相应的查询规则")
25.         for i in Live_ID_items:
26.                 # 对于每个结果,应该关注其超链接指向的网址,并从中提取出 Live
                    的 ID
27.                 Live_address = i.a
28.                 Live_ID = Live_address.split("/")[-1]
29.                 related_Lives_list.append(Live_ID)
30.         return related_Lives_list
```

为了避免死循环，我们要记录哪些 Live 的推荐 Live 已经找到，而哪些有待查找。首先，initial_Live_ID_list 里记录的 Live 都需要“寻找推荐 Live”。我们将它作为“待处理列表”，并且额外定义一个“已处理的 Live 列表”，即 output_Live_ID_list。当还有未处理的 Live 时，我们从未处理的 Live 中选择第 1 条来寻找它的推荐列表。如果找到的 Live 是已处理的 Live，则跳过；反之，则应先检查未处理的 Live 中是否有该 Live，若没有，则将其记录到未处理的 Live 中。当该 Live 的推荐 Live 都处理完毕后，将其移入已处理的 Live 列表，并从未处理的列表中删除。所有循环结束后，就得到了所需的 Live 列表，并将其保存。

```
31. # 将 initial_Live_ID_list 视为未处理的 Live 列表
```

```
32. # 额外定义一个已处理的 Live 列表
33. output_Live_ID_list = []
34. while len(initial_Live_ID_list) > 0:# 假设还有未处理的 Live
35.     # 开始处理列表中的第一项
36.     Live_ID = initial_Live_ID_list[0]
37.     # 找到与之相关的 Live
38.     related_ID_list = find_related_Lives(Live_ID)
39.     for i in related_ID_list:
40.         if i in output_Live_ID_list:
41.             # 假如找到的 Live 是已处理的 Live,就跳过
42.             pass
43.         elif i not in initial_Live_ID_list:
44.             initial_Live_ID_list.append(i)
45.     # 至此,该 Live 处理完了
46.     output_Live_ID_list.append(Live_ID)
47.     initial_Live_ID_list.remove(Live_ID)
48. # 循环结束后,我们得到了所需的 Live 列表
49. save_to_file(output_Live_ID_list)
```

(2) 获取已发布 Live 的基本信息

我们关心每场 Live 的售价等基本信息，这些信息记录在 Live 详情页中。这部分信息的获取相对简单，使用 urllib. request. urlopen( ) 或 requests. get( ) 获取源代码，并利用 BeautifulSoup( ) 提取价格、时长、文件数、问答数、主讲人 ID 等信息（见图 19 - 10）即可，具体代码不再赘述。

图 19 - 10　Live 基本信息

(3) 获取已发布 Live 的评论信息

在新版知乎 Live 的网页端，Live 的评论列表只显示部分用户的评论。本案例采用的数据于 2018 年抓取自旧版知乎 Live 网页端。同样，Live 评论页对应单独的网址，如图 19－4 所示，可以获得评论人 ID、评分、评论文本等信息。

(4) 获取用户在免费平台上的行为

在抓取 Live 简介和评论信息的过程中，获取到主讲人 ID 和评论人 ID。我们可以前往用户的个人主页抓取相应的信息（如图 19－11 所示）。任何一位用户都有个人主页。值得注意的是，该页面采取滚动式翻页，即采用异步加载技术，需要从开发者工具中找到加载数据的真实网址。

图 19－11　从个人主页中获取用户在免费平台上的行为

个人主页的"动态"标签下记录着该用户的多种行为。我们重点关注其中的四类行为：赞同回答、赞同文章、回答问题、发表文章。可以通过 verb 或 action _ text 字段进行区分。


```
▼1: {target: {relevant_info: {relevant_type: "", is_relevant: false, relevant_text: ""},…},…}
  action_text: "赞同了回答"
 ▼actor: {is_followed: false, type: "people", name: "z", headline: "NLPer", url_token: "z",…}
    avatar_url: "https://pic4.zhimg.com/50/f844abbf7_s.jpg"
    badge: []
    gender: 1
    headline: "NLPer"
    id: "cc0767a011397b2adac4e1ae6ac00b83"
    is_followed: false
    is_following: false
    is_org: false
    name: ""
    type: "people"
    url: "https://api.zhihu.com/people/cc0767a011397b2adac4e1ae6ac00b83"
    url_token: ""
    user_type: "people"
  ▶vip_info: {is_vip: true}
  created_time: 1596078371
  id: "1596078371889"
 ▶target: {relevant_info: {relevant_type: "", is_relevant: false, relevant_text: ""},…}
  type: "feed"
  verb: "ANSWER_VOTE_UP"
```


图 19－12　在异步加载的数据中区分用户的四种行为

```
▼4: {target: {updated: 1596330016,…}, action_text: "赞同了文章",…}
  action_text: "赞同了文章"
 ▼actor: {is_followed: false, type: "people", name: "[illegible]", headline: "NLPer", url_token: "[illegible]",…}
    avatar_url: "https://pic4.zhimg.com/50/f844abbf7_s.jpg"
    badge: []
    gender: 1
    headline: "NLPer"
    id: "cc0767a011397b2adac4e1ae6ac00b83"
    is_followed: false
    is_following: false
    is_org: false
    name: "[illegible]"
    type: "people"
    url: "https://api.zhihu.com/people/cc0767a011397b2adac4e1ae6ac00b83"
    url_token: "[illegible]"
    user_type: "people"
   ▶vip_info: {is_vip: true}
  created_time: 1596042338
  id: "1596042338116"
 ▶target: {updated: 1596330016,…}
  type: "feed"
  verb: "MEMBER_VOTEUP_ARTICLE"

▼2: {target: {relevant_info: {relevant_type: "", is_relevant: false, relevant_text: ""},…},…}
  action_text: "回答了问题"
 ▼actor: {is_followed: false, type: "people", name: "[illegible]", headline: "NLPer", url_token: "[illegible]",…}
    avatar_url: "https://pic4.zhimg.com/50/f844abbf7_s.jpg"
    badge: []
    gender: 1
    headline: "NLPer"
    id: "cc0767a011397b2adac4e1ae6ac00b83"
    is_followed: false
    is_following: false
    is_org: false
    name: "[illegible]"
    type: "people"
    url: "https://api.zhihu.com/people/cc0767a011397b2adac4e1ae6ac00b83"
    url_token: "[illegible]"
    user_type: "people"
   ▶vip_info: {is_vip: true}
  created_time: 1596077984
  id: "1596077984792"
 ▶target: {relevant_info: {relevant_type: "", is_relevant: false, relevant_text: ""},…}
  type: "feed"
  verb: "ANSWER_CREATE"

▼6: {target: {updated: 1591600619,…}, action_text: "发表了文章",…}
  action_text: "发表了文章"
 ▼actor: {is_followed: false, type: "people", name: "[illegible]", headline: "NLPer", url_token: "[illegible]",…}
    avatar_url: "https://pic4.zhimg.com/50/f844abbf7_s.jpg"
    badge: []
    gender: 1
    headline: "NLPer"
    id: "cc0767a011397b2adac4e1ae6ac00b83"
    is_followed: false
    is_following: false
    is_org: false
    name: "[illegible]"
    type: "people"
    url: "https://api.zhihu.com/people/cc0767a011397b2adac4e1ae6ac00b83"
    url_token: "[illegible]"
    user_type: "people"
   ▶vip_info: {is_vip: true}
  created_time: 1591600621
  id: "1591600621700"
 ▶target: {updated: 1591600619,…}
  type: "feed"
  verb: "MEMBER_CREATE_ARTICLE"
```


图 19－12　在异步加载的数据中区分用户的四种行为（续）

(5) 提取用户知识背景向量

假设我们对每名用户生成了 3 类文档：点赞的回答/专栏文章（vote file，VF）、创作的回答/专栏文章（create file，CF）、所有回答和专栏文章（all file，AF）。我们以 AF 文档为例，简要介绍如何使用 Doc2Vec 模型进行特征向量表征。

首先，对文档进行预处理，使用 jieba 或 PyLTP 等第三方库对中文文本进行分词、删除停用词等操作。然后，使用 gensim 库训练 Doc2Vec 模型。Doc2Vec 模型分为训练和测试两阶段。在训练阶段，我们需要用到大量数据，远远超过电脑内存。因此，我们将数据分批输入模型，对模型进行增量式训练。具体过程为：从所有用户中随机抽取一个数据集来初始化 Doc2Vec 模型；然后，不断地随机抽取数据集，更新 Doc2Vec 模型，当模型训练完毕后保存更新后的模型。这一过程的伪代码如下：

```
1. # 初始化模型
2. random_data_set = get_random_data_set()
3. initialize_model(random_data_set)
4.
5. # 增量训练模型
6. iteration = 0
7. while iteration < max_iteration:
8.     random_data_set = get_random_data_set()
9.     update_model(random_data_set)
10.     iteration += 1
```

get_random_data_set( ) 函数负责从所有用户中随机抽取一定数量的用户样本，得到对应的特征文档，并将这些文档转换成 Doc2Vec 模型可以处理的格式。假设用户的 AF 数据（所有点赞/创作的回答/专栏文章）存放在目录 user_AF_document 下，每个文件对应 1 名用户，以用户 ID 命名。那么该文件夹下所有文件名就对应用户全体（all_user_list）。利用 random. sample( ) 从中随机抽取一定数量的用户，并读取他们的 AF 文档，将预处理后的结果用 models. doc2vec. TaggedDocument( ) 进行处理，即可得到 Doc2Vec 模型所需的数据格式。

利用 models. doc2vec. Doc2Vec( ) 函数能便捷地实现模型的初始化。其中，Sample 参数可以限制频率过高的词被采样的概率；negative 参数则表示是否要使用负采样策略，以及应该抽取多少“噪声”样本。这些参数的取值可能会影响 Doc2Vec 的结果，在计算机科学领域有更多讨论。而当我们希望得到对管理有帮助的知识或建议时，技术性的参数调整不应该起主要作用。无论在何种参数设定下，结论都应该是成立的、稳健的。在定义了模型后，使用 dataset 训练模型，用 model. save( ) 将训练好的模型保存到特定位置。

```
1. import random,gensim,os
2. from gensim import models
```

```
3.
4. N_user = 500 # 每次抽取的用户数
5. all_user_list = os.listdir('./user_AF_document')
6.
7. # 获取语料集合
8. def get_random_data_set():
9.     # 随机抽取用户
10.    random_user_list = random.sample(all_user_list,N_user)
11.    x_train = []
12.    for user_id in random_user_list:
13.        file_address = './user_AF_document' + os.sep + str(user_id)
14.        with open(file_address,'r') as f:
15.            text = f.read()
16.        word_list = text.split(' ') # 将预处理后的文本转换成列表格式
17.        document = models.doc2vec.TaggedDocument(word_list,tags =
           [str(user_id)])
18.        x_train.append(document)
19.    return x_train
20.
21. # 初始化模型
22. def initialize_model(dataset):
23.    model = models.doc2vec.Doc2Vec(dataset,size = 200,min_count =
       1,window = 3,sample = 1e-3,negative = 5,workers = 4)
24.    model.save(model_path)
```

增量训练更新模型的过程比较简单，只需要读取模型，随机生成新语料，用新语料在原有模型的基础上更新即可。这里需要着重介绍 gc（Garbage Collector）模块，该模块用来进行垃圾回收，实现手动释放内存的功能。由于每次训练的数据量都很大，因此在使用 dataset 后，需要用 del( ) 将 dataset 显式地删除，并且调用 gc.collect( ) 释放内存。在内存足够大的设备上不需要这样的机制。

```
1. # 模型的更新
2. import gc
3.
4. def update_model(dataset):
```

```
5.     model = models.Doc2Vec.load(model_path)
6.     corpus_count = model.corpus_count + len(dataset)
7.     model.train(dataset,total_examples = corpus_count,epochs = mod-
       el.epochs) # 完成增量训练
8.     del(dataset)
9.     gc.collect() # 释放内存
10.     model.save(model_path)
```

在模型训练完毕后，我们将所有用户的文档输入模型，即可输出表征向量。将文档处理成 Doc2Vec 可接受的格式，然后用 model.infer_vector( ) 方法即可得到相应的向量表示，最后使用 Numpy 库中的 savetxt( ) 函数将向量储存到特定位置。

```
1. from gensim import models
2. import numpy as np
3.
4. def doc2vec_test(user_list):
5.     # 加载已训练好的模型
6.     model = models.Doc2Vec.load(model_path)
7.     for user_id in user_list:
8.         # 逐一读取每名用户的文档
9.         file_address = './user_AF_document' + os.sep + str(user_id)
10.         with open(file_address,'r') as f:
11.             text = f.read()
12.         word_list = text.split('') # 将预处理后的文本转换成列表格式
13.         document = models.doc2vec.TaggedDocument(word_list,tags =
            [str(user_id)])
14.         # 用模型得到该文档的特征向量并储存到 user_vector_path
15.         vector = model.infer_vector(document)
16.         np.savetxt('./user_vector_path',vector)
17.
18. all_user_list = os.listdir('./user_AF_document')
19. doc2vec_test(all_user_list)
```

（6）计算用户相似性

本案例使用主讲人和听众之间的“用户相似性”代替“顾客专业性”。用户相似性可以用用户知识背景向量的夹角的余弦值 $\cos(V_1, V_2)$ 计算。可以自己定义一个简单的函数进行计算，也可以使用 Numpy 等提供的函数进行计算。

```
1. def get_dotsum(v1,v2):
2.     dot_sum = 0
3.     for i in range(len(v1)):
4.         dot_sum += float(v1[i]) * float(v2[i])
5.     return dot_sum
6.
7. def cal_sim(user_id1,user_id2):
8.     v1 = load_vector(user_id1)
9.     v2 = load_vector(user_id2)
10.     s1 = get_dotsum(v1,v2) # 分子
11.     s2 = (get_dotsum(v1,v1) * get_dotsum(v2,v2)) ** 0.5
12.     sim = s1 / s2
13.     return sim
```

至此，后续分析所需的所有数据已准备就绪，分别是 Live 的基本信息（如价格、时长、问答数、文件数）、用户对 Live 的评价信息（评分）、顾客专业性（用户和 Live 主讲人的相似性）。我们将数据整理成每行表示 1 名顾客对 1 场 Live 的评价及相关信息的格式，相关信息包括顾客 ID、Live ID、主讲人 ID、顾客评分、顾客专业性、Live 当前价格、顾客历史价格、顾客历史满意度、持续时间、文件数、回答数等。

19.3 分析方法与结论

19.3.1 分析方法

回归分析是经济管理领域常用的统计分析方法，我们使用回归分析来验证 Live 当前价格、顾客历史价格、顾客历史满意度和顾客专业性等因素对顾客的满意度的影响程度。统计分析方法建议使用 R、SPSS 等专业的统计分析软件，在 Python 中，也可以使用 statsmodels 库进行回归分析。我们使用一个简单的例子进行回归分析。回归结果见图 19－13。

```
1. import pandas as pd
2. import statsmodels.api as sm
3. from sklearn import preprocessing
4.
5. data = pd.read_csv("./zhihu_data.txt",sep = '\\t')
6. # print(data.head())
```

```
7. varibles = ['live 评分','live 语音时长分钟数','问答数','live 文件数','语音数','主讲人 live 场数','回答数','文章数','粉丝数','关注数','话题数']
8. for i in varibles: # 标准化处理
9.     data[i] = preprocessing.scale(data[i])
10. x = sm.add_constant(data[['live 语音时长分钟数','问答数','live 文件数','语音数','主讲人 live 场数','回答数','文章数','粉丝数','关注数','话题数']])
11. y = data['live 评分']
12. reg = sm.OLS(y,x)
13. result = reg.fit()
14. print(result.summary())
```

```
                            OLS Regression Results
==============================================================================
Dep. Variable:                 live评分   R-squared:                       0.015
Model:                            OLS   Adj. R-squared:                  0.015
Method:                 Least Squares   F-statistic:                     151.3
Date:                Sat, 08 Aug 2020   Prob (F-statistic):          9.22e-317
Time:                        11:26:44   Log-Likelihood:            -1.4225e+05
No. Observations:              100780   AIC:                         2.845e+05
Df Residuals:                  100769   BIC:                         2.846e+05
Df Model:                          10
Covariance Type:            nonrobust
==============================================================================
                 coef    std err          t      P>|t|      [0.025      0.975]
------------------------------------------------------------------------------
const       1.526e-17      0.003   4.88e-15      1.000      -0.006       0.006
live语音时长分钟数     0.0689      0.004     16.171      0.000       0.061       0.077
问答数           -0.0466      0.005    -10.095      0.000      -0.056      -0.038
live文件数        0.0211      0.004      5.672      0.000       0.014       0.028
语音数            0.0518      0.005      9.594      0.000       0.041       0.062
主讲人live场数       0.0755      0.003     23.223      0.000       0.069       0.082
回答数            0.0112      0.004      2.970      0.003       0.004       0.019
文章数           -0.0303      0.004     -8.197      0.000      -0.038      -0.023
粉丝数            0.0178      0.004      4.736      0.000       0.010       0.025
关注数            0.0076      0.003      2.331      0.020       0.001       0.014
话题数           -0.0189      0.003     -5.908      0.000      -0.025      -0.013
==============================================================================
Omnibus:                    48659.517   Durbin-Watson:                   1.479
Prob(Omnibus):                  0.000   Jarque-Bera (JB):           262442.260
Skew:                          -2.353   Prob(JB):                         0.00
Kurtosis:                       9.352   Cond. No.                         3.33
==============================================================================
```

图 19 - 13　Python 回归结果

用 R 软件也可以得到相同的结果（如图 19 - 14 所示）。

在将各变量标准化后，我们使用最基础的回归分析来检验知识付费中顾客满意度的影响因素。模型 1 仅包括控制变量；模型 2 检验自变量的主效应；模型 3 检验交互效应。根据 VIF 统计量，各模型均不存在多重共线性问题。模型结果如表 19 - 2 所示。

```
> fit = lm(scale(live评分)~scale(live语音时长分钟数)+scale(问答数)+scale(live文件数)+scale(语音数)+
+            scale(主讲人live场数)+scale(回答数)+scale(文章数)+scale(粉丝数)+scale(关注数)+scale(话题数),data=h);summary(fit)

Call:
lm(formula = scale(live评分) ~ scale(live语音时长分钟数) +
    scale(问答数) + scale(live文件数) + scale(语音数) +
    scale(主讲人live场数) + scale(回答数) + scale(文章数) +
    scale(粉丝数) + scale(关注数) + scale(话题数), data = h)

Residuals:
    Min      1Q  Median      3Q     Max
-5.2162 -0.6454  0.4644  0.5738  0.9409

Coefficients:
                           Estimate Std. Error t value Pr(>|t|)
(Intercept)               8.555e-15  3.127e-03   0.000  1.00000
scale(live语音时长分钟数)  6.891e-02  4.261e-03  16.171  < 2e-16 ***
scale(问答数)             -4.661e-02  4.617e-03 -10.095  < 2e-16 ***
scale(live文件数)          2.109e-02  3.718e-03   5.672 1.42e-08 ***
scale(语音数)              5.176e-02  5.395e-03   9.594  < 2e-16 ***
scale(主讲人live场数)      7.550e-02  3.251e-03  23.223  < 2e-16 ***
scale(回答数)              1.116e-02  3.759e-03   2.970  0.00298 **
scale(文章数)             -3.033e-02  3.700e-03  -8.197 2.49e-16 ***
scale(粉丝数)              1.783e-02  3.765e-03   4.736 2.18e-06 ***
scale(关注数)              7.634e-03  3.275e-03   2.331  0.01975 *
scale(话题数)             -1.890e-02  3.199e-03  -5.908 3.48e-09 ***
---
Signif. codes:  0 '***' 0.001 '**' 0.01 '*' 0.05 '.' 0.1 ' ' 1

Residual standard error: 0.9926 on 100769 degrees of freedom
Multiple R-squared:  0.01479,	Adjusted R-squared:  0.0147
F-statistic: 151.3 on 10 and 100769 DF,  p-value: < 2.2e-16
```

图 19-14　R 回归结果

表 19-2　参数估计结果比较

	模型 1	模型 2	模型 3
常数项	8.56E−15(0)	6.19E−05(0.024)	1.10E−03(0.43)
顾客专业性		1.32E−02*** (5.023)	1.45E−02*** (5.512)
当前价格		−3.34E−02*** (−11.689)	−3.34E−02*** (−11.677)
历史均价		9.81E−03*** (3.372)	1.07E−02*** (3.64)
历史满意度		5.83E−01*** (228.906)	5.83E−01*** (228.448)
当前价格×顾客专业性			1.21E−02*** (3.927)
历史均价×顾客专业性			−6.95E−03* (−2.572)
历史满意度×顾客专业性			−1.73E−02*** (−6.605)
控制变量			
Live 语音时长分钟数	6.89E−02*** (16.171)	6.37E−02*** (18.435)	6.34E−02*** (18.339)
问答数	−4.66E−02*** (−10.095)	−7.59E−03* (−2.025)	−7.60E−03* (−2.028)
Live 文件数	2.11E−02*** (5.672)	1.61E−02*** (5.349)	1.63E−02*** (5.421)
语音数	5.18E−02*** (9.594)	1.53E−02*** (3.497)	1.55E−02*** (3.553)
主讲人 Live 场数	7.55E−02*** (23.223)	4.13E−02*** (15.37)	4.18E−02*** (15.553)
回答数	1.12E−02** (2.97)	4.10E−03(1.34)	4.30E−03(1.406)
文章数	−3.03E−02*** (−8.197)	−1.85E−02*** (−6.161)	−1.91E−02*** (−6.359)
粉丝数	1.78E−02*** (4.736)	3.61E−02*** (11.793)	3.59E−02*** (11.721)
关注数	7.63E−03* (2.331)	−1.46E−03(−0.541)	2.30E−04(0.081)
话题数	−1.89E−02*** (−5.908)	−1.20E−02*** (−4.615)	−1.24E−02*** (−4.779)
调整后的 R^2	0.014 8	0.353 4	0.353 8

19.3.2　分析结论

从上述模型可以看出，在其他条件一定时，顾客专业性对顾客满意度有正向的影响，即顾客专业程度越高，对知乎 Live 的满意度也越高。类似地，当前价格对顾客满意度有负向的影响，历史均价和历史满意度对当前 Live 的满意度有正向的影响。

模型 3 中引入了当前价格、历史均价、历史满意度和顾客专业性的交互项。我们发现顾客专业性在顾客满意度中也具有调节效应。

首先，顾客专业性在“当前价格—满意度”的影响机制中起到调节作用（如图 19 - 15 所示）。在不考虑顾客专业性时，当前价格对满意度有负向的影响，当前价格越高，顾客满意度越低。而在区分顾客专业性后，我们发现对于专业性低的顾客，当前价格的负向的影响更强；而对于专业性高的顾客，当前价格几乎没有负向的影响。基于成本—收益理论（cost-benefit theory），价格体现为顾客付出的经济成本，而收益则是顾客从 Live 中学到的知识和获得的效用。另外，知识产品价格对知识产品质量具有“信号效应”，一般认为价格越高的产品会讲授更为专业的高阶知识。由于知识产品的效用感知具有多样性，因此并非所有用户都能感知到产品带来的效用。对于专业性高的顾客来说，尽管要支付较高的价格，但他能理解高价的知识产品“物有所值”，对价格变动的敏感性低。而对于专业性低的顾客来说，他难以理解复杂的专业知识，因此更容易作出不满意的评价。

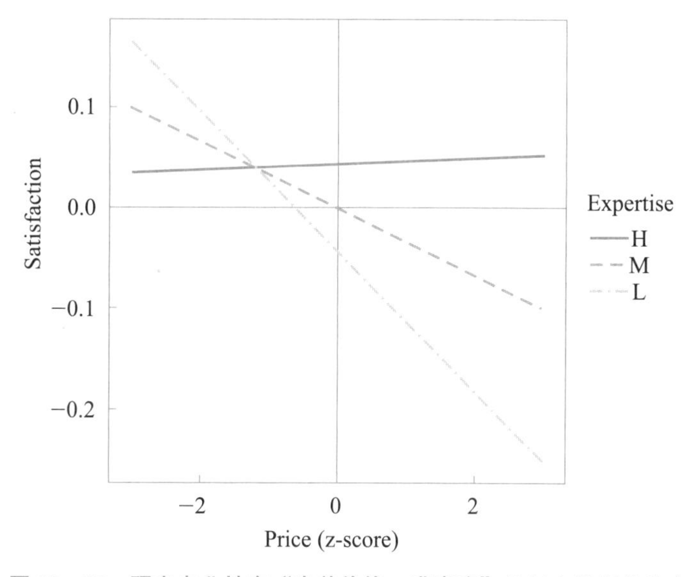

图 19 - 15　顾客专业性在“当前价格—满意度”机制中的调节效应

其次，顾客专业性在“历史均价—满意度”的影响机制中起到调节作用（如图 19 - 16 所示）。在不考虑顾客专业性时，历史均价对满意度有正向的影响，历史均价越高，顾客满意度越高。而在区分顾客专业性后，我们发现对于专业性低的顾客，历史均价的正向影响更强；而对于专业性高的顾客，历史均价对满意度却有负向的影响。基于 Helson 适应性水平理论，个体在过去的经验中会形成适应性水平，顾客对知识产品的价格感知具有主观性。对于历史均价高的顾客来说，他们会适应较高的价格水平。如果用较高的价格基准来评价当前价格，就会认为当前 Live 经济实惠，进而作出较高的评价。然而，对于高专业水平的顾客来说，在适应高历史均价的同时，他们也适应了更高的知识质量水平，对当前 Live 的质量评价更为严苛。此外，与普通顾客相比，专业性强的顾客对 Live 质量有更强的判断力，会更关注当前 Live 本身的质量，而不是和过往消费的 Live 作比较。因此，对于专业性强的顾客来说，历史均价的正向影响会减弱，甚至变成负向的影响。

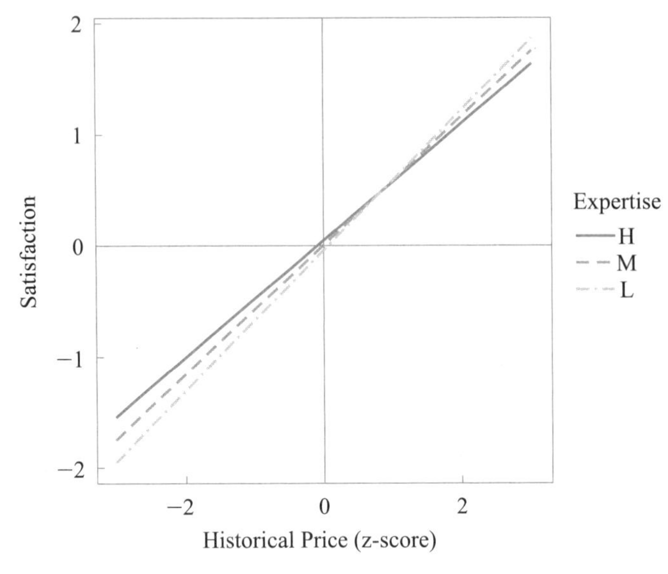

图 19－16　顾客专业性在“历史均价—满意度”机制中的调节效应

再次，顾客专业性在“历史满意度—满意度”的影响机制中也起到调节作用（如图 19－17 所示）。在不考虑顾客专业性时，历史满意度对当前满意度有正向的影响，历史满意度越高，顾客当前满意度越高。一般来说，顾客的长期经验会形成对产品质量判断的“累积效应”。长期给出好评的顾客对知识消费的模式更为认可，评价上也更为宽容。专业顾客和普通顾客的细微差别源自两者不同的感知。对于专业顾客而言，更倾向于根据当前 Live 的质量作出评价，受过往经验的影响较弱；而普通顾客受过往“刻板印象”的影响较强。

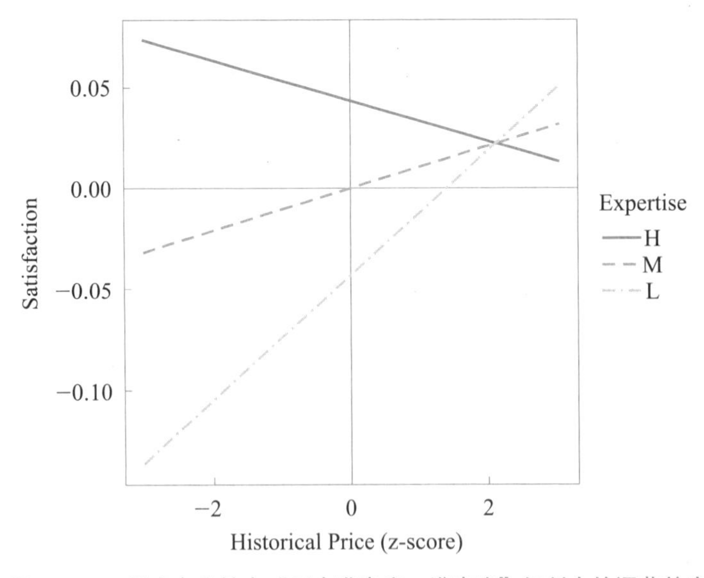

图 19－17　顾客专业性在“历史满意度—满意度”机制中的调节效应

最后，为了检验结论的可靠性，我们还开展了一系列鲁棒性检验。如考虑 Doc2Vec 模型结果中向量长度的潜在影响，我们分别尝试了 10 维、50 维、100 维、200 维的特征向量。考虑到顾客和主讲人的不同身份，顾客是知识的接受者，更关注他们对哪些知识感兴趣；主讲人是知识的提供者，更关注他们了解、擅长哪些知识。我们用“顾客点赞的问题/回答”取代了顾客的全部文本，用“主讲人创作的文本”取代了主讲人的全部文本，重新计算了顾客专业性。考虑到文本向量化方法的潜在影响，我们用 TF-IDF 方法替代了 Doc2Vec 模型进行文本向量化，进而计算顾客专业性。在不同情况下，我们的主要结论保持不变，体现出结论的可靠性。

19.4　思考练习题

1. 本案例中使用了 Doc2Vec 进行文本表征。可以使用其他模型吗？如何比较哪种模型更适合当前研究的问题？

2. 有哪些计算文档间相似性的方法？

3. Doc2Vec 所得到的文本特征向量中各分量有具体的物理意义吗？

4. 为什么 gc 模块能在某些场合解决内存不足的问题？

5. 如何使用 Python 进行回归分析？

6. 本案例中使用了大量数据，在实际操作中，应该如何管理和储存这些数据？

图书在版编目（CIP）数据

Python 商业数据分析 / 张瑾，翁张文编著. -- 北京：中国人民大学出版社，2021.4

（大数据与人工智能系列）

ISBN 978-7-300-29210-6

Ⅰ.①P… Ⅱ.①张… ②翁… Ⅲ.①软件工具－程序设计 Ⅳ.①TP311.561

中国版本图书馆 CIP 数据核字（2021）第 055182 号

大数据与人工智能系列

Python 商业数据分析

张　瑾　翁张文　编著

Python Shangye Shuju Fenxi

出版发行	中国人民大学出版社		
社　　址	北京中关村大街 31 号	**邮政编码**	100080
电　　话	010－62511242（总编室）		010－62511770（质管部）
	010－82501766（邮购部）		010－62514148（门市部）
	010－62515195（发行公司）		010－62515275（盗版举报）
网　　址	http://www.crup.com.cn		
经　　销	新华书店		
印　　刷	北京宏伟双华印刷有限公司		
规　　格	185mm×260mm　16 开本	**版　　次**	2021 年 4 月第 1 版
印　　张	22.75 插页 1	**印　　次**	2023 年 5 月第 2 次印刷
字　　数	490 000	**定　　价**	56.00 元